行動遺伝学入門

動物とヒトの"こころ"の科学

小出 剛　山元 大輔

編著

裳華房

Introductory Behavior Genetics

edited by

Tsuyoshi Koide

Daisuke Yamamoto

SHOKABO

TOKYO

まえがき

　この 2011 年は日本の歴史の中でも重要な意味をもつ年になるであろう．3 月 11 日，東北地方を巨大地震が襲い，その後の大津波により沿岸地帯は壊滅的な被害を受け，多くの犠牲者を出した．さらに，その大津波により引き起こされた福島第一原子力発電所の事故により，広範囲にわたる放射能汚染が生じ，その被災地の東北地方はもとより日本全体に大きなダメージを受けている．これら諸々の問題により，日本の将来，そして今後の科学研究の発展にも暗雲が立ち込めた雰囲気が国全体を重く覆っている．

　私は，こういう混沌とした時期だからこそ科学者は，そしてそれを志す者はそれぞれの「夢」を語るべきだと強く感じている．「夢」は，各自が純粋に興味をもち，将来いつか研究により解き明かしたいと思っていることとしての夢である．この夢は他人から与えられるものではなく，自身の胸に手を当てて深く心に問いかけた時にのみ生まれてくるものであろう．「人に夢を語る」ということは，その夢が決して不正や他人からの搾取により成し遂げられることではなく，すべてのプロセスにおいて公明正大であるという意味である．科学者はもっと夢を語り，他人と議論をし，そして自分の夢を成し遂げられるよう強い気持ちで研究に取り組むことがますます必要な時期になっているのではなかろうか．

　行動遺伝学は，これまで長きにわたって多くの研究者だけでなく一般の人々の興味も引き付けてきた．行動に遺伝的要因が関与していることがわかってから，あるいはそれ以前からも，ヒトの性格は親に似たりすることがあるのだろうかと思いを巡らす人も多かっただろう．また，身近な動物，たとえば犬や猫をみて，その行動の特徴の顕著な違いをもたらす遺伝的仕組みは何だろうと思う人も多いかもしれない．このように，行動遺伝学は，これまで多くの人がペットや家畜動物，野生動物，さらにはわれわれヒト自身を見ながら感じていた疑問を解き明かそうとするものである．つまり，子供

■まえがき

のころから純粋に抱いていたそのような疑問に答えを見いだしたいという夢を抱いて日々研究に取り組む研究者が，この行動遺伝学の分野には多いのかもしれない．本書は，そのような行動遺伝学をこれから学んでみたいと思う人が，まずこの研究分野の全体像を把握する上で必要な情報を得られることを目標にして企画した．少しでも多くの人が行動遺伝学の門をたたくきっかけとして，本書が役立てば幸いである．

　本書は，株式会社エヌ・ティー・エス発行の雑誌，『生物の科学　遺伝』（財団法人 遺伝学普及会 編集委員会）2010年11月号の特集「動物行動の遺伝的基盤を解き明かす」を土台にし，さらに多くの動物種における行動遺伝学を概説した内容になるようにすると共に，各章の内容もさらに加筆修正し，より行動遺伝学の分野全体を包括することを目指した．特集の書籍化にあたって，寛大なるご理解を頂いたエヌ・ティー・エス社の小野裕司氏をはじめとする関係者の方々，さらに，中込弥男委員長をはじめとする編集委員会の方々に感謝申し上げる．また，それぞれの章の執筆にあたり多くの方々にご協力頂いた．とくに，三浦　徹，佐々木　謙，越川滋行，石川麻乃，今井礼夢，森　千紘，小出英理，高橋阿貴の諸氏に感謝する．最後に，本書出版に多大なるご尽力を頂いた野田昌宏氏をはじめとする裳華房の方々に心より感謝申し上げる．

　2011年10月　　東日本大震災で亡くなられた方々のご冥福をお祈りします

執筆者を代表して

小 出 　 剛

目　次

1章　行動遺伝学の概略　［小出　剛］
- 1-1　行動と遺伝子の関係 …………………………………………………… 1
- 1-2　動物進化と行動遺伝学 ………………………………………………… 4
- 1-3　行動における人為的選択の効果 ……………………………………… 5
- 1-4　行動の遺伝的基盤 ……………………………………………………… 6
- 1-5　神経回路と行動の遺伝学 ……………………………………………… 9
- 1-6　ヒト疾患モデルとしての行動遺伝学 ………………………………… 10
- 1-7　行動に関わる遺伝要因と環境要因 …………………………………… 11
- 1-8　本書のねらい …………………………………………………………… 12
  - 文　献 ……………………………………………………………………… 14
  - 用語解説 …………………………………………………………………… 14

2章　線虫の行動遺伝学　［飯野 雄一］
- 2-1　モデル生物としての線虫 ……………………………………………… 15
- 2-2　線虫の遺伝学／行動遺伝学の歴史と手法 …………………………… 16
  - 2-2-1　生殖と遺伝の様式 ……………………………………………… 16
  - 2-2-2　行動変異体の分離とマッピング ……………………………… 17
  - 2-2-3　トランスジェニック株の作製 ………………………………… 19
  - 2-2-4　遺伝子ノックアウト …………………………………………… 19
- 2-3　線虫の行動遺伝学の研究の概観 ……………………………………… 20
  - 2-3-1　神経系の基本機能 ……………………………………………… 20
  - 2-3-2　感覚受容 ………………………………………………………… 21
  - 2-3-3　行動可塑性 ……………………………………………………… 21
  - 2-3-4　個体間相互作用 ………………………………………………… 22
- 2-4　線虫の行動遺伝学の威力 ……………………………………………… 22
- 2-5　おわりに ………………………………………………………………… 23
  - 文　献 ……………………………………………………………………… 25
  - 用語解説 …………………………………………………………………… 26

■目 次

3章　ショウジョウバエの行動遺伝学　［山元 大輔］
- 3-1　モデル生物としてのショウジョウバエとその特徴 28
- 3-2　ショウジョウバエでの行動遺伝学の歴史 29
- 3-3　行動遺伝学の現在 35
- 3-4　行動遺伝学のこれから 38
- 　　文　献 39
- 　　用語解説 40

4章　社会性昆虫の行動遺伝学　［石川 由希］
- 4-1　生物学における社会性 41
- 4-2　社会性昆虫の生態と分業 41
- 4-3　社会性昆虫の行動遺伝学 45
- 4-4　カースト分化の内分泌メカニズム 46
- 4-5　社会性昆虫の分業における生体アミンの役割 48
- 4-6　社会性昆虫の分業に関する遺伝的基盤 49
- 4-7　社会性昆虫の行動遺伝学の展望 52
- 　　文　献 53
- 　　用語解説 55

5章　ゼブラフィッシュの行動遺伝学　［揚妻 正和・岡本　仁］
- 5-1　モデル生物としてのゼブラフィッシュとその特徴 56
- 5-2　ゼブラフィッシュの遺伝学の歴史 57
- 5-3　ゼブラフィッシュで現在進められている行動遺伝学 58
  - 5-3-1　運動神経の制御に関する研究 58
  - 5-3-2　視覚，嗅覚，聴覚に関する研究 59
  - 5-3-3　ドラッグスクリーニングを始めとした，精神疾患へのアプローチに関する研究 59
  - 5-3-4　より複雑な行動とそれに関わる神経回路 60
  - 5-3-5　ゼブラフィッシュを用いた手綱核の研究 −左右非対称な神経回路とその情動の制御− 62
- 5-4　ゼブラフィッシュの行動遺伝学の展望 65
- 　　文　献 66
- 　　用語解説 68

6章　イトヨの行動遺伝学［北野　潤］

- 6-1　はじめに 69
- 6-2　イトヨの行動研究のはじまり 70
- 6-3　形態の多様性の遺伝基盤 71
- 6-4　イトヨの行動の多様性 73
- 6-5　イトヨの行動の遺伝解析 75
- 6-6　今後の展望 77
-   　　文　献 78
-   　　用語解説 79

7章　ソングバードの発声学習・生成における行動遺伝学［和多 和宏］

- 7-1　はじめに：実験動物としてのソングバードとその特徴 81
- 7-2　ソングバードにおける囀りの研究の歴史 82
- 7-3　ソングバードで進められている囀りを司る神経回路の研究 84
- 7-4　ソングバードの囀りとそれに関わる遺伝子 87
- 7-5　ソングバードの行動遺伝学の展望：系統進化要因を突破口とした取り組み 90
-   　　文　献 93
-   　　用語解説 94

8章　マウスの行動遺伝学［小出　剛］

- 8-1　モデル生物としてのマウスとその特徴 95
- 8-2　マウスにおける行動遺伝学の歴史 97
- 8-3　マウスで現在進められている行動遺伝学 104
- 8-4　マウス行動遺伝学の展望 108
-   　　文　献 109
-   　　用語解説 109

9章　マウス逆遺伝学により明らかになる行動－神経回路－遺伝子
［岩里 琢治］

- 9-1　マウスのリバースジェネティクス（逆遺伝学） 111
- 9-2　動物行動研究へのマウス逆遺伝学の導入 114
- 9-3　マウス逆遺伝学の精密化 115

■目　次

　　　9-3-1　Cre/loxP システム 115
　　　9-3-2　Tet-ON/OFF システム 118
　　　9-3-3　関連技術・リソースの進歩 120
　9-4　マウス行動遺伝学のひろがり 122
　9-5　マウス行動遺伝学の未来への展望 123
　　　文　献 123
　　　用語解説 124

10 章　イヌの行動遺伝学 ［荒田 明香・武内 ゆかり］

　10-1　はじめに 125
　10-2　「イヌ」の誕生と変容 126
　10-3　イヌにおける行動遺伝学の歴史 129
　10-4　問題行動にまつわる遺伝学的研究 130
　10-5　イヌにおける気質関連遺伝子の探索 131
　10-6　イヌにおける行動遺伝学の展望 134
　　　文　献 136
　　　用語解説 137

11 章　家畜動物の行動遺伝学 ［桃沢 幸秀・武内 ゆかり］

　11-1　家畜動物の特徴 138
　11-2　家畜動物における行動遺伝学の歴史 139
　11-3　家畜動物における行動遺伝学の研究例 142
　　　11-3-1　ミンクの常同行動（stereotypic behaviour） 142
　　　11-3-2　ニワトリの羽つつき行動（feather pecking） 144
　11-4　家畜動物における行動遺伝学の展望 147
　　　文　献 148
　　　用語解説 149

12 章　霊長類の行動遺伝学 ［村山 美穂］

　12-1　はじめに 150
　12-2　霊長類の行動と遺伝子 151
　12-3　種間の対立遺伝子の比較 153
　12-4　性格を評定する 155

12-5　今後の研究進展の可能性 156
　　　　文　献 158
　　　　用語解説 160

13章　ヒト双生児における性格と遺伝　[山形 伸二・安藤 寿康]
　　13-1　はじめに 161
　　13-2　双生児法 162
　　13-3　人間行動遺伝学から得られた知見 165
　　13-4　人間行動遺伝学の最近の方向性 167
　　　　文　献 169
　　　　用語解説 170

14章　遺伝子変異により生じる行動異常疾患　[井ノ上 逸朗]
　　14-1　遺伝子異常による行動関連疾患研究の歴史 172
　　14-2　ハンチントン病研究と遺伝子解明 174
　　14-3　ポジショナルクローニングの始まり 175
　　14-4　トリプレットリピート病と表現促進 176
　　14-5　ハンチントン病の遺伝リスク 177
　　14-6　アルツハイマー病 178
　　14-7　遅発性アルツハイマー病の感受性遺伝子同定 179
　　14-8　家族性アルツハイマー病の原因遺伝子 181
　　14-9　将来展望 181
　　　　文　献 182
　　　　用語解説 182

15章　精神疾患の行動遺伝学　[治徳 大介・吉川 武男]
　　15-1　精神疾患と遺伝 183
　　15-2　精神疾患の遺伝学の現状 185
　　　　15-2-1　全ゲノム関連研究（GWAS）..................................... 185
　　　　15-2-2　パスウェイによるアプローチ 186
　　　　15-2-3　候補遺伝子研究 188
　　　　15-2-4　中間表現型によるアプローチ 190
　　　　15-2-5　動物モデルによるアプローチ 190

- 15-3　今後の展望 192
    - 文　献 193
    - 用語解説 195

16 章　行動遺伝学の新たな展開　［山元 大輔］

- 16-1　一般性から多様性の理解へ 196
- 16-2　*C. elegans* の摂食行動に見られる系統差の遺伝的基盤 197
    - 16-2-1　「会食型」と「孤食型」 197
    - 16-2-2　*npr-1* 遺伝子多型と摂食行動 198
    - 16-2-3　摂食行動型と感覚入力 198
    - 16-2-4　摂食行動型を決定するニューロン群 199
    - 16-2-5　ニューロペプチド Y ホモログの作用様式 200
    - 16-2-6　摂食多型と cGMP 200
    - 16-2-7　酸素応答と摂食行動多型 200
    - 16-2-8　摂食行動多型とグロビン遺伝子変異 201
- 16-3　ショウジョウバエ自然集団の摂食行動二型を支える遺伝子機構 203
    - 16-3-1　*foraging* 遺伝子の発見 203
    - 16-3-2　負の平衡淘汰による多型の維持 204
- 16-4　モデル生物の枠を超えて 206
- 16-5　行動遺伝学のこれから 206
    - 文　献 207

あとがき 209
人名索引 211
事項索引 212

1. 行動遺伝学の概略

小出　剛

遺伝子と行動との関係を明らかにしようとする行動遺伝学は，ヒトやモデル動物はもちろんのこと，家畜やさらには野生動物においてさえもその対象としてきた．このような流れは，さまざまな動物種でゲノム情報が充実してくるのに伴いさらに加速している．行動遺伝学は何から始まり，どこへ向かっていこうとするのか．動物行動の遺伝的基盤を解き明かす試みを概説する．

1-1　行動と遺伝子の関係

　行動遺伝学（behavior genetics）とは，動物の示す行動（behavior）と遺伝子（gene）との関係を明らかにしていこうという学問である．しかし，ここで対象とする遺伝子と行動はずいぶん遠い関係にある．「遺伝子」は生命の根源となる物質 DNA により成り立ち，生命活動に必要な数多くのさまざまなタンパク質を作り出すための情報そのものであり，かつタンパク質合成のための中間体となるメッセンジャー RNA 分子を作り出す場でもある．一方，「行動」はさまざまな神経活動（neural activity）の表出した結果であり，活動に伴い現れては消え，実体として残るわけではない．このような行動の多くは，目的をもって行われることを考えると，行動は動物のもつ"こころ"を反映しているといえる．ヒトだけでなく動物にも心があるかどうかは，過去にも議論されてきたことではあるが，先に起こることを目的として行動を起こすことを考えると，動物にも広義の"こころ"があり，ヒトの心の萌芽は少なくともあると考えるのが自然であろう．

　さて，行動が神経活動の結果を見ているものであり，その行動は神経活動が身体を制御することで現れるものだとすると，私たちの目にする行動という形質（trait）はずいぶん不安定なもので，それはまるで影絵の人形芝居を

1

■1章　行動遺伝学の概略

見ているようなものである．スクリーンに映し出される影絵の人形芝居は美しいが，それだけを見て実際にスクリーンの裏ではどのような設備でどれだけ大変な作業が行われているか想像することは難しい．神経活動やそれがもたらす身体の制御がスクリーンの裏側での作業だとすると，遺伝子はさらにそのような舞台裏の設備や人形遣い，それに台本などを作りだす役目を果たしているようなものである．遺伝子は，神経活動のための細胞を作り，神経伝達物質を作り，そのシグナルを伝えるためのあらゆる経路を作り，さらには行動に至るための動きに必要な筋肉などを作る．また，これらがいつどこで働くかというプログラムも遺伝子の中には含まれている．このように，行動遺伝学とは神経活動の投影された結果としての行動を遺伝子という物質の機能で説明しようというものであるから，その研究には困難が伴うのも当然であろう．しかし，影絵でもそれを投影するための実体はしっかりと準備されているように，行動にもそれを調節している遺伝子はしっかりと存在する．

　では，遺伝子は行動に対してどのように関与しているのであろうか？　先に触れたように，行動は神経活動が身体の運動を引き起こすことにより表に現れる．そうすると，行動に関わる遺伝子は，そのような複雑な神経活動や身体との連携に関わってくるものであり，そこには多数の遺伝子が関与していることがわかる．したがって，行動と遺伝子を1対1で対応づけるような遺伝子が存在することはない．例えば授乳行動を例にあげると「授乳行動遺伝子」などというものは存在せず，その行動に関わる遺伝子があったとすると，正確には「授乳行動に関与する遺伝子群の一つ」という表現をするべきであろう．このように，一つの行動に絞って考えても，それに関連するそれぞれの遺伝子は，さまざまな機能をもった多数の遺伝子から構成される大きなシステムの中で一つの歯車として働いているのである．それゆえ，行動遺伝学が対象とする遺伝子は，その数も多く，機能も多様である．

　例えば線虫（nematode；*Caenorhabditis elegans*）において，移動運動機能異常を生じる変異体として uncoordinated motility（*unc*）変異がこれまでに100種類以上知られている．*unc* 変異について，33遺伝子をリストアッ

1-1 行動と遺伝子の関係

表 1.1 線虫における移動運動機能異常変異とその遺伝子の働き

遺伝子	遺伝子産物	機能
unc-1	Stomatin-like proteins (SLPs)	膜タンパク質
unc-2	Voltage-gated Ca^{2+} channels, alpha 1 subunits	イオンチャネル
unc-3	HLH transcription factor EBF/Olf-1	転写調節因子
unc-4	Transcription factor, contains HOX domain	転写調節因子
unc-5	Netrin transmembrane receptor unc-5	アクソンガイダンス
unc-6	Netrin , axonal chemotropic factor	アクソンガイダンス
unc-7	Innexin-type channels	膜タンパク質
unc-8	Non voltage-gated ion channels	イオンチャネル
unc-9	Innexin-type channels	膜タンパク質
unc-10	Rab3 effector RIM1 and related proteins	シナプス小胞関連
unc-13	Neurotransmitter release regulator	シナプス小胞関連
unc-15	Myosin class II heavy chain	モータ関連タンパク質
unc-16	JNK/SAPK-associated protein-1	シナプス小胞関連
unc-17	Vesicular amine transporter	シナプス小胞関連
unc-18	Vesicle trafficking protein Sec1	シナプス小胞関連
unc-22	Projectin/twitchin and related proteins	モータ関連タンパク質
unc-25	Glutamate decarboxylase and related proteins	神経伝達物質合成
unc-26	Synaptojanin	シナプス小胞関連
unc-27	Troponin I isoform	モータ関連タンパク質
unc-29	Acetylcholine receptor	神経伝達物質受容体
unc-30	Transcription factor PTX1, contains HOX domain	転写調節因子
unc-31	orthologue of human CADPS/CAPS	シナプス小胞関連
unc-36	L-type voltage-dependent Ca^{2+} channel	イオンチャネル
unc-37	Transducin-like enhancer of split protein	転写調節因子
unc-38	Acetylcholine receptor	神経伝達物質受容体
unc-39	Transcription factor SIX and related HOX domain protein	転写調節因子
unc-40	Receptor mediating netrin-dependent axon guidance	アクソンガイダンス
unc-43	Ca^{2+}/calmodulin-dependent protein kinase	タンパク質リン酸化
unc-44	Ankyrin-like protein	アクソンガイダンス
unc-45	Myosin assembly protein	モータ関連タンパク質
unc-47	Vesicular inhibitory amino acid transporter	シナプス小胞関連
unc-49	GABA receptor	神経伝達物質受容体
unc-51	Serine/threonine-protein kinase involved in autophagy	タンパク質リン酸化

unc 変異遺伝子とその機能は WormBase (http://wormbase.sanger.ac.uk/) から検索した.

プし，それらについてデータベース上から機能を拾い上げた（表1.1）．それらの遺伝子産物は，タンパク質リン酸化酵素であったり，神経伝達物質（neurotransmitter）の合成や放出に関わっていたり，その受容体であったり，イオンチャネルのサブユニットであったり，さらにはモーター関連のタンパク質であったりとその機能はさまざまである．このように，移動運動行動に関して多数の遺伝子が明らかになってくることにより，その行動に関連する遺伝子群は，ある程度のまとまりとして行動の下位のサブシステムを構成し，さらにそれらが移動運動行動に関わる大きなシステムを作り上げていることが見えてくる．

では，このような発現する場所もその機能も多様な遺伝子を明らかにする行動遺伝学にはどのような意味があるのだろうか？

1-2　動物進化と行動遺伝学

1831年にイギリス海軍のビーグル号に乗船したダーウィン（Charles Darwin：1809-1882）は数年の船旅を経てガラパゴス諸島を訪れた．そこで動植物を調査した彼は，フィンチ類の鳥には多くの種類があり，その中でくちばしの形態がさまざまに異なることを報告している[1]．さらにその後，フィンチ類の多くの種は地面で種子をついばみ，その堅い殻をくちばしで割って中身を食べるが，他にもサボテンの周囲に棲みつき生活する種や木の上で虫をとらえて食べるもの，さらにカツオドリの背中や尾羽の根元をつつき，そこから吸血するものなどが存在し，それぞれ特徴的なくちばしをもっていることが知られるようになった[2]（図1.1）．

とくに，地面で堅い種子を割って食べるフィンチにおいては，そのくちばしの形態によって，どのような種子を食べるか大きく影響を受けるのである．このように，行動は形態とともに種に特徴的なものとして固定され，親から子へと受け継がれるのであるが，同時にフィンチの同じ種の中でもある程度の多様性があることも知られている[2]．

ダーウィンは，このような集団内においてみられる多様性から，深い洞察力をもって進化の考えを導いた[3,4]．それは，集団内にみられるさまざまな

図 1.1　フィンチにみられる採餌行動の特徴とくちばしの形態の関係

個体の中からその環境での生存に不利なものが淘汰され，次の世代の集団にはさらに生存に有利な個体が出現し不利な個体は淘汰される．そのような過程をくり返すうちに，ある環境に適した特徴をもつ種が生まれるというものである．このように，その環境でうまく生存できる個体が残り，それが次世代へと徐々に受け継がれることで，ある環境に適した種へと長い年月の間に進化を遂げると考えたのである[4]．

こうした例でもわかるように，行動は，種の進化において重要な淘汰圧の対象になると考えられる．つまり，野生の動物種において，その環境に行動がいかに適応しているかということが，その種の存続の上では重要な要素になると考えられるのである．このことから，「行動がいかに遺伝するか」，「その遺伝的基盤はどのようなものか」という問いに対する答えを明らかにすることは，進化のメカニズムを理解することにもつながると期待されるのである．

1-3　行動における人為的選択の効果

ダーウィンは，その著書『種の起原』の中で，家畜動物のさまざまな品種について触れている[4]．例えば，家鳩の品種の多様さは驚くほどであり，その形態の多様性に加えて，伝書鳩，宙返り鳩，さらには鳴き声に特徴のある

ラッパ鳩や笑鳩など，行動において特徴的な品種についても紹介している．これらはすべて同一の種であるが，ヒトによる育種で多様な品種が作り出されたという意味で，人為的な「種の進化」と言える．

短期間で家畜化（domestication）を行った例としては，ロシアのシベリア南部のノボシビルスク郊外の農場で行われたギンギツネの愛玩化が知られている[5]．ベリャーエフ（Dmitri Belyaev：1917-1985）らは，毛皮用に飼育されていたキツネの雄30頭と雌100頭から，人間への慣れ，つまり愛玩化を指標として毎世代選択して交配をくり返し，短期間の間に高度に愛玩化されたキツネを作出することに成功した．ベリャーエフらは，このような人間への慣れと同時に，家畜化動物で一般的にみられる毛色の変化や耳や尾のような形態の変化なども観察しており，行動の変化に毛色や形態の変化が付随して現れることも示している．このように，家畜化などの選択交配は，集団中の遺伝的多様性がどのように家畜化のプロセスに関わるか理解するうえで重要な情報をもたらすと考えられる．行動遺伝学は家畜育種の遺伝的基盤の理解にも不可欠なのである．

1-4　行動の遺伝的基盤

では，そのような行動における遺伝のメカニズムはどのようなものであろうか？　その点について考えるためには，遺伝学の黎明期とも言える19世紀にさかのぼる必要があろう．奇しくも同じ1822年に，その後まったく異なった人生を送りながらも遺伝学に大きな影響を与えることになる二人がこの世に生を受けた．一人はメンデル（Gregor J. Mendel：1822-1884）であり，もう一人はゴールトン（Francis Galton：1822-1911）である．

メンデルは，現在のチェコ・ブルノにある修道院で修道士として過ごすかたわら，エンドウ豆の形質の遺伝現象を詳細に分析し，その結果，優劣の法則，分離の法則，独立の法則という遺伝学の3法則を発見した．残念ながらメンデルの発見した遺伝法則は存命中に評価はされなかったが，彼の死後1900年になってようやく再発見され，その後はこの法則が近代遺伝学の隆盛を支え，メンデルはその死後，高い評価を受け続けている．

1-4 行動の遺伝的基盤

　一方，ゴールトンは先のダーウィンのいとこにあたり，1859 年にはダーウィンの『種の起原』が発表され，注目を集めるのを目の当たりにして，彼自身も形質の遺伝性に関して考えを巡らせることになる．ゴールトンは，メンデルが明確な遺伝因子を仮定したのに対し，集団中の表現型を生物測定学（biometry）により数量化し，統計的にその表現型の遺伝現象を研究する統計遺伝学の基礎をつくり，当時の研究者の中での重鎮となった．彼はまた，人間の家系についての研究を行い，行動や性格とその遺伝の問題に精力的に取り組んだ．1869 年に著した "Hereditary Genius"（『遺伝的天才』）では，当時著名人として社会的にも成功を収めている 100 人を選び出し，その家系において同様に著名人がみられるかどうかを調査した結果を報告している（図 1.2）[6]．その結果，著名人の親や子供など遺伝的に近い親族には，社会的に成功を収めた人物が高い頻度でみられるが，曾祖父やひ孫など血縁が遠

著名人の遺伝

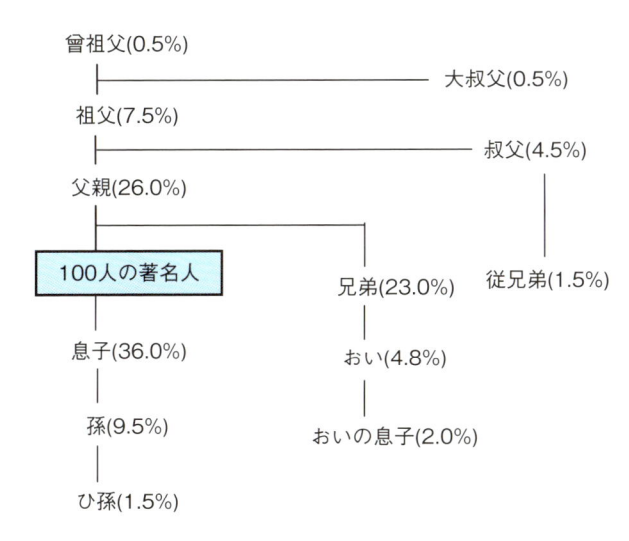

曾祖父(0.5%) ──────── 大叔父(0.5%)
　│
祖父(7.5%) ──────── 叔父(4.5%)
　│
父親(26.0%)
　│
100人の著名人 ──── 兄弟(23.0%) ──── 従兄弟(1.5%)
　│
息子(36.0) ──── おい(4.8%)
　│
孫(9.5%) ──── おいの息子(2.0%)
　│
ひ孫(1.5%)

図 1.2　100 家系における著名人の出現頻度
　　ゴールトンは著名人 100 人を選び出し，その 100 家系について，その人物を中心とした血縁者の中での同様の著名人の出現頻度を調べた．しかし，この研究では環境要因の大きな影響を無視できず，正確に遺伝性を示しているとは言えない．

■1章　行動遺伝学の概略

くなると頻度も低くなることから，このような著名人としての能力にも遺伝の影響があることを報告している．しかし現在では，この調査には多分に家庭環境やいわゆる「親の七光り」が職業へのつきやすさに大きく影響していることが明らかであり，この結果が即座に遺伝の影響を示してはいないことがわかる．

このように，ゴールトンは行動・性格・能力といったヒトの形質における遺伝的要因の解明を果敢にも目指し，行動遺伝学の発展に寄与したのであるが，その一方で遺伝学に対する負の影響も及ぼした．彼は，1883年に著書の中で，優生学（eugenics）という言葉を初めて用い，「一般の生物と同様に人間の優良な血統を速やかに増やす諸要因を研究する学問的立場」として定義した．結局その後に優生思想の暴走をもたらすことになり，ゴールトンはその死後において，優生学の生みの親としての非難を受けることになる[7]．このように，メンデルとゴールトンは陰と陽，表と裏が入れ替わるメビウスの帯のように，彼らの研究内容にしてもまたその評価にしても，時代と共に入れ替わる不思議な因縁をもつ関係にある．

さて，1900年のメンデルの法則の再発見以降，20世紀はこの法則に基づいた遺伝学の輝かしい時代であった．さまざまな生物種から，遺伝学の研究に適した実験材料が確立され，ファージ，大腸菌，酵母，ショウジョウバエやマウスなどの生物を用いて，染色体地図の作成，遺伝子の実体となるDNAの二重らせん構造の発見，遺伝子からメッセンジャーRNAを介してタンパク質が合成されるセントラルドグマの発見など重要な発見が続き，さらに遺伝子の異常により生じる突然変異体の研究からその原因となる遺伝子の解明がヒトも含めたさまざまな生物種で進んだ．

行動においても，モデル動物でさまざまな突然変異体が得られ，行動と遺伝子との関係を明らかにするうえで効果的であった．例えばショウジョウバエでは，変異原であるエチルメタンスルホネート（EMS）投与による人為的突然変異誘発により得られた概日周期（サーカディアンリズム；circadian rhythm）の変異体（mutant）から[8]，遺伝学的手法による遺伝子座の同定（mapping）と遺伝子クローニング法の併用によるポジショナルクローニン

グという手法により，その原因遺伝子として *period* が同定された[9)10)]．この研究により，その後はサーカディアンリズムの分子メカニズムに関する研究が大きく進展することになった．この *period* のヒトにおける相同遺伝子である *human period 2*（*hPer2*）や *hPer3* は，それぞれ家族性睡眠相前進症候群[11)]や遅延睡眠期症候群[12)]に関与していることが報告されている．

このような遺伝学の輝かしい進歩の一方で，21世紀に向けた大きな課題が浮かび上がってきた．つまり，ヒトの多くの疾患が特定の遺伝子に起因するのではなく，ヒトの形態や体質などの多くの形質も上述のような単一遺伝子には起因していないことがわかってきたのである．これは，行動や性格などの個人差についても同様であり，個性の原因となる遺伝的要因は多数存在し（多因子），その原因がこれまでのアプローチではなかなか見つかってこないのである．最近では，行動や性格の個人差に加えて，認知症（dementia），統合失調症（schizophrenia），小児の自閉症（autism）や注意欠陥／多動性障害（ADHD）など，多因子により制御され，より身近で頻度の高い疾患や形質の遺伝的基盤の解明が求められている．

近年，このような多因子形質については，統計遺伝学的に解析する quantitative trait loci（QTL）解析法が確立されてきており，さまざまな動物種でゲノム配列が明らかにされてきたことにより，ゲノム全体を対象にした大規模で高密度な遺伝的マーカーを用いた遺伝解析が多くの動物種で可能になってきている．とくにヒトにおいては，多因子疾患はもちろんのこと，行動や性格の個人差に関わる形質についても，大規模なサンプルを用いて，ゲノムの一塩基多型（SNP）情報から高精度な関連解析を行う genome wide association study（GWAS）と呼ばれる研究などもさかんに行われている．今後，技術や解析のための実験材料の開発も含めて，研究の進展やその成果が期待される．

1-5　神経回路と行動の遺伝学

行動遺伝学には，行動を制御する神経回路（neural circuit）や分子ネットワークを解明しようとする目的もある．例えば，アメフラシの神経系はサイ

ズの大きな少数の神経細胞（neuron）から構成されるため，その行動を生理学的あるいは分子生物学的に解析するうえで優れた実験系である．そのアメフラシは，外部からの機械的な刺激に対し「鰓の引き込み反射」をするが，無害な機械刺激をくり返すと引き込み反射は慣れにより徐々に減弱することが知られている．一方で，嫌悪的なショック（電気ショックなど）を与えると，鋭敏化が生じ反射は強くなる．一度のショックでは数分間の記憶を保つだけである（short-term memory）が，くり返し嫌悪刺激を与えると，その記憶は数日にわたって維持される（long-term memory）．このような，学習・記憶は，刺激受容からシグナル伝達により CREB 転写因子依存の転写上昇を引き起こし，それが記憶の分子基盤となっていることが示されている．

　遺伝学的な解析が可能なショウジョウバエでは，学習・記憶テストを用いた解析から，*dunce* をはじめとした 80 系統にも及ぶ学習・記憶異常の突然変異体がこれまでに得られている．この一部の解析により，この CREB 依存転写調節までの経路で働く分子をコードする遺伝子の異常が明らかになると共に，まだ解明しきれていない経路の関与を示唆する遺伝子も見つかってきているのである[13]．

　このように，行動遺伝学は，行動を制御する神経回路や分子ネットワークを理解するためのアプローチとしても重要な研究分野となっている．

1-6　ヒト疾患モデルとしての行動遺伝学

　一方，他のモデル動物で得られた知見を利用することで，ヒトの精神疾患や異常行動の遺伝的要因の解明に結び付けようとする研究も進行している．例えば，統合失調症患者では，大きな音に対する驚愕反応（startle response）がその直前の弱い音刺激により減弱するプレパルス抑制（prepulse inhibition）機能が低下していることが知られている．このプレパルス抑制の障害は，不必要な感覚刺激への反応を減弱させる感覚フィルター機能の異常を反映しているが，統合失調症の指標となる中間表現型であると考えられている．マウスにおいてもプレパルス抑制がみられることから，この現象をもとにマウスで統合失調症の一面を解析するアプローチも存在する．

また，ヒト社会においてしばしば攻撃行動が問題になるが，その攻撃行動をショウジョウバエやマウスを用いて解析する研究も行われている．そのような研究を通じて，ヒトと同様にセロトニン（serotonin；5-HT）系が攻撃行動に関与していることが示されており，ヒトモデルとしての代表格であるマウスはもちろん，小さなショウジョウバエもヒトのモデルになると期待されている[14]．

　このように，実験条件の統御が比較的しやすく，さまざまな実験的処置が行いやすいモデル動物を用いて，ヒト疾患の遺伝的基盤の解明に結び付けるような研究も数多く進められている．とくに，モデル動物では近交化された系統やさまざまな遺伝的リソース，さらに遺伝子操作により特定の遺伝子機能を変えた系統などを作出することが可能であり，ヒトでは到底できないような実験を行うことができるという点で，モデル動物で得られた知見とヒト疾患で得られた知見を相互に関連付けて検討していくアプローチは有効であろう．

1-7　行動に関わる遺伝要因と環境要因

　もう一つ行動遺伝学の重要な役割がある．それは行動や性格形成における遺伝的要因の役割と経験や生活習慣などの環境要因の役割を区別し，これらの要因がどこまで関与しているのか明らかにすることである．英語では，遺伝要因は生まれ持っているという意味で"nature"，環境は養育効果という意味で"nurture"と呼ばれ，「遺伝か環境か」という問いは"nature or nurture"とも呼ばれている（日本語では「生まれか育ちか」と言われている）[15]．ヒトの一卵性双生児（monozygotic twins）と二卵性双生児（dizygotic twins）を用いた行動の相関の注意深い数多くの研究からは，さまざまな行動指標のおおよそ30〜50％が遺伝要因により影響を受けているといわれている[16]．このように，ヒトでも遺伝要因により行動や性格が少なからず影響を受けることがわかる．しかし，その一方で，ヒトの行動や性格を形成する半分以上が遺伝要因以外により影響を受けているのである．

　このように，行動遺伝学では，どのような環境要因が行動や性格に影響を

■1章　行動遺伝学の概略

及ぼすのか理解することも重要となる．例えば，ラットにおいて，母親が新生児に対して頻繁に舐めたりグルーミングしたりすることは，子ラットが成長してからストレスに対して過敏にならないために重要であることが知られている[17]．そのメカニズムとして，新生児期に母親がなめることで，ストレスホルモンであるグルココルチコイド（glucocorticoid）に対する受容体 Glucocorticoid receptor（GR）遺伝子の発現調節領域に対する抑制的な修飾がかかるのを防ぐような仕組みが働き，それにより生涯 GR の発現が高まり，過剰なストレス反応を抑えることが示されている[18]．このような遺伝子の発現調節に重要な役割を果たす修飾機構はエピジェネティクス[†1]と呼ばれ，環境要因が動物やヒトの性格や行動パターンに長期にわたり影響を及ぼす際の分子メカニズムであると考えられている．

　このように，「生まれ」と「育ち」の問題は，研究において両者の分子メカニズムを解明することも含めて，今後さらに研究が展開してゆくと期待される．しかし同時に，こうした知見は，一般社会に深く根差した思い込みや，ヒトの育児・教育などの問題とも関係しているため，研究者は今後も慎重に検討しつつ，研究成果を正確に社会に発信することが必要であろう．

1-8　本書のねらい

　このように，行動遺伝学は目的もさまざまであり，複雑な学問である．また，対象となる動物種もさまざまであり，その動物種特有の研究背景があるため，研究手法や研究内容もそれぞれ大きく異なる．また重要な点として，近年の大規模ゲノム解析のおかげで，これまで遺伝学的な手法を使うことができなかった動物種で行動遺伝学が可能になるケースも出てきており，近年の研究の進展はすさまじいものがある．

　そこで本書では，行動遺伝学が行われている線虫，ショウジョウバエ，社会性昆虫，ゼブラフィッシュ，イトヨ，ソングバード，マウス，イヌ，家畜動物，霊長類といった動物種やヒト双生児・ヒト疾患について，研究対象の特徴や研究の歴史を紹介しつつ，そこで現在進められている行動遺伝学研究の現状や将来への展望を紹介することにした（図 1.3）．読者の皆さんには，

12

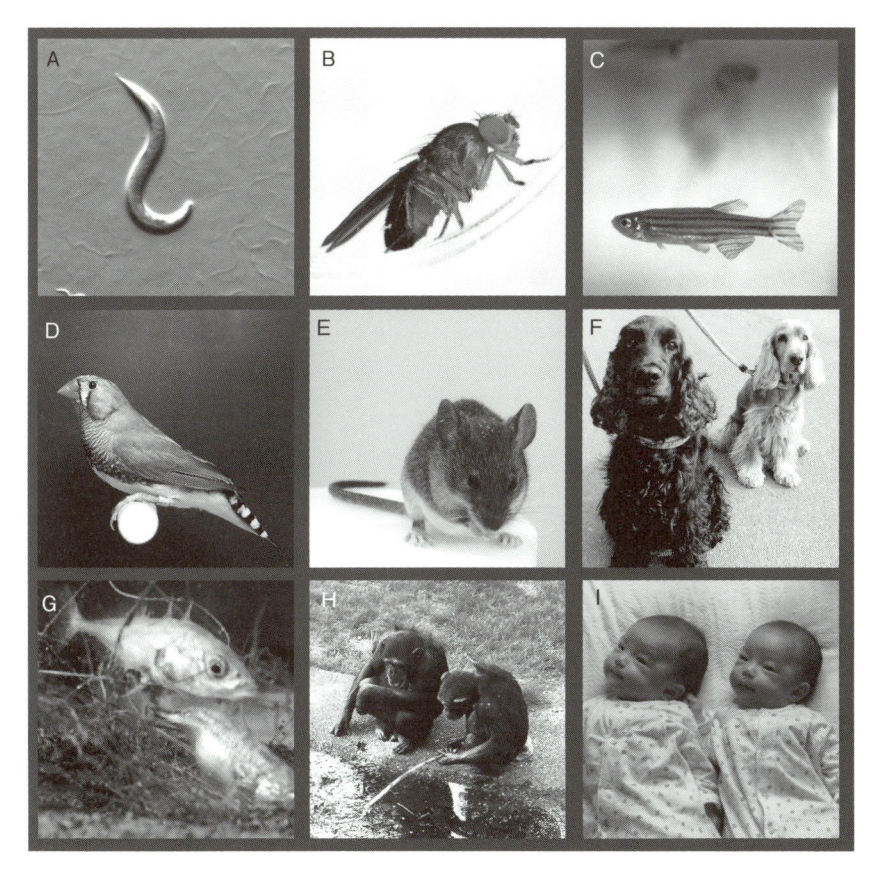

図1.3 本書でとりあげたさまざまな動物種とヒト
A：線虫，B：ショウジョウバエ，C：ゼブラフィッシュ，D：ソングバード，E：マウス（MSM系統），F：コンパニオン動物（イヌ），G：イトヨ，H：霊長類（チンパンジー），I：ヒト（一卵性双生児）．写真提供（敬称略）A：木村暁，B：小金澤雅之，C：酒井則良（撮影協力），D：今井礼夢，G：北野潤，I：石川麻乃・由希．

各章を読むことでそれぞれの動物種における行動遺伝学の概略を理解して頂けるものと思う．それと同時に，本書全体を読むことで，さまざまな動物種の行動について，その遺伝的基盤をたて糸とよこ糸を通じてよりよく理解することにつながるものと期待している．

■1章　行動遺伝学の概略

[文　献]

1) Darwin, C. *The voyage of the Beagle* (1839), With an introduction by David Amigoni. Wordsworth Editions Limited, 1997.
2) Weiner, J. *The beak of the finch,* A Division of Random House, Inc. New York, 1994.
3) Plomin, R., DeFries J. C., McClearn, G. E., Rutter, M. *Behavioral Genetics*, Third edition, W.H. Freeman and Company, New York, 1997.
4) ダーウィン , C. 種の起原（上），堀 伸夫訳 , 槇書店 , 1979, p. 25-95.
5) Trut, L. N. *American Scientist*, **87**, 160-169 (1999).
6) Galton, F. *Hereditary Genius: an inquiry into its laws and consequences*, Macmillan and Co., New York, 1892 (Second edition), 1869 (First edition).
7) 米本昌平，松原洋子，橳島次郎，市野川容孝 . 優生学と人間社会 , 講談社 , 2000.
8) Konopka, R. J. & Benzer, S. *Proc. Natl. Acad. Sci. USA.*, **68**, 2112-2116 (1971).
9) Reddy, P., Zehring, W. A., Wheeler, D. A., Pirrotta, V., Hadfield, C., *et al. Cell,* **38**, 701-710 (1984).
10) Bargiello, T. A., Jackson, F. R., Young, M. W. *Nature,* **312**, 752-754 (1984).
11) Toh, K. L., Jones, C. R., He, Y., Eide, E. J., Hinz, W. A. *et al. Science*, **291**, 1040-1043 (2001).
12) Ebisawa, T., Uchiyama, M., Kajimura, N., Mishima, K., Kamei, Y. *et al. EMBO reports*, **2**, 342-346 (2001).
13) Flint, J., Greenspan, R. J., Kendler, K. S. *How genes influence behavior*, Oxford University Press, Oxford, 2010.
14) Dierick, H. A. & Greenspan, R. J. *Nature Genet.*, **39**, 678-682 (2007).
15) リドレー , M. やわらかな遺伝子 , 中村桂子・斉藤隆央訳 , 紀伊国屋書店 , 2004.
16) 安藤寿康 . 遺伝マインド , 有斐閣 , 2011.
17) Liu, D., Diorio, J., Tannenbaum, B., Caldji, C., Francis, D. *et al. Science,* **277**, 1659-1662 (1997).
18) Weaver, I. C. C., Cervoni, N., Champagne, F. A., D'Alessio, A. C., Sharma, S., *et al. Nature Neurosci.*, **7**, 847-854 (2004).

[用語解説]

†1　**エピジェネティクス**：多型のある塩基 (DNA) 配列をもつゲノムが次世代に受け継がれるのがジェネティクス（遺伝学；genetics）の前提であるのに対し，DNA の配列そのものには変化がないものの，その上の化学的に修飾された状態が細胞分裂を経てもなお受け継がれることをエピジェネティクス (epigenetics) という．この化学的修飾は，そのゲノムが経由する個体の性や発生段階ならびに組織，さらに細胞の状態などにより書き換えが可能であることから，ゲノムの後天的変化という意味でこのように呼ばれる．化学的修飾としては，DNA のメチル化やその DNA を取り巻くクロマチンタンパク質を構成するヒストンのメチル化やアセチル化などが知られている．このようなゲノムの修飾は，その近傍の遺伝子の発現に強く影響することがあり，遺伝子発現制御のメカニズムの一つとして注目を集めている．

2. 線虫の行動遺伝学

飯野 雄一

線虫C.エレガンスは究極のモデル生物である．全細胞の細胞系譜がわかっており，神経回路の設計図もすべてわかっている．行動異常変異体の分離に最適な遺伝学のシステムも魅力である．これらの利点を用いて感覚受容や学習に関わる分子神経機能の研究が進んでいる．

2-1 モデル生物としての線虫

線虫 *Caenorhabditis elegans*（シーノラブディティス・エレガンス，以下 C. エレガンスまたは単に線虫と呼ぶ）は1960年代に英国のブレンナー（Sydney Brenner）が遺伝学のためのモデル生物として取り上げた[1]．その最大の特徴は，はっきりした組織分化がありながら，細胞数がきわめて少ないことである．体細胞の数は約1000個で，体長は成虫で約1mm，主にバクテリアを餌とする．体が小さく多数の個体を飼育できることは，変異体スクリーニングなどの際にも有利である．その後，ブレンナーの同僚のサルストン（John E. Sulston）が線虫の発生過程を丹念に観察することにより，受精卵から成虫までの全細胞系譜を解明した[2,3]．細胞数が少ないことを最大限に生かし，発生学の基盤を築いたのである．

神経系の機能を研究する行動遺伝学の立場から重要なのは神経回路マップの存在である．約1000個の体細胞のうち，神経細胞は302個である．ブレンナーのグループのホワイト（John G. White）らが電子顕微鏡の連続切片を丹念に観察することにより，それぞれの神経がどこでどの神経とシナプスを作っているかという膨大な情報を得た[4]．これによって，各神経細胞の神経回路上での位置づけがわかるようになり，これが行動遺伝学の重要な基盤となっている．

2-2　線虫の遺伝学／行動遺伝学の歴史と手法

2-2-1　生殖と遺伝の様式

　ブレンナーは大腸菌およびバクテリオファージの遺伝学で名を成した人である．当時の中心問題であった遺伝暗号の解読も道半ばの時点で，早くも遺伝学を多細胞動物に適用することを考え，生物学のさまざまな重要問題（特に発生と神経機能）を解くための実験動物として線虫 C. エレガンスを取り上げた．必然的に，彼の最初の仕事は線虫の遺伝学のシステムを作ることであった．

　C. エレガンスの遺伝学のユニークな点はその生殖システムにある．一般に線虫類には雄と雌という通常の性システムをもつ種が多く，単為生殖を行う種などもあるが，C. エレガンスは雌雄同体と雄からなる．雌雄同体は体内で卵と精子を作り，その間で受精が起こるので，単独の個体で子孫を作ることができる．容易に想像できるとおり，このことは継代の手間を大幅に省く．ほとんどの個体はこのような雌雄同体であるが，500匹〜1000匹に1匹という稀な頻度[†1]で雄が生まれてくる．雄が存在することは貴重で，これによって掛け合わせができるようになる．このような一風変わった，しかし遺伝学には最適な性システムをもつ種を選んだのがブレンナーの叡智といえよう．

　線虫は，染色体 I から染色体 V までの5本の常染色体と性染色体である X 染色体をもつ．二倍体なので各個体は常染色体を2本ずつもつが，X 染色体を2本もつもの（XX）が雌雄同体，1本しかもたないもの（XO）が雄となる．減数分裂の際に稀に X 染色体の不分離が起こり，X 染色体をもたない配偶子（O）が生じ，これが通常の配偶子（X）と受精することにより雄（XO）が生じる．前述のように雌雄同体は精子と卵をもつが，雄が雌雄同体と交尾すると雄から注入された精子が優先的に卵と受精する．ブレンナーは *dpy*[†2]，*unc*[†3] など多数の変異体を分離し，それらの掛け合わせにより遺伝学の基本となる染色体マップを作成した[1]．

2-2-2 行動変異体の分離とマッピング

　行動遺伝学といってもいろいろなアプローチがあり，本書でも生物により異なることがよくおわかりになると思うが，線虫は行動に関する順遺伝学，すなわち行動異常の変異体を行動異常のみを指標に分離する作業が比較的容易なことが最大の特徴である．その主たる理由は上述の雌雄同体による生殖形式である．突然変異原処理のあと，行動表現型を指標に行動異常の変異体を分離することを考えてみよう．ランダムな変異は対立遺伝子の一方に入ることが普通である．劣性変異はこの状態では表現型が現れないので，他の多くの生物では手あたり次第に掛け合わせを行うか，染色体異常を利用して対象変異を特定の染色体に限定してスクリーニングを行う必要がある．一方，線虫ではヘテロ接合の個体が自家受精するとメンデル遺伝により 1/4 がホモ接合の子孫になる．つまり，一世代待つだけでホモ接合の個体が生じるので，その時点で行動異常表現型を示す個体を探せばよい．いったんそのような変異体が見つかれば，その一匹を単離して卵を産ませるだけで，同じ変異体の均一な集団（変異株）が作成できる．

　図 2.1 は実際の変異体スクリーニングの例である[5]．この例では塩走性学習の変異体を分離している．線虫は通常塩を好むが，塩を含み餌を含まない溶液でしばらく処理すると，学習が起こりその後塩を避けるようになる．これを塩走性学習と呼んでいる．この学習の変異体を得るために，塩を含む溶液で処理した後，相変わらず塩に引き寄せられる変異体を探す．行動は確率的なものであるので野生型であっても少数の個体はたまたま塩に引き寄せられる．そこで，同じテストを複数世代にわたって行い，毎回塩に誘引されるものを集める操作により本当の変異体を濃縮していく．一匹ずつの処理ではなく数百匹から千匹程度の多数の個体を一度にテストできるのでスクリーニングの効率がよい．

　単離した変異体のマッピング[†4]は，従来遺伝マーカー，例えば *dpy* 変異[†2]や *unc* 変異[†3]などをもつ株との掛け合わせにより行われてきた．しかし，これらは行動表現型に影響するのであまり便利ではない．しかし，1998 年に C. エレガンスの全ゲノム配列が決められ，その後 SNPs[†5] が多数見つかっ

■2章　線虫の行動遺伝学

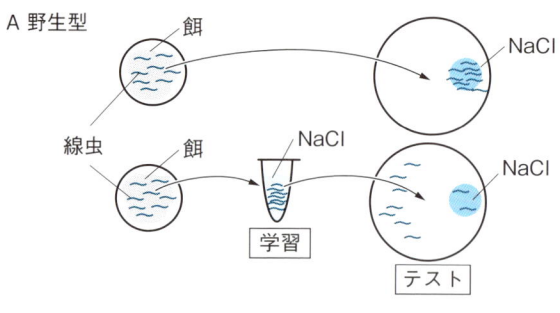

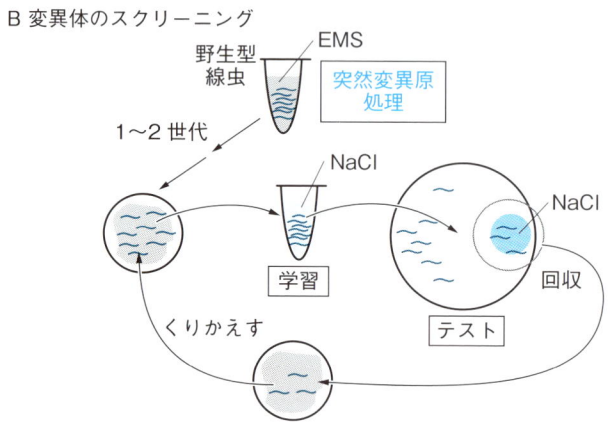

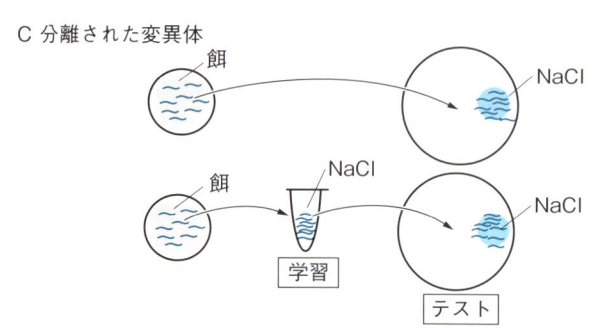

図2.1　塩走性学習変異体の分離
A：野生型株は無処理のときは塩に誘引されるが，餌を含まず塩を含むバッファで処理すると誘引されなくなる．これを塩走性学習という．B：変異原処理した野生型線虫の子孫のなかで，塩による学習後も塩に誘引される個体を回収する．回収した個体の子孫を再度同じテストに掛けることをくり返して真の変異体を単離する．C：単離された変異体は学習後も塩に誘引される．

てきたことで,分離した変異体のマッピングの方法も大きく変わってきた.C.エレガンスには世界中のいろいろな場所で分離された野生株が存在する.通常使われるのはイギリスで分離されたBristol N2株であるが,他にハワイで分離されたCB4856やカリフォルニアで分離されたCB4858などの株が存在する.分離した変異株に対し,それと起源の異なる野生株とを掛け合わせ,各染色体のSNPs,さらには染色体上の各位置のSNPsをマーカーとして用いることによりマッピングが行われる.

2-2-3　トランスジェニック株の作製

線虫における遺伝子導入は通常マイクロインジェクションによって行われる[6].プラスミドを生殖腺にマイクロインジェクションすると,それを染色体外因子として保持する子孫,つまりトランスジェニック線虫が生まれてくる.ただし染色体外因子は不安定なので,いったん確立したトランスジェニック株であってもトランスジーンを失った個体が常に生じてくる.トランスジェニック体の選択と維持のために,蛍光実体顕微鏡下で確認できるGFP発現用の遺伝子などをマーカーとして用いる方法がよく使われる.

また,γ線やX線を照射することによりDNA組換えを誘導し,染色体外因子が染色体に組み込まれた株を作ることも可能である.この場合トランスジーンは安定に保持される.最近,ゲノムの特定の位置に挿入されたトランスポゾンMos1[†6]の切り出しの際にゲノムへのトランスジーンの組込みを起こさせるという方法も開発されている[7].

線虫は自然状態では相同組換えの頻度が低く,これまで遺伝子置換,つまりゲノム上の遺伝子のノックアウトやノックインはできなかった.しかし,目的とする遺伝子近辺にMos1が挿入されている株がある場合,上と同様にトランスポゾンの切り出しの際に相同組換えを起こさせて遺伝子置換を行うという方法が使われ始めている[8].

2-2-4　遺伝子ノックアウト

前項で,相同組換えを利用した遺伝子のノックアウトは困難であると述べたが,まったく別の方法による遺伝子破壊が頻繁に行われている.この方法では,UV-TMP(トリメチルソラーレン＋紫外線処理)によりランダムに欠

失を起こさせる．そのように処理した線虫からDNAを抽出し，破壊したい遺伝子に対応するPCRプライマーでPCRを行い，欠失が生じて短いバンドが増幅される線虫を探すのである[9]．多数の個体からまとめてDNA抽出することにより，頻度の低い欠失変異体を同定できる．個々の研究者が行うことも可能であるが，世界の2か所，米国／カナダ[†7]および日本の東京女子医科大学（ナショナルバイオリソースプロジェクト中核機関[†8]）で研究者のリクエストに応じてノックアウト株を作製するサービスが行われている．

2-3　線虫の行動遺伝学の研究の概観

表2.1に行動異常あるいは神経機能の異常を示す主な変異体クラスをまとめた．もちろん，このようなまとまったクラスに属さない神経関連遺伝子も多く存在する．

2-3-1　神経系の基本機能

*unc*変異体[†3]は容易に分離でき数も多いので，初期の研究は*unc*遺伝子

表2.1　主な行動／神経機能異常の変異体の遺伝子クラス

変異体クラス	意味
che, tax	（水溶性物質などへの）化学走性ができない
dec, aex, exp	周期的に起こるはずの脱糞行動が異常
daf	耐性幼虫形成の異常（発生過程の制御の異常であるが神経機能に関わるものもある）
egl	卵を産み落とせない
lev	アセチルコリン類似物質レバミゾールに耐性
mec	機械刺激への応答ができない
odr	匂いへの化学走性ができない
osm	浸透圧忌避ができない
ric	アセチルコリンエステラーゼ阻害剤に耐性
ttx	温度走性異常
unc	動けない，または動きが異常

同じクラス（類似した表現型を与える遺伝子群）には通常複数の遺伝子が属し，それらは数字で区別される．数年前までは遺伝子名は英字3文字－ハイフン－数字という決まりであったが，英字3文字では足りなくなり最近は4文字名も許されている．クラス名はこの例のように変異表現型から決められる場合と，遺伝子産物の形状，例えばホモログタンパク質の名前から決められる場合とがある．

に関するものが多かった．当然予想されるように，*unc* 遺伝子の多くは神経系の基本的な機能を担う遺伝子である．例えば膜の興奮性，シナプス伝達，ギャップ結合，軸索輸送などに関わる遺伝子が多く知られている．発生過程における神経細胞の形成や運命決定に関わる *unc* 遺伝子も多い．神経の軸索伸長や軸索ガイダンスにも多くの遺伝子が関わっている．これらの機能において，同定された遺伝子は哺乳類など他の生物との保存性が高い場合が多く，線虫の変異体として初めてみつかり保存された分子機能の理解に役立った例は数えきれない．

2-3-2 感覚受容

線虫は多くの感覚刺激に応答するので感覚受容の変異体も多く分離されている．GFP の線虫への応用でノーベル賞を受賞したチャルフィー（Martin Chalfie）の主たる研究課題は，実は機械刺激受容機構である．機械刺激の受容の変異体として *mec* 変異体[†9]が分離され，機械刺激受容に特化した感覚神経による機械感覚受容機構がいろいろとわかっている[10]．高い浸透圧の忌避や，温度，匂い，味などの受容に関わる感覚神経も同定されており，感覚受容の変異体も多く分離されてレセプター（GPCR など），イオンチャネル（CNG チャネル，TRP チャネルなど），二次メッセンジャー（cGMP など）など，感覚受容に関わる分子機能が調べられている．

2-3-3 行動可塑性

神経系の基本的な機能や感覚応答の研究が進むのと並行して，行動の可塑性や学習記憶など，より高次な制御の研究も行われ始めた．最も古くから行われているのは機械刺激への応答の慣れ（habituation）である．機械刺激をくり返すと線虫はあまりそれに応答しなくなる．この操作を間をあけて何度もくり返すことにより，24 時間ほど持続する長期記憶が形成される．コールドショックやタンパク質合成阻害剤で記憶形成が阻害されるため，遺伝子発現を介した記憶形成と考えられている．慣れの長期記憶形成によりグルタミン酸受容体のタンパク質量が減少することも観察されている[11]．

温度，匂い，味などへの応答は走性行動として観察できる．つまり匂い（揮発性化学物質）や味（塩類）に向かっていく（またはそれから逃げる）行

動，あるいは特定の温度に向かう行動である．上述の塩走性学習は塩と飢餓を同時に経験すると塩を避けるようになるという学習である．温度に関しても，飢餓条件で置かれていた温度からは逃げるように学習する．匂いに一定時間さらされたあと，その匂いに向かわなくなるという行動可塑性は嗅覚順応と呼ばれるが，これも餌の有無に依存するようである．これらの学習に関わる遺伝子も順次見つかってきており学習の神経機構が活発に研究されている[12)〜16)]．

2-3-4　個体間相互作用

最近になって，フェロモンによる個体間相互作用の重要性が認識されるようになった．線虫は個体密度が高い状態で餌が枯渇すると，耐性幼虫という餌をとらなくても長く生きる半休眠状態にはいる．この際の個体群密度の情報は，線虫自身が分泌するフェロモンの感覚受容によって伝えられている．2005年にフェロモンが精製されアスカロシドと呼ばれる水溶性の化学物質であることがわかって以来，フェロモンの作用の研究が急激に進み始めた[17)18)]．アスカロシドは雌雄同体が出すフェロモンであるが，雄を誘引する効果もあることがわかった．フェロモンを感じる雄の感覚神経もいくつか同定されている[19)〜21)]．また，線虫の多くの野生株は個体間で群がって固まりを作る性質があるが，この行動にはフェロモンへの誘引行動が関与していることがわかった[22)]．

2-4　線虫の行動遺伝学の威力

　線虫の特徴は順遺伝学であると書いたが，他の生物の追従を許さない線虫ならではのアプローチは，恐らく変異体を出発点としてさらに変異体を探すようなアプローチではないだろうか[13)23)]．以下に筆者の研究室での最近の研究からこのような例を紹介する[24)]．

　われわれは嗅覚順応の研究の過程で，高い個体群密度で育った線虫ほど嗅覚順応を起こしやすいことを見つけていた．嗅覚順応が起こらない変異体を分離し，そのひとつをマッピングしたところ，哺乳類のペプチダーゼ，ネプリライシン[†10]のホモログである *nep-2* 遺伝子の欠損変異であることがわかっ

た．*nep-2* 変異体では未同定のペプチドの過剰蓄積が嗅覚順応異常を引き起こすと推定されたので，このペプチドを遺伝学的に同定するために，*nep-2* の抑圧変異のスクリーニングを行った（図 2.2）．すなわち，*nep-2* 変異体に変異原処理を行い，第二の変異（抑圧変異）により嗅覚順応が回復した変異体を検索したのである．抑圧変異をマッピングし遺伝子を決定したところ，ペプチドをコードすると推定される新規遺伝子，*snet-1* の欠失変異であった．この結果は，NEP-2 ペプチダーゼの欠損により SNET-1 の過剰蓄積が起こり，それが順応の異常を起こすというスキームと一致した．

　SNET-1 の発現細胞を調べると，その中にフェロモンの受容に関わる感覚神経が含まれていたため，SNET-1 がフェロモンの情報を伝える可能性について検討したところ，それを示す結果が得られた．これら 2 回の順遺伝学的スクリーニングから，図 2.3 のような制御関係が明らかになった．すなわち，個体密度が高いときには分泌されたフェロモンの濃度が高くなり，SNET-1 の発現が抑えられる．SNET-1 は嗅覚順応の負の制御因子なので個体群密度が高いほど順応が起こりやすくなる．この現象は，種の繁栄のための戦略として知られる個体群密度依存拡散行動に結びつくのではないかと考えている．すなわち，個体群密度が高いときには餌の枯渇が予想されるので，特定の匂いに全個体が集中することは種全体としては得策ではない．このためこのような条件下では，より行動可塑性を高めて行動の多様性を作りだしているのではないかと考えられる．

2-5　おわりに

　線虫の行動遺伝学は現在世界的に非常に盛んになっている．さまざまな行動についての研究が行われており，限られた紙面ではとても紹介しつくせないため，本章では線虫の行動遺伝学の考え方を概説することに重きをおいた．線虫の魅力を少しでも感じて頂ければ幸いである．

■ 2章　線虫の行動遺伝学

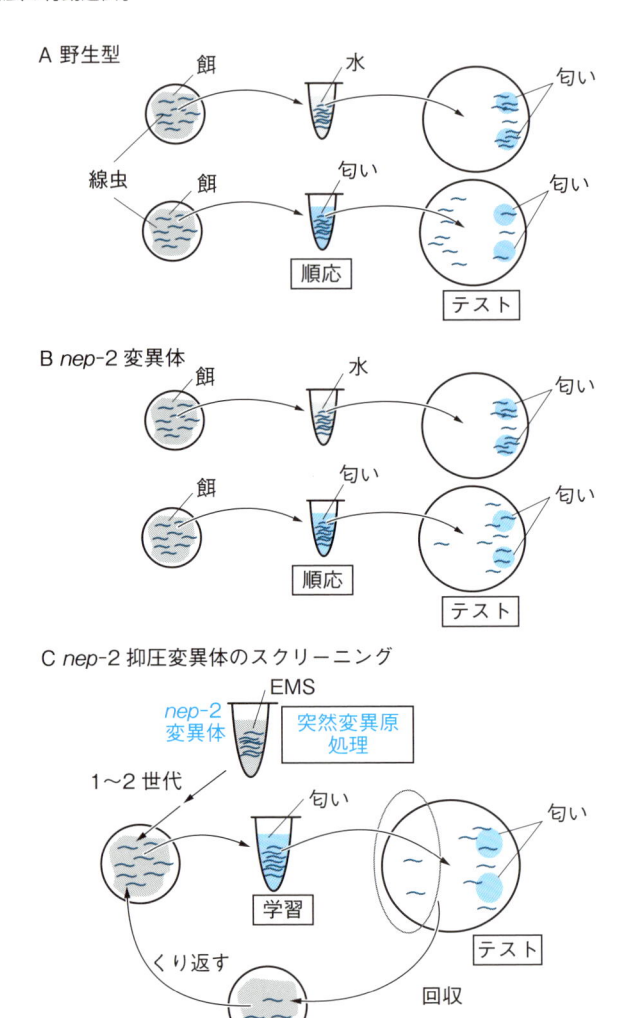

図 2.2　nep-2 の抑圧変異体の分離
A：野生型株はバッファ処理後は匂いに誘引されるが，しばらく匂いに浸した後は匂いに誘引されなくなる．これを嗅覚順応という．B：nep-2 変異体は匂いへの順応処理後も匂いに誘引される．C：nep-2 の抑圧変異体の分離の際には順応処理後に匂いから遠ざかる個体を回収する．図 2.1 と同様にくり返しテストすることにより真の変異体を濃縮する．得られた変異体では嗅覚順応が野生型並みに回復している．

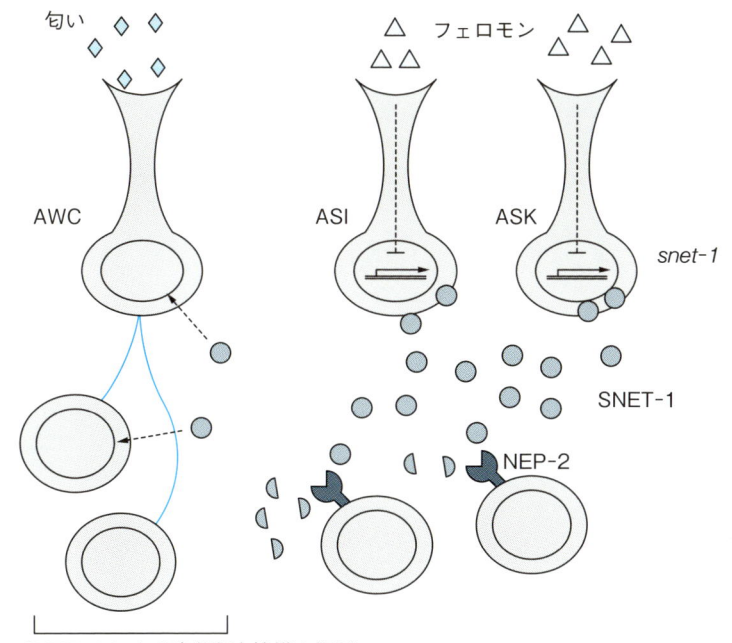

図 2.3　フェロモンによる嗅覚順応の制御機構のモデル
snet-1 遺伝子は感覚神経 ASI と ASK を含む複数の神経で発現するが，感覚神経ではフェロモンの作用により転写が抑えられる．一方，分泌された SNET-1 ペプチドは介在神経などの表面に位置する NEP-2 ペプチダーゼによって分解される．匂いは AWC などの感覚神経で受容され，誘引行動を引き起こすが，匂いの連続刺激により感覚神経または介在神経の活動が変化して順応が起こると考えられる．SNET-1 はこのいずれかの機構を負に制御すると推定される．

[文　献]

1) Brenner, S. *Genetics*, **77**, 71-94 (1974).
2) Sulston, J. E., Schierenberg, E., White, J. G. & Thomson, J. N. *Dev. Biol.*, **100**, 64-119 (1983).
3) Sulston, J.E. & Horvitz, H. R. *Dev. Biol.*, **56**, 110-56 (1977).
4) White, J. G., Southgate, E., Thomson, J. N. & Brenner, S. *Philos. Trans. R. Soc. Lond. B Biol. Sci.*, **314**, 1-340 (1986).
5) Ikeda, D. D., Duan, Y., Matsuki, M., Kunitomo, H., Hutter, H. *et al. Proc. Natl. Acad. Sci. USA.*, **105**, 5260-5265 (2008).
6) Mello, C.C., Kramer, J. M., Stinchcomb, D. & Ambros, V. *EMBO J.*, **10**, 3959-3970 (1991).
7) Frokjaer-Jensen, C., Davis, M. W., Hopkins, C. E., Newman, B. J., Thummel, J. M. *et al.*

Nat. Genet., **40**, 1375-1383 (2008).
8) Frokjaer-Jensen, C., Davis, M. W., Hollopeter, G., Taylor, J., Harris, T. W. *et al. Nat. Methods*, **7**, 451-453 (2010).
9) Gengyo-Ando, K. & Mitani, S. *Biochem. Biophys. Res. Commun.*, **269**, 64-69 (2000).
10) O'Hagan, R. & Chalfie, M. *Int. Rev. Neurobiol.*, **69**,169-203 (2006).
11) Rose, J. K., Kaun, K. R., Chen, S. H. & Rankin, C. H. *J. Neurosci.*, **23**, 9595-9599 (2003).
12) Kodama, E., Kuhara, A., Mohri-Shiomi, A., Kimura, K. D., Okumura, M. *et al. Genes Dev.*, **20**, 2955-2960 (2006).
13) Tomioka, M., Adachi, T., Suzuki, H., Kunitomo, H., Schafer, W. R. *et al. Neuron*, **51**, 613-625 (2006).
14) Kano, T., Brockie, P. J., Sassa, T., Fujimoto, H., Kawahara, Y. *et al. Curr. Biol.*, **18**, 1010-1015 (2008).
15) Hukema, R.K., Rademakers, S. & Jansen, G. *Learn Mem.*, **15**, 829-836 (2008).
16) Ishihara, T., Iino, Y., Mohri, A., Mori, I., Gengyo-Ando, K. *et al. Cell*, **109**, 639-649 (2002).
17) Jeong, P. Y., Jung, M., Yim, Y. H., Kim, H., Park, M. *et al. Nature*, **433**, 541-545 (2005).
18) Butcher, R. A., Fujita, M., Schroeder, F. C. & Clardy, J. *Nat. Chem. Biol.*, **3**, 420-422 (2007).
19) Srinivasan, J., Kaplan, F., Ajredini, R., Zachariah, C., Alborn, H. T. *et al. Nature*, **454**, 1115-1118 (2008).
20) White, J. Q., Nicholas, T. J., Gritton, J., Truong, L., Davidson, E. R. *et al. Curr. Biol.*, **17**, 1847-1857 (2007).
21) Barrios, A., Nurrish, S. & Emmons, S. W. *Curr. Biol.*, **18**, 1865-1871 (2008).
22) Macosko, E. Z., Pokala, N., Feinberg, E. H., Chalasani, S. H., Butcher, R. A. *et al. Nature*, **458**, 1171-1175 (2009).
23) Adachi, T., Kunitomo, H., Tomioka, M., Ohno, H., Okochi, Y. *et al. Genetics*, **186**, 1309-1319 (2010).
24) Yamada, K., Hirotsu, T., Matsuki, M., Butcher, R. A., Tomioka, M. *et al. Science*, **329**, 1647-1650 (2010).

［用語解説］
† 1　雄の発生頻度：自然状態では大変低い頻度であるが，ヒートショックを与えることにより格段に雄の発生率を上げることができる．掛け合わせのために雄が欲しいときにはこういった操作を行うと便利である．雄を雌雄同体と掛け合わせると，生まれてくる子孫の50％が雄となるので雄の継代は容易である．
† 2　*dpy* 変異体：dumpy. 体が短く太い形態異常の変異体．見分けやすいので遺伝マーカーとしてよく用いられる．現在30ほどの遺伝子が知られている．
† 3　*unc* 変異体：uncoordinated. 動かない，または動きが悪いという行動異常の変異体．数が多く，100以上の遺伝子が知られている．まったく動けないものから，熟練しないと見分けられない微妙な行動異常をもつものまである．
† 4　マッピング：突然変異体が得られたら，異常の原因となっている変異のゲノム上の位置を決定する必要がある．掛け合わせをくり返して変異の位置を特定する作業を（染色体）マッピングという．全ゲノムの配列は既知なので，この作業により原因遺伝子の

用語解説

候補を数個〜数十個に絞り込むことができる．

† 5 **SNPs**：一塩基多型（single nucleotide polymorphisms）．同じ種内の系統間または個体間でゲノムの塩基配列が一塩基だけ異なる部位．このような多型がゲノム上に多数あるのでマッピングの際のマーカーとしても便利である．とくに，多型の一方でのみ制限酵素サイトが作られるSNPsは検出が容易なため多用される．

† 6 **トランスポゾンMos1**：線虫のゲノムにはもともと存在しないショウジョウバエ由来のトランスポゾンである．線虫の中でもトランスポゾンの性質を示し，ゲノム上のいろいろな場所に挿入されるので，そういった挿入株が多数分離されている．

† 7 **米国／カナダのノックアウトプロジェクト**：米国オクラホマ大学とカナダのブリティッシュコロンビア大学の共同チームによるノックアウトプロジェクト．予算的な問題のため現在活動が大幅に縮小されている．http://celeganskoconsortium.omrf.org/．

† 8 **ナショナルバイオリソースプロジェクト中核機関**：
http://www.shigen.nig.ac.jp/c.elegans/ を参照．

† 9 ***mec*変異体**：mechanosensory．線虫を白金線などの硬いもので激しく触ると後退したり前進を早めることによりそれを避けようとする．この応答がなくなる変異体が*mec*変異体である．

† 10 **ネプリライシン**：類似のペプチダーゼも含めペプチダーゼファミリーを構成している．II型膜タンパク質として細胞表面に露出し，細胞外でペプチドホルモンやペプチド性神経伝達物質を切断し分解する．

3. ショウジョウバエの行動遺伝学

山元 大輔

　ショウジョウバエを材料として行動と遺伝子との関係を調べる研究は，初めての遺伝学的地図を作成しつつあったスターテヴァント（Alfred Henry Sturtevant）によって早くも1915年にその火ぶたが切って落とされた．ベンザー（Seymour Benzer）によって行動遺伝学は分子レベルの学問へと導かれ，今や個々の遺伝子を個体内の単一ニューロンで操作し行動を制御する時代となった．性行動の研究史をたどることによって，ショウジョウバエ行動遺伝学のこれからを展望する．

3-1　モデル生物としてのショウジョウバエとその特徴

　遺伝の実験と言えば，必ずと言ってもいいほど登場するショウジョウバエは，正確にはキイロショウジョウバエ（*Drosophila melanogaster*）という種である．このハエを遺伝学の研究にもち込んだのはモーガン（Thomas Hunt Morgan）であった．彼が最初に発見した突然変異体は眼の色が赤から白に変わった *white*（*w*）であり，1910年に発見されている[1]．

　この100余年の間に，おびただしい数の突然変異体や染色体異常の系統が蓄積され，その基盤のもとに多様な遺伝学的トリックが生み出されてきた．その成功の背後には，染色体がたった4対（非常に小型の第4染色体を除外すれば3対）しかないという単純さがある．これが，ショウジョウバエに固有の"テク"を支えている．そして，わずか10日で一世代が回るというスピードは，技術の進化速度にも反映されて，新手の技法が日々登場している．

　まず，ショウジョウバエの古典遺伝学に不可欠な道具として，バランサー染色体をあげなければならない．これは，大きな逆位が染色体の全長にわたってくり返し生じているため，普通の（逆位のない）染色体との間でほとんど交差が起こらない．つまり，大切な突然変異が乗った染色体をバランサー染

色体とペアにしておけば，乗換えによって失われることがない．バランサー染色体にはいくつかの優性マーカーが乗せてあるため，その存在は一見して明らかで，変異体を安心して維持できるうえに，遺伝型が"見た目"でわかるため，交配もきわめて効率的にできる．おまけにバランサーホモ接合個体は一般的に致死または不妊であるから，自分が維持したい変異の乗った相同染色体はその系統の存続に不可欠となり，これまた失われることがない．最近は，マウスなどでも開発されつつあるようであるが，およそショウジョウバエのバランサーに匹敵する強者は他にない．

こんなバランサー染色体と対にすることによって，ゲノムの全長をカバーする染色体欠失のセットが準備されている．ゲノムプロジェクトの完了により，かつてのように唾腺の巨大染色体そのものを使って変異をマップする必要はなくなったものの，新規の変異の位置を決定するうえで，このコレクションには今なお大きなご利益がある．

1980年代初頭にトランスポゾンP因子を用いた個体の形質転換法が確立し，トランスポゾンタギングによる変異誘発，遺伝子導入による変異の救済とレポーター強制発現，ゲノム中のエンハンサー活性を利用した遺伝子強制発現，体細胞染色体組換えの条件的誘導，ゲノム上の特定遺伝子座をターゲットとしたノックイン・ノックアウトなど，およそ想定可能な遺伝的操作がおおむね可能となっている[2]．

こうして，古典的遺伝学から現代の遺伝子操作まで，さまざまな手法によって作り上げられた多様なリソースが，本邦の京都ストックセンターをはじめとする機関から自由に入手できる．そして，伝統的にオープンな文化をもつショウジョウバエ研究者のコミュニティーでは，実験材料の個人的なリクエストに対しても各研究者が快く応えてくれる．

3-2 ショウジョウバエでの行動遺伝学の歴史

w発見の1910年，モーガンの研究室に2人の若者がやってきた．学部生のスターテヴァントと器具洗いのアルバイト，ブリッジズ（Calvin B. Bridges）である．ブリッジズは後に唾腺染色体の観察から染色体不分離を

■ 3章　ショウジョウバエの行動遺伝学

発見して遺伝子が染色体上にあることを立証し，スターテヴァントは乗換え（組換え）率から遺伝子の連鎖地図の作成が可能であることを着想した人物である．このスターテヴァントは早くも1915年に，体色が黄色に変わった突然変異体の *yellow*（*y*：ウォーレス（Edith Wallace）が1911年に分離）が性行動に異常を示すことを発表している[3]．この報告が，おそらく特定の遺伝子と行動との結びつきを明確に示した最初の事例である．これとは別に，1905年頃からハーヴァード大学のキャッスル（William E. Castle）たちがキイロショウジョウバエを使って各種の走性や感覚機能の分析を始めており，遺伝的選抜によって妊性の高まった系統を得ることにも成功していた[4]．

1928年，モーガンはスターテヴァントとブリッジスを伴ってカリフォルニア工科大学（Caltech）に移り，1933年にはノーベル医学・生理学賞を受賞するに至る．モーガンたちは遺伝学の基礎作りに忙しく，その後，行動の遺伝に立ち返ることはなかった．

しかし，こうしてショウジョウバエ遺伝学の拠点となったCaltechは，それから30余年の後，今日の行動遺伝学の発祥の地となるのである．第二次世界大戦中，物理学者として半導体開発に携わっていたベンザーは，遺伝子の実体解明で黄金時代を迎えつつあった戦後，分子生物学に転向し，バクテリオファージの遺伝子構造の研究に参画した．分子生物学のセントラルドグマが1960年代初頭に確立すると，この分野を主導してきた有力な分子生物学者たちは，相次いで新たな鉱脈を求めて，大きな方向転換を図り始めていた．そのとき，皆が揃って眼を向けたのは，"脳"であり"行動"であった．これはヒトの心の解明へとつながる大きなチャレンジであった．しかし，行動を生み出す脳は，遺伝子とは桁外れに複雑であり，かつ未知の世界である．分子生物学の論理と手法によって心を解き明かすには，まず研究対象を要素に分解し単純化して，その素課程を分析することから始めなければならない．その単純化の仕方に，各人の個性が現れた．ニーレンバーグ（Marshall Nirenberg）は脳の細胞をバラバラにしてお皿にまいた培養神経細胞，それも無限増殖するクローン細胞にシナプスを作らせ，培養皿の神経回路を解析するという構想を描いた．ブレンナー（Sydney Brenner）は，体を作ってい

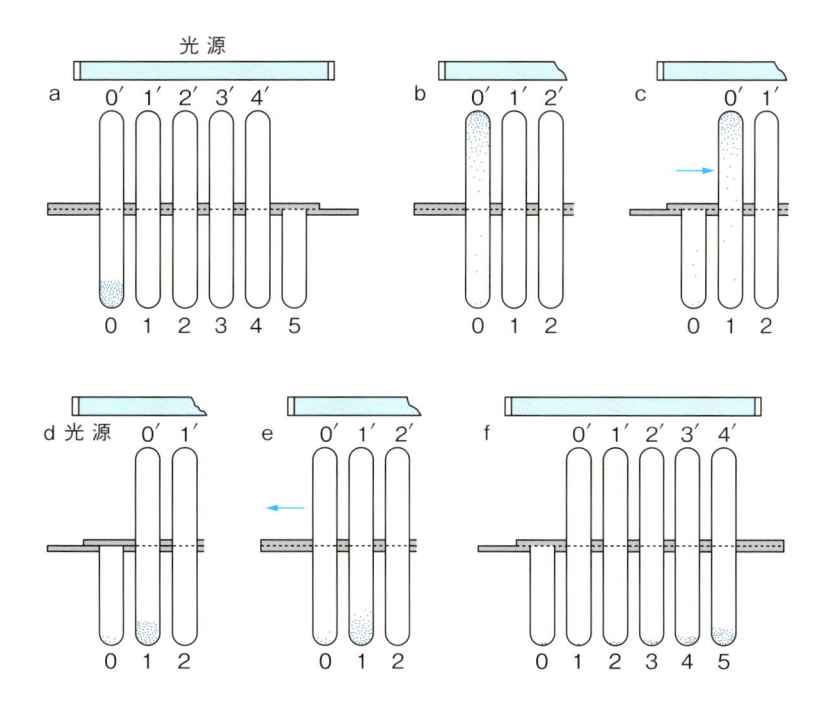

図3.1　走光性変異体分離のための向流分配迷路装置（文献6に基づく）
a：No.0にハエを入れる．b：ハエはNo.0′に集まる．c：上のアクリル板を→の方向へ移動する．d：0′のハエをたたき落とす．e：上のアクリル板を←の方向へ移動する．f：a〜eと同じ操作をくり返すとNo.1〜No.5のチューブにハエが分配される．No.n のハエは n 回光源に近づいたことを示す．

るすべての細胞を掌握できるほどに単純な線虫 *Caenorhabditis elegans* を用いることにした．そして件のベンザーは，脳の細胞数のうえでもゲノムサイズでも大腸菌（脳はないけれど）とヒトの"中間"に位置するショウジョウバエに白羽の矢をたてたのだった[5]．

行動遺伝学の幕開けを告げるベンザーの最初の論文[6]は，向流分配迷路によって走光性異常の突然変異体を一気に分離するという内容で，1967年に発表された（図3.1）．このとき分離された変異体の中には，その後，複眼での光受容細胞運命決定機構研究で脚光を浴びることになる *sevenless* も含まれていた．まもなくベンザーのもとに日本から堀田凱樹が留学し，電

気生理学の素養のある堀田によって一連の走光性異常変異体から網膜電図（ERG）の記録がなされ，視細胞でのトランスダクションの遺伝解析へ道が開かれた[7]．この頃，パーデュー大学のパク（William Pak）たちはERGの波形そのものを目安に大規模スクリーニングを行い，視覚トランスダクション過程に関与する多数の変異体を得た[8]．今や知らぬ者なきTRPチャンネルファミリーの名の由来は，このスクリーニングで分離された*transient receptor potential*（*trp*）変異体なのである．一方，行動学の伝統の強いドイツでは，ハエを背中で固定して空中に浮かせ，視覚パターンを見せて飛翔させることで視運動反応を解析する技がゲッツ（Karl Götz）らによって生み出され，それを土台としてハイゼンベルク（Martin Heisenberg）らがこの行動に異常を示す*optomotor blind*などの変異体を分離し，ERGによる特徴づけを始めていた[9]．

　ベンザーの研究室で堀田は，視細胞という末梢のレベルではなく，行動を生み出す脳のニューロンに迫る秘策を練っていた．そこで利用したのが，雌雄モザイク（ギナンドロモルフ，gynandromorph）だった．これは，体の部分によって性が異なる個体で，その成因はいくつかある．キイロショウジョウバエの場合，「環状X染色体（X_R）」と呼ばれる不安定なX染色体が知られていて，これをもつ雌（XX_R）では発生の途中で低い確率ながら一部の細胞からX_Rが失われ，XOとなる．XOは雄なので，この個体は雌雄の細胞が混ざった性モザイクとなるのである．こうした雌雄モザイク個体が雌の行動をとるのか雄の行動をとるのかを調べ，体（脳）のどの細胞の性によって行動の性が決まるのかを見極めようというわけである．問題は，雌（XX）の細胞と雄（XO）の細胞の区別が簡単にはつかないことである．堀田とベンザー（1972）[10]は，X染色体に乗っている体色の劣性マーカー，例えば*y*を用い，体の黄色い部分（劣性の*y*の表現型を示しているのでX染色体が1本しかない雄の部分）と茶色い部分（遺伝型が+/*y*であることを意味するので，雌の部分）とを区別した．このモザイク境界線は，発生系譜的に近い（最近の分裂で生じた）細胞と細胞の間に落ちる確率は低く，発生系譜的に遠い（初期に袂を分かった系譜の）細胞と細胞の間には生じやすい．そのため，任意の

3-2 ショウジョウバエでの行動遺伝学の歴史

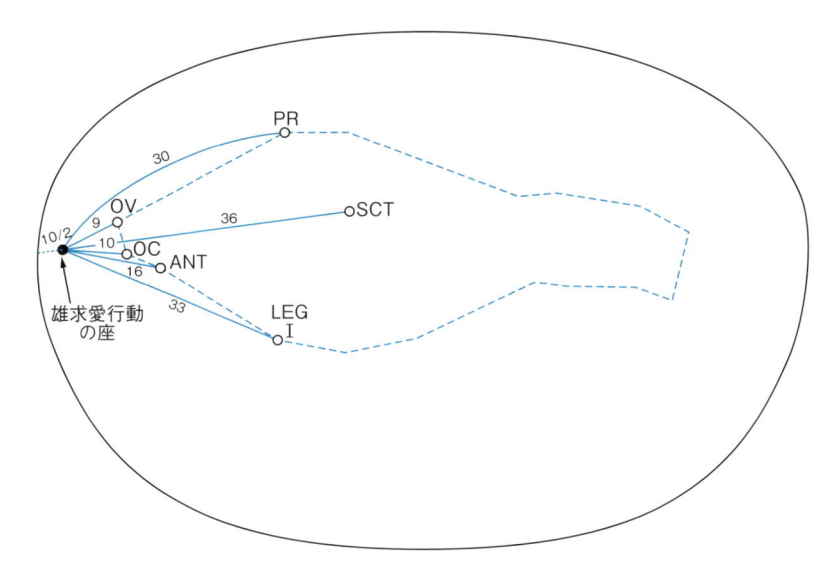

図 3.2 胚胞運命予定図に書き込まれた雄の性行動の座（文献 10 を改変）
楕円の枠が胚胞の外表に対応する．略号は外部形態の座で以下のとおり．
OV：外頭頂剛毛，OC：単眼瘤剛毛，PR：吻，ANT：触角，SCT：小楯板，
LEG：脚．各外部構造の形質と雄の性行動の有無との相関を距離に読み替え
た数字が示されている．

構造間にモザイク境界が落ちる確率の値を使えば，その二つの構造が胚胞の時期に占めていた相対的位置関係を地図上に表現できるはずであるとスターテヴァント（1929）[11]は推論した．このような地図は「胚胞運命予定図」と呼ばれる．堀田らは，神経機能異常の複数の変異と体表マーカーとの間で上記の確率値を求め，胚胞運命予定図に神経組織を書き込んだ．そのうえで，性モザイクを使って雄の性行動に必要な組織を胚胞運命予定図に求めると，運動出力を作り出す胸腹部神経節ではなく，脳にその座（focus）はあった（図3.2）．しかも，脳の片側だけ雄であれば，雄の性行動が生じた．

この方法は遺伝子の遺伝的地図と同様に推計に基づくもので，脳のどこなのかを知るには解像力が足りない．ベンザー研究室出身のホール（Jeffery C. Hall）[12]は，第 3 染色体から *Acid phosphatase-1*（*Acph-1*）遺伝子が転座している X 染色体を用い，Acph-1 の酵素活性をマーカーにして雌の内部組

織（*Acph-1*⁺）と雄の内部組織（*Acph-1*⁻）とを識別できるように工夫した．こうして性モザイク個体の神経組織のモザイク境界を連続組織切片上で決定し，雄の性行動を開始させる中枢が，脳の背側後部（"SP3"と命名）にあることを示したのである．

1960年代後半には，甲殻類の中枢ニューロンから細胞内電位記録を行った後，色素を記録電極から注入してそのニューロンを染め出す方法がクラヴィッツ（Edward Kravitz）らによって確立され，ニューロンの同定が急速に進んで，行動の基盤をなす神経回路を解明しようという機運が一気に高まった[5]．神経行動学の勃興である[5]．昆虫では体の大きいバッタでこのアプローチが広まったが，ショウジョウバエはあまりにその体が小さく，細胞内微小電極によるニューロン活動の記録は絶望的と思われた．そんな中で，先駆的な仕事を行ったのが池田和夫である．ザリガニの遊泳肢運動の研究から，ウィルスマ（C. A. G. Wiersma）とともに司令線維の概念を提唱した[5]ことで知られる池田は，堀田らと相前後して神経機能の変異を用いたモザイク解析を行うとともに，ニューロンの異常発火を中枢介在ニューロンからの細胞内記録によって捕らえていた[13]．ショウジョウバエ中枢ニューロンの細胞内活動を記録した者は以来現在まで，ほんの数人しかいないと思われる．

こうした流れとは独立に，日本では東北大学の菊池俊英[14]が味覚，嗅覚の変異体分離と感覚ニューロンの生理学的研究をほぼ同時期に開始しており，学生だった磯野邦夫や谷村禎一とともに，糖受容体の遺伝子座（今日 *Gr5a* として知られるものを含む）を世界で初めて特定した．

ベンザー研究室からは矢継ぎ早に新規の行動異常突然変異体が分離され，染色体上にマップされていった．とくに1971年に分離されたサーカディアンリズムの突然変異，*period*（*per*）[15]は，25年後の哺乳類ホモログ発見を経て体内時計の分子機構解明の疾風を巻き起こす発端となり，1976年に分離された学習（実は記憶）障害突然変異の *dunce*（*dnc*）[16]は，*Aplysia* を用いたカンデル（Eric Kandel）の研究と共に，cAMPに始まりCREB（cAMP response element binding protein）を介した転写制御に至る"シナプス長期増強＝長期記憶仮説"の導火線となったのである．

1972年に最初の遺伝子組換え実験の成功が伝えられ，ただちにホグネス（David Hogness）らによってショウジョウバエのDNAに適用されたものの，"行動遺伝子"のクローニングにはすぐにはつながらず，しばし「遺伝子座はマップされたけれど遺伝子の実体は不明」というじれったい時期は続いた．1980年代に入ってまず *per* がクローニングされ[17)18)]，これを皮切りに行動表現型から一気に遺伝子の同定へと向かう研究の流れが生み出された．

3-3　行動遺伝学の現在

per を軸とした概日時計の機構解明や *dnc* に始まる記憶・学習の分子基盤の研究については他書にゆずり[19)]，ここでは筆者が進めてきた性行動の遺伝解析を中心に，行動遺伝学の現状を述べてみたい．

筆者の山元は，1988年から1990年にかけて性行動異常の突然変異体をスクリーニングし，雄が雌に対してほとんど求愛しないP因子挿入変異体，*satori* を分離した(図3.3)．*satori* が *fruitless*（*fru*）変異とアレル（対立遺伝子）の関係にあることが判明するにはさほど時間を要しなかった．*fru* は1963年に在米のインド人研究者，ギル（Kulbir Gill）によって見いだされた変異体で，雄が雄に同性愛行動を示して不妊となる．ギル本人は学会発表をしただけで立ち入った研究はせず，*fru* ストックはベンザー研究室にいわば"死蔵"された状態で生き長らえていた．このストックを発掘したのは，かのホールであり，1978年に *fru* の行動表現型を定量的に解析した初めての論文が，彼の手によって発表された[20)21)]．

fru 遺伝子のクローニングは，太平洋を隔てた二つのグループが同時に独立して手掛けていた．われわれは *satori* 変異体のP因子挿入から周辺領域をクローニングして *fru* 遺伝子に迫ろうとしていた．一方スタンフォード大学のベイカー（Bruce Baker）は，雌決定因子のTransformer（Tra：雌特異的に存在する雌決定タンパク質でスプライシング因子）タンパク質結合標的配列をもつゲノム断片のスクリーニングによって得たクローンから出発し，これが *fru* 座に対応することがわかると，ホール，テイラー（Barbara Taylor），ワッサーマン（Steven Wasserman）と組んでその全長のクローニ

■3章　ショウジョウバエの行動遺伝学

図3.3　*fruitless* 座の突然変異体ホモ接合雄が互いに求愛して形成した求愛の輪
（写真提供：（株）OPO　小川もりと氏）

ングをめざした．1996年9月，われわれのグループがまず Proceedings of the National Academy of Sciences of the United States of America 誌にその結果を報告し，続いて同年12月，米国のグループが Cell 誌に発表した[20)21)]．

　fru 座に由来する mRNA 前駆体の一つは脳神経系にほぼ特異的に発現し，Tra の結合の有無により，雌雄で異なる mRNA を生む．雌の mRNA からの翻訳は起こらず，この Fru タンパク質は雄の脳神経系にのみ存在することになる．なお，Fru タンパク質は BTB ドメインと Zinc finger モチーフをもち，転写因子と考えられる[20)21)]．

　オーストリア分子病理学研究所（IMP，Research Institute of Molecular Pathology）のディクソン（Barry Dickson）らは，*fru* 座の性特異的スプライス部位を改変して，雌でありながら雄型の *fru* mRNA をもつ系統を作出し，この雌が雄の性行動様式に従って他の雌に求愛することを示した．この結果は，Fru タンパク質を雌の脳神経系に作り出しさえすれば，その雌に雄の行動をとらせることができることを意味している[21)]．

　北海道教育大学の木村賢一らは山元のグループとともに，脳内の *fru*

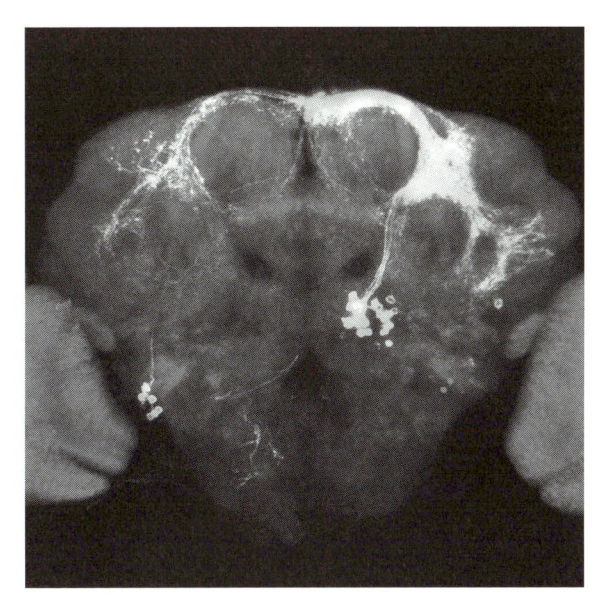

図 3.4 雄特異的介在ニューロン，P1（小金澤原図）
MARCM 法によって野生型雄の脳の片側に標識された P1 クラスター．

発現ニューロンの網羅的同定を進めた[21)22)]．ここで威力を発揮したのが"MARCM"と呼ばれるモザイク解析の手法である．MARCM は，発生の途中で体細胞染色体組換えを誘導し，たまたま組換えが起こった細胞とその子孫細胞だけにマーカー（たとえば GFP）や他の導入遺伝子を発現させ，あるいは変異ホモ接合にすることができる．条件をうまく設定すれば，脳の約 10 万個のニューロンのうちたった一つだけを操作することも可能である．この手法により，*fru* 発現ニューロンの一つ，"mAL"と呼ばれるクラスターが顕著な性差を示すことが明らかとなり，Fru タンパク質の存否によってその性差が形成されることが立証された[22)]．その後，山元研究室の小金澤雅之らにより，mAL ニューロンは味細胞を介して受容されるフェロモンの情報処理にかかわることが示されている[23)]．

木村らは[24)]，さらに MARCM によって脳内の少数のニューロンだけを雄化した雌を作り出し，"P1"と呼ばれる雄特異的ニューロン群（図 3.4）を雌

■ 3章　ショウジョウバエの行動遺伝学

に作り出せば，他の部分がすべて雌の細胞からなる"雌"が雄の性行動をとることを示した．すなわち，P1は雄の性行動を開始させる機能をもち，いわば行動のジェンダータイプを決定するニューロンなのである[21)22)]．

その後，山元研究室の古波津 創と小金澤により，P1を直接強制的に興奮させるだけで雄は相手がいないにもかかわらず求愛を始めることが示され，さらに雄が前肢で雌に触ってフェロモンを受容した際にP1が興奮することがCaイメージングを利用して明らかにされている[25)]．こうして，古典的モザイク法によって胞胚運命予定図に「脳」と書き込まれた雄の性行動の座が，35年以上の歳月を経て単一のニューロンクラスターに絞り込まれたのである．

3-4　行動遺伝学のこれから

行動の表現型を指標に変異原因遺伝子を同定し，細胞内での分子ネットワークを追うという研究の流れは，一つの安定期に入った．代わって，1970年代以降後景に退いていた感のある"行動の基盤をなす神経回路網の解剖学的・生理学的研究"が，今世紀に入って再び脚光を浴び始めている．その大きな理由は，単一ニューロンを操作・標識し，その活動をモニターするツールの登場である．

ニューロン活性化のツールとしては高温・低温で開口するTRP[†1]チャネル，光感受性のチャネルロドプシン[†2]など，不活化のツールとしてはテタヌストキシン軽鎖や*shibire*[ts]の強制発現によるシナプス伝達遮断などが代表的である．これらをMARCM法と組み合わせ，単一ニューロンの活性化・不活化によって，個体の行動がどのように変容するかを研究することができる．また，ショウジョウバエのその小さな体がネックとなって神業的手技によってしか迫ることのできないと思われていたニューロン活動の記録が，光学的測定であれば比較的容易に実行できるほか，パッチクランプ法による*in situ*での電位・電流記録も次第に一般化の兆候を示している．

こうして，行動に対応する神経活動（neural correlates）を単一ニューロンレベルで捉えるための技術的基盤が整ってきた．弱点は，個々のニューロン間の接続関係を解明するための技術的決め手に乏しいことであろう．哺乳

類では狂犬病ウイルスやレクチンなどのシナプスを超えて標識可能なマーカーが開発されている．それに匹敵する回路標識技術が今ショウジョウバエに求められている．

「遺伝解析ではスーパースターでも，生理学には弱い」ショウジョウバエが，その弱点を克服して，名実ともに行動遺伝学のチャンピオンになる日は近い（か？）．本書に登場するモデル動物の隣人たちに負けないトップランナーとなることをめざして，今日も苦闘は続く．

[文 献]
1) Morgan, T. H. *Science*, **33**, 496-499 (1911).
2) Luo, L., Callaway, E. M. & Svoboda, K. *Neuron*, **57**, 634-660 (2008).
3) Sturtevant, A. H. *J. Anim. Behav.*, **5**, 351-366 (1915).
4) Greenspan, R. J. *Curr. Biol.*, **18**, R192-198 (2008).
5) 山元大輔．行動はどこまで遺伝するか：遺伝子・脳・生命の探求（サイエンス・アイ新書），ソフトバンククリエイティブ，2007.
6) Benzer, S. *Proc. Natl. Acad. Sci. USA.*, **58**, 1112-1119 (1967).
7) Hotta, Y. & Benzer, S. *Proc. Natl. Acad. Sci. USA.*, **67**, 1156-1163 (1970).
8) Pak, W. L., Grossfield, J. & White, N. V. *Nature*, **222**, 351-354 (1969).
9) Heisenberg, M. & Götz, K. G. *J. Comp. Physiol.*, **98**, 217-241 (1975).
10) Hotta, Y. & Benzer, S. *Nature*, **240**, 527-535 (1972).
11) Sturtevant, A. H. *Z. Wiss. Zool.*, **135**, 323-356 (1929).
12) Hall, J. C. *Genetics*, **92**, 437-457 (1979).
13) Ikeda, K. & Kaplan, W. D. *Am. Zool.*, **14**, 1055-1066 (1974).
14) Kikuchi, T. *Nature*, **243**, 36-38 (1973).
15) Konopka, R. J. & Benzer, S. *Proc. Natl. Acad. Sci. USA.*, **68**, 2112-2116 (1971).
16) Dudai, Y., Jan, Y.-N., Byers, D., Quinn, W. G. & Benzer, S. *Proc. Natl. Acad. Sci. USA.*, **73**, 1684-1688 (1976).
17) Reddy, P., Zehring, W. A., Wheeler, D. A., Pirrotta, V., Hadfield, C. *et al. Cell*, **38**, 701-710 (1984).
18) Bargiello, T. A., Jackson, F. R. & Young, M. W. *Nature*, **312**, 752-754 (1984).
19) ジョナサン，ワイナー（垂水雄二・訳）．時間・愛・記憶の遺伝子を求めて：生物学者シーモア・ベンザーの軌跡，早川書房，2001.
20) Hall, J. C. *J. Neurogenet.*, **16**, 135-163 (2002).
21) Yamamoto, D. *J. Neurogenet.*, **22**, 309-332 (2008).
22) Kimura, K., Ote, M., Tazawa, T. & Yamamoto, D. *Nature*, **438**, 229-233 (2005).
23) Koganezawa, K., Haba, D., Matsuo, T. & Yamamoto, D. *Curr. Biol.*, **20**, 1-8 (2010).
24) Kimura, K., Hachiya, T., Koganezawa, M., Tazawa, T. & Yamamoto, D. *Neuron*, **59**, 759-769 (2008).
25) Kohatsu, S., Koganezawa, M. & Yamamoto, D. *Neuron*, **69**, 498-508 (2011).

■3章　ショウジョウバエの行動遺伝学

［用語解説］
†1　**TRP**：このチャネルのグループには温度の上昇や低下に反応して興奮するものがあり，ニューロンを人為的に興奮させる有効な手段となっている．
†2　**チャネルロドプシン**：細菌の光感受性イオンチャネル．この遺伝子を個体に導入し，ニューロンに強制発現させて光を当てると，そのチャネルの開口によってニューロンに興奮が起こる．電気的刺激に代わるニューロン刺激法として脚光を浴びている．

4. 社会性昆虫の行動遺伝学

石川 由希

ヒトとはまったく異なる方向で社会性の頂点を極めた動物の一つが，アリ，ハチ，シロアリなどの社会性昆虫である．社会性昆虫の分業機構の解明は，古くから生理学や行動学の主要な命題の一つであったが，近年では分子生物学やゲノム科学の発展により，その遺伝学的基盤にも徐々に光が当たりつつある．

4-1　生物学における社会性

「社会性（sociality）」とは，生物学において動物や人間の性質を描写するために古くから使われてきた言葉である．社会生物学（sociobiology）の創始者であるウィルソン（Edward O. Wilson）は，動物の社会を「同種の個体が集まった，繁殖活動以外の協調的なコミュニケーションを行うような集団」と定義し，社会性を示す生物を大まかに四つに分類した[1]．すなわち，(1) クダクラゲや群体ボヤなどの群体性無脊椎動物 (2) アリやハチ，シロアリなどの社会性昆虫 (3) 社会構造をもつ群れで生活する脊椎動物 (4) 高い知能をもち，言語などのコミュニケーションツールをひときわ発達させたヒト，である．本章で取り上げる社会性昆虫（social insect）は，文化や知能という観点において劣るものの，個体の特殊化や利他性においてはヒトをはるかに凌ぐ社会性を獲得し，大きな成功を収めている．

4-2　社会性昆虫の生態と分業

社会性昆虫の示す社会性は，共同保育，繁殖の分業，世代の重複という三つの条件を満たす「真社会性（eusociality）」として，より明確に定義されている[2,3]．昆虫綱において，真社会性は複数回独立に獲得されており，代表的な昆虫グループとしては，膜翅目（Hymenoptera）（カリバチ，アリ，

4章　社会性昆虫の行動遺伝学

ハナバチ類），シロアリ目（Isoptera），半翅目のアブラムシ上科（Aphididae）などがあげられる（図4.1）.

　社会性昆虫のもつ性質の中で特筆すべきなのがカースト（階級，caste）による分業であろう．カーストとは，コロニー内の異なるタスクを担う個体の集合であり，形態的あるいは行動的にそのタスクに特化している．カーストは大きく繁殖カーストと，非繁殖カーストとに分けられ，それぞれの中にサブカーストが存在する場合もある．例えば，ミツバチのコロニーでは，卵巣を大きく発達させた一匹の女王（queen）が一日100〜1500個もの卵を生み続ける一方，ワーカー（worker）は自らの繁殖を行うことなく卵や幼虫，女王の世話を行う．このように，社会性昆虫では，各カーストがコロニー内のタスクを分担することで，コロニー全体の高い生産性が実現されている．

　カーストごとの行動の違いは，さまざまな社会性昆虫において記載されている．もっとも研究が進んだ例の一つがミツバチなどに見られる齢差分業（age polyethism）である．ワーカーは羽化直後，卵や幼虫の世話など巣内のタスクに専念するが，羽化後2・3週間ほど経つと，巣外に出て採餌や防衛に従事するようになる[4]．このようなタスク転換は最終脱皮のあとに起こるため劇的な外見の変化はないが，身体の内部をよく観察すると，幼虫や女王のためのロイヤルゼリーを分泌していた下咽頭腺が退縮し，逆に空を飛ぶための飛翔筋が大きく発達してくる．このように，羽化後の日齢でタスクを変えるような現象は，ミツバチ以外の膜翅目昆虫においても一部で観察される[5]．

　膜翅目昆虫に比べて，より明確な形態の特殊化を伴う齢差分業を行うのがシロアリやアブラムシである．不完全変態昆虫であるこれらの幼虫は，膜翅目昆虫よりも早く成虫とほぼ同様の生活ができるようになる．このため，彼らは若齢の頃からコロニー内のタスクを担い，また成長と共に，従事するタスクを変化させる．さらにこのタスク転換には劇的な形態変化が伴うことも多い．例えば，オオシロアリ *Hodotermopsis sjostedti* は孵化後，6・7回脱皮すると擬職蟻（pseudergate, 機能的にはワーカーであるが，妊性を失っていないため「偽ワーカー」という意味でこう呼ばれる）になり，採餌や育児，

4-2 社会性昆虫の生態と分業

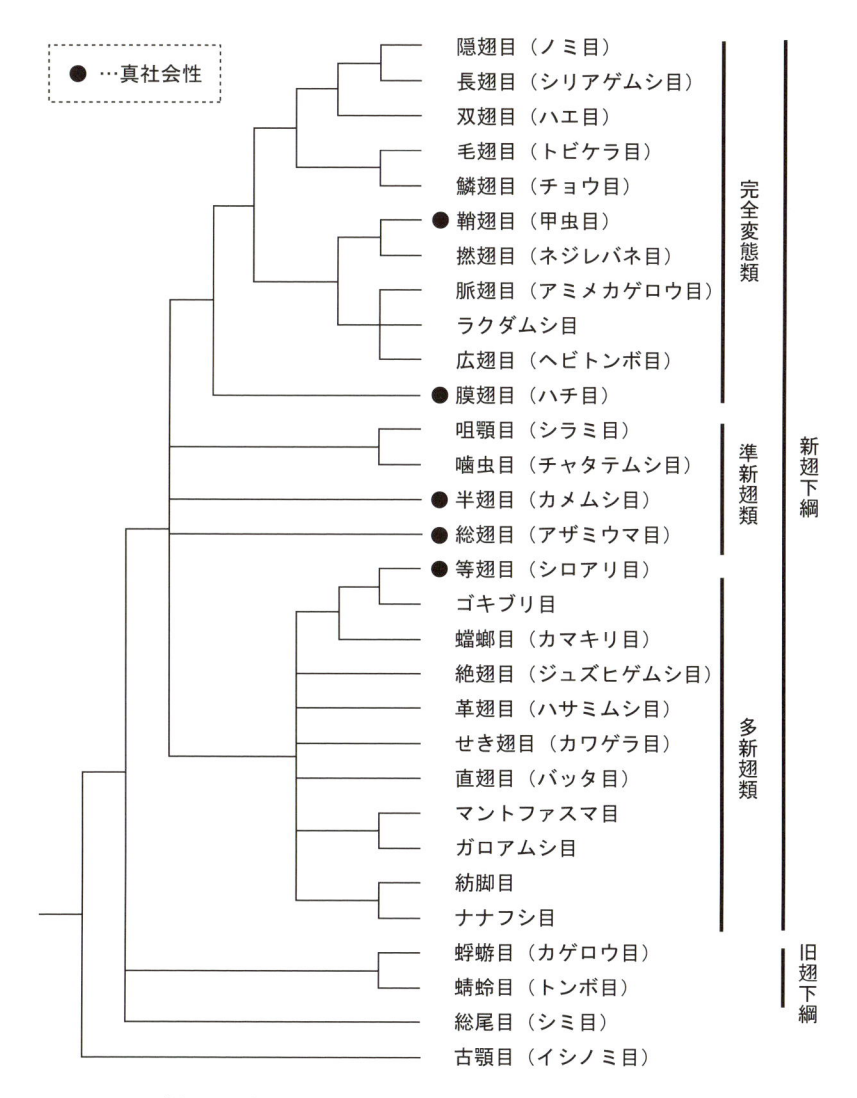

```
            ┌─── 隠翅目（ノミ目）
          ┌─┤
          │ └─── 長翅目（シリアゲムシ目）
        ┌─┤
        │ └───── 双翅目（ハエ目）
      ┌─┤
      │ │   ┌─── 毛翅目（トビケラ目）
      │ └───┤
      │     └─── 鱗翅目（チョウ目）
    ┌─┤
    │ │ ┌─●─── 鞘翅目（甲虫目）
    │ │ ├───── 撚翅目（ネジレバネ目）
    │ └─┤  ┌── 脈翅目（アミメカゲロウ目）
    │   ├──┤
    │   │  └── ラクダムシ目
    │   └───── 広翅目（ヘビトンボ目）
　┌─┤
　│ └─●────── 膜翅目（ハチ目）
　│   ┌─── 咀顎目（シラミ目）
　│ ┌─┤
　│ │ └─── 噛虫目（チャタテムシ目）
　├─┤
　│ └─●──── 半翅目（カメムシ目）
　│
　├───●──── 総翅目（アザミウマ目）
　│
　│   ┌─●── 等翅目（シロアリ目）
　│ ┌─┤
　│ │ └──── ゴキブリ目
　│ ├────── 蟷螂目（カマキリ目）
　│ ├────── 絶翅目（ジュズヒゲムシ目）
　├─┤
　│ ├────── 革翅目（ハサミムシ目）
　│ ├────── せき翅目（カワゲラ目）
　│ ├────── 直翅目（バッタ目）
　│ │  ┌─── マントファスマ目
　│ ├──┤
　│ │  └─── ガロアムシ目
　│ │  ┌─── 紡脚目
　│ └──┤
　│    └─── ナナフシ目
　│    ┌─── 蜉蝣目（カゲロウ目）
　├────┤
　│    └─── 蜻蛉目（トンボ目）
　├──────── 総尾目（シミ目）
　└──────── 古顎目（イシノミ目）
```

● …真社会性

完全変態類／準新翅類／多新翅類／新翅下綱／旧翅下綱

図 4.1　昆虫綱の系統関係と真社会性
　昆虫綱において真社会性は異なった系統で独立に獲得されている．等翅目と鞘翅目の真社会性は一回起源であるが，膜翅目と半翅目アブラムシ上科の真社会性は複数回起源だとされている．アザミウマ目の真社会性の起源に関してはいまだ決着がついていない．（系統樹は Ishiwata *et al.*, 2011 を元にした[58]）

43

■4章　社会性昆虫の行動遺伝学

巣の維持などに従事する．擬職蟻の大部分はそのまま脱皮をくり返して生涯を終えるが，一部は兵隊（soldier）に分化する（図4.2）[6)7)]．兵隊は非常に高い攻撃性をもち，積極的に外敵を攻撃する．兵隊分化は一般的に2回の脱皮を伴うが，その間に兵隊は大顎やそれを動かす筋肉を大きく発達させ，劇的な形態変化を実現する[8)9)]．このような兵隊における武器形質の肥大化は，多くのシロアリ種と社会性アブラムシの一部に顕著に観察される[10)11)]．

　齢差分業とは異なり，タスクの変更が簡単には行われないような分業もある．ミツバチの女王／ワーカーの運命決定は幼虫期に行われる．幼虫期に長期間，高濃度のロイヤルゼリーを与えられた個体は女王へ分化し，一方，低濃度のロイヤルゼリーを与えられた個体はワーカーに分化する[12)]．女王は発達した卵巣や受精嚢をもち，交尾や産卵に専念するのに対し，ワーカーはそのような構造をもたず，コロニー内のさまざまなタスクに従事する．ワーカー間の齢差分業とは異なり，女王／ワーカー間のタスク変更は非常に稀で

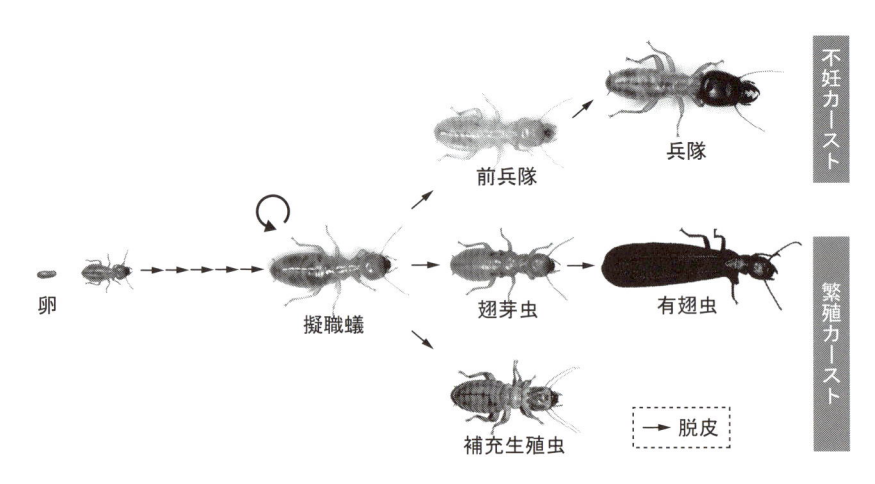

図4.2　オオシロアリ Hodotermopsis sjostedti のカースト分化経路
不完全変態昆虫であるオオシロアリは，タスクの変更に伴って形態や行動を劇的に変化させる．孵化した幼虫は6, 7回の脱皮を経て擬職蟻になる．一部の擬職蟻は2回の脱皮を経て大顎や大顎筋を発達させ，兵隊に分化する．また，擬職蟻の中には翅や複眼，卵巣を発達させて有翅虫に分化するものや，卵巣のみを発達させて補充生殖虫になるものもいる．

ある．女王不在が続いたコロニーのワーカーは卵巣を発達させ卵を産む産卵ワーカーとなるが，彼らは機能的な受精嚢をもたず未受精卵（ハチは半数倍数性なので未受精卵はオスになる）しか産生できないため，女王の機能を補完することはできない．シロアリやアブラムシにおいても，同様に発生的に不可逆な分業が存在している[5]．

4-3　社会性昆虫の行動遺伝学

「氏か育ちか（nature or nurture）」，すなわち，生物の形質が遺伝的要因によって決まるのか，あるいは環境要因によって決まるのか，というのは生物学における古くからの問いであった．近年ではこのような二元論的な考え方よりもむしろ，両者の相互作用によって形質が決まる，あるいは「環境要因に形質がどのように応答するか」がゲノムに刻まれていると考えるほうが一般的である[13,14]．

社会性昆虫のカーストはほぼ共通した遺伝的背景から分化する．このような，同じ遺伝的基盤から複数の異なる表現型が生まれる現象は，一般的に表現型多型（polyphenism）と呼ばれ，社会性昆虫の他にもバッタの相変異（phase polyphenism, 個体密度などに応じて孤独相／群生相に分化する）や，ミジンコやカエル幼生の誘導防衛（inducible defense, 外敵の存在によって防衛形質を発達させる）などにも見ることができる[15]．これらの種は，同じ遺伝型をもっていても環境条件の違いに応じて異なる発生経路をたどり，その結果，異なる表現型を獲得するのである．

社会性昆虫はこのような表現型多型を示す昆虫であり，同じ遺伝学的基盤をもっていても環境によって大きくその表現型を変化させるため，「社会性昆虫の行動遺伝学」と名のつく学問分野はこれまであまり明示されてこなかった．一方で，社会性昆虫の行動分化に関与する生理活性物質や遺伝子に関しては，行動生理学や分子生物学の手法によって徐々に明らかにされている．そこで，ここからは社会性昆虫の分業メカニズムに関する行動生理学と分子生物学の知見を紹介し，そこから社会性昆虫における行動遺伝学への展望を述べたい．

4-4　カースト分化の内分泌メカニズム

　環境の変動に対して，生物は複数の形質を一斉に変化させる．この協調的な変化には，内分泌系が重要な役割を果たしていることが多い．環境シグナルがホルモンの合成や分泌，受容などの変化をもたらし，下流の遺伝子発現に影響することで，身体全体の発生プロセスや神経回路のスイッチが切り替わるのである．

　社会性昆虫のカースト分化においても，ホルモンの重要性は古くから指摘されてきた．幼若ホルモン（juvenile hormone, JH）は，昆虫の代表的なホルモンの一つであり，脳の後部に存在するアラタ体（corpora allata）で合成，分泌される．JHの一般的な機能は大きく分けて二つある．一つは，幼虫時に脱皮ホルモン（20-Hydroxyecdysone, 20E）と相互作用しながら脱皮変態を制御するという機能であり，もう一つは成虫時に脂肪体においてビテロジェニン（vitellogenin, 卵黄タンパクの前駆体）の合成を，また卵巣においてその取り込みを制御する機能である．

　JHと社会性昆虫の分業との関連は，シロアリのカースト分化に関して最初に示された[16]．レイビシロアリの仲間（*Kalotermes flavicollis*）の擬職蟻にJH分泌器官であるアラタ体を追加移植すると，特定の条件下で兵隊分化が誘導されたのである[16)17]．これらの古典的な実験から，シロアリのカースト分化を説明するJHの作用モデルが提唱された（図4.3）[18]．これによると，脱皮間のJH感受期は3種類あり，性的形質を決定する感受期，非性的形質を決定する感受期，兵隊形質を決定する感受期が順に訪れる．3つの感受期間すべてで高いJHレベルを示した個体は兵隊に分化し，一方すべてで低いレベルを示した場合は有翅虫に分化する．また，JHが高レベルから低レベルに変化するものは擬職蟻になり，逆の場合は補充生殖虫（neotenic）に分化する．少なくとも兵隊分化に関しては，このモデルは多くの実験結果から支持されている．例えば，季節性，コロニー内の個体密度，栄養状態，巣仲間の存在などに応じて，擬職蟻やワーカーのJHレベルは上昇することがわかっており，またそれに対応して兵隊分化率も上昇する[19)-21]．また，シロ

4-4 カースト分化の内分泌メカニズム

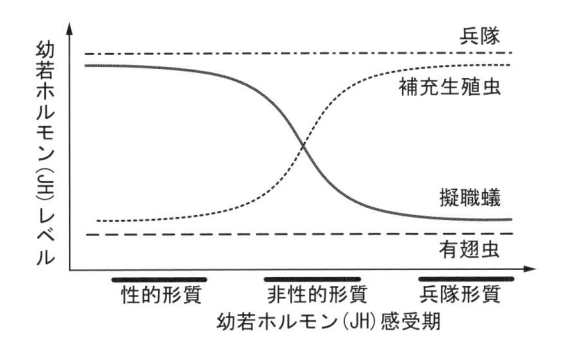

[図: 幼若ホルモン(JH)レベルのグラフ。縦軸「幼若ホルモン(JH)レベル」、横軸「幼若ホルモン(JH)感受期」で「性的形質」「非性的形質」「兵隊形質」の3区間。曲線は「兵隊」「補充生殖虫」「擬職蟻」「有翅虫」の4つ]

図 4.3 幼若ホルモンによるシロアリのカースト分化調節モデル
　Lüscher（1958）のアラタ体移植実験の結果を元に，Nijhout と Wheeler は幼若ホルモン（JH）によるシロアリのカースト分化調節モデルを提案した．これによると，脱皮間の JH 感受期は 3 種類あり，性的形質を決定する感受期，非性的形質を決定する感受期，兵隊形質を決定する感受機が順に訪れる．三つの感受期間すべてで高い JH レベルを示した個体は兵隊に分化し，一方すべてで低いレベルを示した場合は有翅虫に分化する．また，JH が高レベルから低レベルに変化するものは擬職蟻になり，逆の場合は補充生殖虫に分化する．（Nijhout and Wheeler, 1982 より再描[18]）

　アリでは，兵隊の存在がワーカーの兵隊分化率を抑制し，結果的にコロニー内の兵隊率を一定に保つことが知られているが，このときの兵隊分化率はワーカーの JH レベルを介して調節されているのである[22)-24)]．薬理学実験はさらに明確な証拠を示している．擬職蟻やワーカーに JH や JH 類似体を投与すると，兵隊分化が人為的に誘導でき，誘導された兵隊は自然条件下と同様に発達した武器形質と高い攻撃性をもつ[25)]．これらのことから，シロアリの分業においては，JH が，季節，栄養条件，コロニー環境などの環境要因の入力を受けて変動し，最終的にカースト分化運命を決定していると考えられている[18) 26)]．

　JH は，前項で述べたミツバチの齢差分業においても決定的な役割を果たす[27) 28)]．育児から採餌へのタスク転換に際してワーカーの JH レベルは上昇し，また JH 類似体の投与により，ワーカーのタスクを育児から採餌に転換させることができる．またシロアリと同様，ミツバチでも巣仲間の存在が，JH を介してタスク転換に影響する．コロニー内に老齢ワーカーがいないとき，若齢ワーカーは通常よりも早く採餌を勤めるようになるが，このときの

■ 4章　社会性昆虫の行動遺伝学

ワーカーのJHレベルは，若齢にもかかわらず通常の（老齢）採餌ワーカーと同じくらい高い[29)30)]．逆に若齢ワーカーが少ないときには，ワーカーは老齢になっても育児を続けるが，このときのワーカーのJHレベルは，（若齢）採餌ワーカーと変わらない[29)]．すなわち，JHはミツバチにおいても齢差分業を決定する最重要因子なのである．

4-5　社会性昆虫の分業における生体アミンの役割

社会性昆虫の分業における役割が知られているもう一つの生理活性物質群が生体アミン（biogenic amine）[†1]である．生体アミンと分業の関係は，ミツバチの齢差分業において詳しくわかっている[31)32)]．ワーカーの触角葉（図4.4, antennal lobe）では，生体アミンの一つであるオクトパミンの量が育児／採餌タスクの切り替えと相関して変動する．若齢ワーカーに対するオクトパミン投与が採餌行動を誘導することから，ワーカーの齢差分業にはオクトパミンレベルの上昇が重要であることがわかる．触角葉は嗅覚処理の第一次中枢であるため，オクトパミンはタスクに関する匂い刺激への反応性を上昇させることで，採餌へのタスク転換を促していると考えられる．実際，オクトパミン投与によって幼虫フェロモン（brood pheromone, 幼虫の体表から

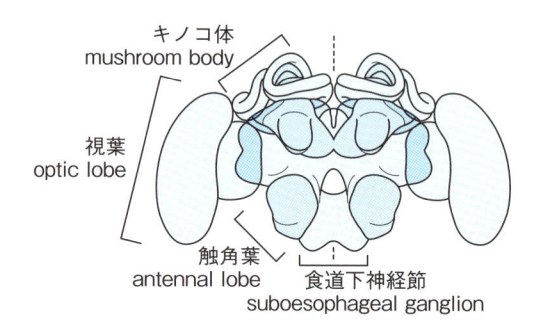

図4.4　ミツバチの脳の構造（前方からみたところ）
ミツバチの脳はその形態や機能によっていくつかの部位に分けられる．視葉は脳の左右に張り出した部分で視覚処理の一次中枢である．また触角葉は嗅覚処理，食道下神経節は味覚の一次中枢である．キノコ体は後頭部の方向に出っ張った一対の構造で，視葉や触角葉，食道下神経節などからの入力を受け，学習や記憶に重要な役割をもつとされる．（Brandt *et al.*, 2005より再描[59)]）

分泌されるフェロモンで，ワーカーの採餌行動を誘発する）に対する反応性が上昇する[33) 34)]．タスクに関する刺激に対して各カーストのもつ反応閾値が異なるという考え方は「反応閾値モデル（response threshold model）」と呼ばれ，昆虫の分業を説明する上でもっとも広く受け入れられている仮説の一つである[35)]．オクトパミンは JH と密接な関係があることも知られており，ミツバチにおいては JH の下流で採餌行動を調節していると考えられている[31)]．

　生体アミンの働きは動物全般に広く保存されているため，ミツバチ以外の社会性昆虫の分業においても重要な役割を担っている可能性が高い．しかし，残念ながら他の社会性昆虫における生体アミンの研究例は非常に少なく，いくつかの膜翅目昆虫において生体アミン量と，日齢や社会的優位性，タスクとの相関が示されているのみで，因果関係まで明らかにした例はない[36)‒39)]．

4-6　社会性昆虫の分業に関する遺伝的基盤

　生物の社会性の遺伝的基盤を明らかにすることは，多くの研究者にとって長い間，挑戦的な課題であり続けた．これは，「社会性」が多くの行動形質で成り立っていること，また行動の遺伝的基盤の解明そのものが，モデル生物においてすら困難であったからだと思われる．しかし近年の分子生物学やゲノム科学の発展により，非モデル生物である社会性生物においても，社会行動の遺伝的基盤を探る試みが徐々に可能になってきた．このような取り組みはソシオゲノミクス（sociogenomics）という分野として近年注目されている[40)]．

　社会性昆虫におけるソシオゲノミクスのほとんどはセイヨウミツバチ *Apis mellifera* を用いて行われている．セイヨウミツバチは世界各国で飼育されており，コロニーの観察や飼育が比較的容易である．またその研究者人口の多さから，EST データベースや cDNA ライブラリ，DNA マイクロアレイ，RNAi，遺伝子導入など多くの分子生物学的ツールが開発されてきた．さらに 2006 年にはキイロショウジョウバエ *Drosophila melanogaster*，ハマダラカ *Anopheles gambiae* に続き，昆虫で 3 番目に全ゲノム解読が完了した[41)]．

　ミツバチの齢差分業は，昆虫の社会行動の遺伝的基盤を解明する上でのモ

デルケースとなっている．タスク転換に伴って，脳内の遺伝子発現がどのように変化するのかを網羅的に解析するという試みは，DNAマイクロアレイ（DNA microarray）[†2]を用いて行われてきた[42)43)]．採餌ワーカーと育児ワーカーの脳の遺伝子発現レベルを比較すると，テストした約5000遺伝子のうち39％もの遺伝子が異なる発現レベルを示していた．多くの遺伝子は有意ではあるがわずかな発現変動しか示さなかったことから，脳の大部分でこれらの遺伝子がわずかな発現変動を示しているか，あるいは脳の限られた領域でこれらの遺伝子発現が大きく変動しているかどちらかの可能性が考えられる．育児ワーカーと採餌ワーカーで異なる発現パターンを示していた遺伝子群は，ショウジョウバエにおいてそれぞれ軸索形成や細胞内シグナリング，転写，シナプスの可塑性，細胞内代謝などに関与しているものであり，ミツバチにおいて採餌行動と関連するような脳の構造変化に寄与する可能性が考えられる．ただ，これらの遺伝子の中で実際に採餌行動との因果関係まで明らかになったものはごくわずかである．ここでは，ワーカーの採餌行動との関連が明確に示されている三つの遺伝子を取り上げて紹介する．

　*foraging*遺伝子は最初，単独性昆虫であるショウジョウバエの摂食行動に影響を与える因子として発見された[44)45)]．キイロショウジョウバエの野外集団には，活発に餌を探して広い範囲を歩きまわる「せかせか型（rover）」と，不活発で狭い範囲しか歩きまわらない「おっとり型（sitter）」というアレル多型が知られる．*foraging*遺伝子は環状グアノシン一リン酸（cyclic guanosine monophosphate, cGMP）依存型タンパク質キナーゼ（cGMP dependent-protein kinase, PKG）というタンパク質をコードしており，「おっとり型」と「せかせか型」の摂食行動パターンの違いを決定している．この*foraging*遺伝子が，ミツバチにおいては齢差分業に関与していることが近年明らかになった[46)47)]．ミツバチワーカーでは，育児から採餌へのタスク転換に伴って*foraging*遺伝子の発現が上昇する．さらに，薬剤で人為的にPKG活性を上昇させると，ワーカーの採餌行動頻度が上昇する．*in situ*ハイブリダイゼーション（*in situ* hybridization）[†3]で*foraging*遺伝子の発現部位を観察すると，視葉（図4.4, optic lobe）と，キノコ体（図4.4, mushroom body）のケニヨン細胞に局在していることがわかった．視葉は視覚の一次処理領野であり，またケニヨン細胞は視覚と嗅覚に関与する領野からそれぞれ入力を受け，学習や記憶に重要な役割を果たす細胞である．このことから，*foraging* 遺伝子は視覚や嗅覚の処理プロセスを変化させることで，ワーカーの採餌行動を誘導しているのかもしれない．

malvolio 遺伝子もまた，ショウジョウバエの摂食行動に関与することが最初に知られ，そこからミツバチの採餌行動への関連がわかった遺伝子である[48]．*malvolio* 遺伝子はマンガンの細胞膜間輸送を行うタンパク質をコードしており，ショウジョウバエにおいてショ糖への反応性を上昇させる．ミツバチにおいては，*malvolio* 遺伝子の発現量は採餌ワーカーにおいて高い．それと相関するように，ワーカーのショ糖反応性は採餌ワーカーになるに従って上昇する．さらに，育児ワーカーにマンガン処理を行うと，ショ糖反応性が上昇し採餌行動が誘導される．これらのことから，*malvolio* 遺伝子もまた，ミツバチの齢差分業を支配する遺伝子の一つであることがわかる．*malvolio* 遺伝子の主な発現部位は触角葉と食道下神経節（図 4.4, suboesophageal ganglion）である．触角葉は嗅覚の，食道下神経節は味覚の一次中枢であるため，*malvolio* 遺伝子はこれらの感覚刺激に対する反応性を高めることで採餌への移行を促進している可能性が考えられる．

vitellogenin 遺伝子は，*foraging* 遺伝子や *malvolio* 遺伝子とは逆で，ワーカーの育児行動の維持に関与している．*vitellogenin* 遺伝子は卵黄タンパク質の前駆体であるビテロジェニンをコードする遺伝子で，一般的には卵巣の発達に関与することが知られている．ミツバチワーカーの体内のビテロジェニン量は羽化後数日にピークを迎え，その後徐々に減少していく[49]．RNA 干渉法（RNA interference, RNAi）[†4] を用いて，*vitellogenin* 遺伝子の発現を抑制すると，ワーカーの採餌行動が早まる[50]．このことから，*vitellogenin* 遺伝子はワーカーの育児行動を維持する機能をもつと考えられる．この作用はビテロジェニンの JH 調節機能によるものであるらしい．一般的な昆虫においては，JH が脂肪体におけるビテロジェニン合成を促進するが，ミツバチワーカーの成虫においては，JH は逆にビテロジェニン合成を抑制する[51]．また

■4章　社会性昆虫の行動遺伝学

育児ワーカーの *vitellogenin* 遺伝子の発現を抑制すると，JHレベルが上昇する[52]．このことからビテロジェニンはJHと相互に調節し合うことでワーカーの齢差分業を調節していると考えられる．

このようにミツバチの齢差分業に関しては徐々にその遺伝的基盤が明らかになってきた．一方で，それ以外の社会性昆虫における研究例は非常に乏しい．カーストごとの行動分化に関与する遺伝子の網羅的探索は，わずかにアシナガバチの一種（*Polistes metricus*）とオオシロアリ（*Hodotermopsis sjostedti*）を用いて行われているのみである[53) 54)]．また，分業との因果関係が明らかになった遺伝子に関しては，*foraging* 遺伝子がオオズアリの仲間（*Pheidole pallidula*）のワーカー間分業に関与していることを示した一例のみである[55]．

4-7　社会性昆虫の行動遺伝学の展望

社会性昆虫の分業を司るメカニズムは，古典的には行動学や生理学の手法によって明らかにされてきた．近年では，ゲノム科学や分子生物学の手法を取り入れることで，その遺伝的基盤が徐々に明らかになりつつある．本章で紹介した最新の研究例は，社会行動の遺伝的基盤に関して重要な示唆を与えてくれる．ミツバチの齢差分業に関与する遺伝子は，単独性昆虫において社会性とは関係のない行動形質を調節するものであった．また，単独性昆虫では脱皮や卵巣発達を制御しているJHが，シロアリやミツバチなどにおいては分業を調節していた．これらのことは，高度で複雑に見える社会行動が，単純で祖先的な行動やシステムのわずかな改変によって獲得されうるという可能性を示唆している[40) 56)]．社会行動とは新しい"社会性遺伝子"の獲得から生まれるわけではなく，"祖先的な遺伝子"が新しい機能や発現パターンを獲得する，あるいは"使い回される（co-opted）"ことによって進化し得るのである．このような考え方は，進化発生学（evolutionary developmental biology, Evo-devo）において成熟してきたものであるが，近年社会行動の進化に関してもその重要性が指摘されている[57]．

昆虫の社会性に関する遺伝基盤はまだほとんど解明されていない．とくに

重要な課題は，どのようなゲノム上の変化が社会行動の進化をもたらすのか，すなわち，社会性昆虫と単独性昆虫の違いをもたらす遺伝的基盤は何か，ということである．祖先的な遺伝子が"使い回される"ときに重要とされるのが，ゲノム上のシス調節領域（cis-regulatory element）[†5]である．社会行動が祖先的な遺伝子の使い回しによって実現されているという仮説に立てば，社会行動を司る遺伝子のシス制御領域に何らかのヒントが隠されていそうである．近年の配列解析技術の進歩はめざましく，非モデル生物においても安く，早く，簡便にゲノム情報が手に入るようになってきている．今後は社会性をもつ昆虫種とそれに近縁な単独性昆虫において，シス制御領域を含むゲノム配列の比較研究を行うことが一つの方向性といえるだろう．

　昆虫において真社会性の進化は何度も起こっている（図4.1）．ハナバチ（ミツバチ，マルハナバチなど），カリバチ（アシナガバチやアリ），シロアリ，アブラムシは全く独立に真社会性を獲得し，またこれらの社会性は似ているようで少しずつ違う．これまでの社会性昆虫の行動遺伝学の中心であったミツバチの示す社会性は，非常に高度で洗練されている反面，ミツバチ特有の生態や生活史を反映したものでもある．社会性昆虫における分業の遺伝的基盤を包括的に理解するためには，ミツバチ以外の社会性昆虫の分業メカニズムの解明が不可欠であろう．

[文　献]
1) Wilson, E. O. *Sociobiology: The New Synthesis*, Harvard University Press, Cambridge, 1975.
2) Michener, C. D. *Ann. Rev. Entomol.*, **14**, 299-342 (1969).
3) Crespi, B. J. & Yanega, D. *Behav. Ecol.*, **6**, 109-115 (1995).
4) Seeley, T. & Kolmes, S. *Honey Bee Ecology: a Study in Adaptation in Social Life*, Prinston Univ. Press, Princeton, NJ, 1985.
5) Wilson, E. O. *The Insect Societies*, The Belknap Press of Harvard University Press, Cambridge, 1971.
6) Miura, T., Hirono, Y., Machida, M., Kitade, O. & Matsumoto, T. *Ecol. Res.*, **15**, 83-92 (2000).
7) Miura, T., Koshikawa, S., Machida, M. & Matsumoto, T. *Insect Soc.*, **51**, 247-252 (2004).
8) Koshikawa, S., Matsumoto, T. & Miura, T. *Insect. Soc.*, **49**, 245-250 (2002).
9) Koshikawa, S., Matsumoto, T. & Miura, T. *Zoolog. Sci.*, **21**, 583-588 (2004).
10) Krishna, K. & Weesner, F. M. (eds.) *Biology of Termites*, Academic Press, New York, 1969.

■ 4章　社会性昆虫の行動遺伝学

11) Pike, N. & Foster, W. A. In: Korb, J. & Heinze, J. (eds.) *Ecology of Social Evolution*, Springer, Berlin, 2008, p. 37-56.
12) Haydak, M. H. *Annu. Rev. Entomol.*, 143-156 (1970).
13) Schlichting, C. D. & Pigliucci, M. *Phenotypic Evolution: A Reaction Norm Perspective*, Sinauer Associates Inc., Sunderland, MA, 1998.
14) West-Eberhard, M. J. *Developmental plasticity and evolution*, Oxford University Press, New York, 2003.
15) Nijhout, H. F. *Bioscience*, **49**, 181-192 (1999).
16) Lüscher, M. *Naturwissenschaften*, **45**, 69-70 (1958).
17) Lebrun, D. *Bulletin de Biologie Franco-Belge*, **101**, 139-217 (1967).
18) Nijhout, H. F. & Wheeler, D. E. *Q. Rev. Bio.*, **57**, 109-133 (1982).
19) Liu, Y. X., Henderson, G., Mao, L. X. & Laine, R. A. *Ann. Entomol. Soc. Am.*, **98**, 732-737 (2005).
20) Liu, Y. X., Henderson, G., Mao, L. X. & Laine, R. A. *Environ. Entomol.*, **34**, 557-562 (2005).
21) Mao, L. X. & Henderson, G. *J. Insect Physiol.*, **56**, 725-730 (2010).
22) Park, Y. I. & Raina, A. K. *J. Insect Physiol.*, **51**, 385-391 (2005).
23) Mao, L. X., Henderson, G., Liu, Y. X. & Laine, R. A. *Ann. Entomol. Soc. Am.*, **98**, 340-345 (2005).
24) Watanabe, D., Gotoh, H., Miura, T. & Maekawa, K. *J. Insect Physiol.*, **57**, 791-795 (2011).
25) Howard, R. & Haverty, M. *Sociobiology*, **4**, 269-278 (1979).
26) Cornette, R., Gotoh, H., Koshikawa, S. & Miura, T. *J. Insect. Physiol.*, **54**, 922-930 (2008).
27) Robinson, G. E. & Vargo, E. L. *Arch. Insect Biochem. Physiol.*, **35**, 559-583 (1997).
28) Hartfelder, K. *Braz. J. Med. Biol. Res.*, **33**, 157-177 (1999).
29) Robinson, G. E., Page, R. E., Jr., Strambi, C. & Strambi, A. *Science*, **246**, 109-112 (1989).
30) Huang, Z. Y. & Robinson, G. E. *Proc. Natl. Acad. Sci. USA*, **89**, 11726-11729 (1992).
31) Schulz, D. J., Barron, A. B. & Robinson, G. E. *Brain Behav. Evolut.*, **60**, 350-359 (2002).
32) Scheiner, R., Baumann, A. & Blenau, W. *Curr. Neuropharmacol.*, **4**, 259-276 (2006).
33) Pankiw, T., Page, R. E. & Fondrk, M. K. *Behav. Ecol. Sociobiol.*, **44**, 193-198 (1998).
34) Barron, A. B., Schulz, D. J. & Robinson, G. E. *J. Comp. Physiol. A.*, **188**, 603-610 (2002).
35) Beshers, S. N. & Fewell, J. H. *Ann. Rev. Entomol.*, **46**, 413-440 (2001).
36) Bloch, G., Simon, T., Robinson, G. E. & Hefetz, A. *J. Comp. Physiol. A.*, **186**, 261-268 (2000).
37) Cuvillier-Hot, V. & Lenoir, A. *Naturwissenschaften*, **93**, 149-153 (2006).
38) Seid, M. A. & Traniello, J. F. A. *Naturwissenschaften*, **92**, 198-201 (2005).
39) Seid, M. A., Goode, K., Li, C. & Traniello, J. F. A. *Dev. Neurobiol.*, **68**, 1325-1333 (2008).
40) Robinson, G. E., Grozinger, C. M. & Whitfield, C. W. *Nat. Rev. Genet.*, **6**, 257-70 (2005).
41) The honeybee Genome Sequencing consortium 2006. *Nature*, **443**, 931-949 (2006).
42) Whitfield, C. W., Cziko, A. M. & Robinson, G. E. *Science*, **302**, 296-299 (2003).
43) Grozinger, C. M., Fan, Y., Hoover, S. E. & Winston, M. L. *Mol. Ecol.*, **16**, 4837-4848 (2007).
44) Sokolowski, M. B. *Behav. Genet.*, **10**, 291-302 (1980).
45) Osborne, K. A., *et al. Science*, **277**, 834-836 (1997).

用語解説

46) Ben-Shahar, Y., Robichon, A., Sokolowski, M. B. & Robinson, G. E. *Science*, **296**, 741-744 (2002).
47) Ben-Shahar, Y., Leung, H. T., Pak, W. L., Sokolowski, M. B. & Robinson, G. E. *J. Exp. Biol.*, **206**, 2507-2515 (2003).
48) Ben-Shahar, Y., Dudek, N. L. & Robinson, G. E. *J. Exp. Biol.*, **207**, 3281-3288 (2004).
49) Engels, W. *Am. Zool.*, **14**, 1229-1237 (1974).
50) Nelson, C. M., Ihle, K. E., Fondrk, M. K., Page, R. E. & Amdam, G. V. *Plos. Biol.*, **5**, 673-677 (2007).
51) Pinto, L. Z., Bitondi, M. M. G. & Simoes, Z. L. P. *J. Insect Physiol.*, **46**, 153-160 (2000).
52) Guidugli, K. R. *et al. Febs. Lett.*, **579**, 4961-4965 (2005).
53) Toth, A. L. *et al. Science*, **318**, 441-444 (2007).
54) Ishikawa Y. *et al. BMC Genomics*, **11** (2010).
55) Lucas, C. & Sokolowski, M. B. *Proc. Natl. Acad. Sci. USA.*, **106**, 6351-6356 (2009).
56) Robinson, G. E. & Ben-Shahar, Y. *Genes Brain Behav.*, **1**, 197-203 (2002).
57) Toth, A. L. & Robinson, G. E. *Trends Genet.*, **23**, 334-341 (2007).
58) Ishiwata, K., Sasaki, G., Ogawa, J., Miyata, T. & Su, Z. H. *Mol. Phylogenet. Evol.*, **58**, 169-180 (2011).
59) Brandt, R., *et al. J. Comp. Neurol.*, **492**, 1-19 (2005).

[用語解説]

†1　**生体アミン**：生理活性をもつアミンの総称で，セロトニン（5-hydroxytryptamine, 5-HT），ドーパミン（dopamine），エピネフリン（epinephrine），ヒスタミン（histamine），ノルエピネフリン（norepinephrine），オクトパミン（octopamine）チラミン（tyramine），などが代表的なものとして知られる．これらは主に神経細胞から合成，分泌され，シナプス間隙に放出されて神経伝達物質として働いたり，近傍のシナプスにおける神経伝達を調節したり，あるいは体液中に放出されて神経ホルモンとして働いたりする．一般的なホルモンが全身のさまざまな形質の変化に関与するのに対して，生体アミンは，とくに中枢／末梢神経系を介して動物の行動を調節することが多い．

†2　**DNAマイクロアレイ**：特定の遺伝子群の発現量を測定する方法である．任意の塩基配列を基板上に配置しておき，目的の材料や組織から抽出したRNAを逆転写したcDNAと，基板上の塩基配列をハイブリダイゼーションさせることで，数千から数十万の遺伝子発現を一度に調べることができる．

†3　*in situ* ハイブリダイゼーション：特定の遺伝子が発現している部位を調べる方法である．目的の塩基配列をもったRNAプローブを作成し，サンプルにハイブリダイゼーションさせることで，目的の遺伝子発現部位を可視化する．

†4　**RNA干渉法（RNA interference, RNAi）**：特定の遺伝子発現を抑制する方法である．目的の塩基配列をもった二本鎖RNAを体内に導入することで，目的の遺伝子発現を抑制する．

†5　**シス制御領域**：遺伝子の近傍に存在するゲノム配列であり，この部分に転写因子が結合すると，遺伝子の転写が調節される．

5. ゼブラフィッシュの行動遺伝学

揚妻 正和・岡本 仁

近年の比較神経発生生物学の進歩により，脊椎動物の終脳の構造は，これまでに思われていた以上に進化の過程で保存されていることが明らかになってきた．それに伴い，脊椎動物の中でも最も単純な脳をもつ，魚類の「ゼブラフィッシュ」が分子遺伝学の進歩とともに広く利用されるようになり，ここ数年で行動遺伝学の分野においても非常に有用なモデルへと発展してきている．

5-1 モデル生物としてのゼブラフィッシュとその特徴

ゼブラフィッシュ（zebrafish：*Danio rerio*，図5.1A）は，脊椎動物の中で最も単純なモデル生物の一つであり，近年の分子遺伝学的手法における飛躍的な進歩とともに脊椎動物研究のモデルとして活発に用いられるようになってきた．これまでに，全ゲノムの塩基配列もすでに決定されており，遺伝学的な解析方法との組み合わせによって，発生生物学を中心としたさまざまな研究分野での重要な発見に貢献してきた．そしてこの十年の間には，新たに行動学および神経科学のモデルとして，その有用性はますます広がってきている．

これまでの形態学的な観察により，ゼブラフィッシュは驚くほど多くの点でヒトやその他の哺乳類との類似性が確認されている[1]．さらに，①胚における透明性（図5.1B），②逆遺伝学（reverse genetics）やトランスジェニック・フィッシュ（transgenic fish）作製の簡便さ，③飼育，管理の容易さ，などの利点から，基礎生物学研究から応用分野に至るまで脊椎動物の新しいモデル実験動物として広く使われている．

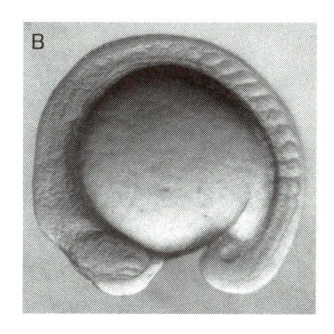

図 5.1　ゼブラフィッシュ
A：成魚，B：胚（受精後 16 時間）

5-2　ゼブラフィッシュの遺伝学の歴史

　ゼブラフィッシュを用いた遺伝学的な解析において，化学的変異原による突然変異の誘発とその変異遺伝子の解析はこれまでにとくに広く用いられてきた．N-エチル-N-ニトロソウレア（ethylnitrosourea, ENU）により特定の遺伝子が突然変異を起こす確率は 0.2 ～ 0.3％と算出されており，ENU 誘発性の突然変異をもつゼブラフィッシュを約 1000 系統スクリーニングすれば，計算上ではゲノム上のすべての遺伝子における突然変異を確認することができる[2]．上述の通りゼブラフィッシュの飼育・管理はマウスなどと比べ非常に容易でかつ安価であり，大規模な遺伝学的スクリーニングなどに非常に適しており，世界中で広く用いられている．

　日本でも，これまでゼブラフィッシュはとくに発生生物学研究の材料として利用され，有用なモデル生物として十分に定着している．東島眞一（現，岡崎統合バイサイエンスセンター）らによって，さまざまな神経細胞群を蛍光タンパク質標識により可視化したトランスジェニック・フィッシュが作製されており[3,4]（図 5.2A），これらを用いて複数の機関で中規模から大規模な突然変異スクリーニングが行われてきた．また古賀章彦と堀　寛（名古屋大学）によってメダカで発見されたトランスポゾン Tol2 を応用して，川上浩一（現，国立遺伝学研究所）によってゲノム遺伝子改変技術が開発され[5]，トランスポゾン（transposon）挿入によるエンハンサートラップ系統（図 5.2B）

■ 5章　ゼブラフィッシュの行動遺伝学

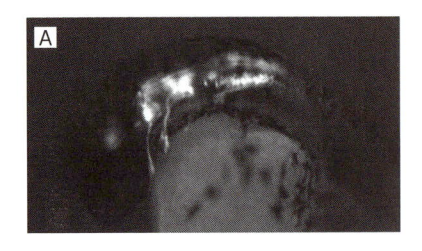

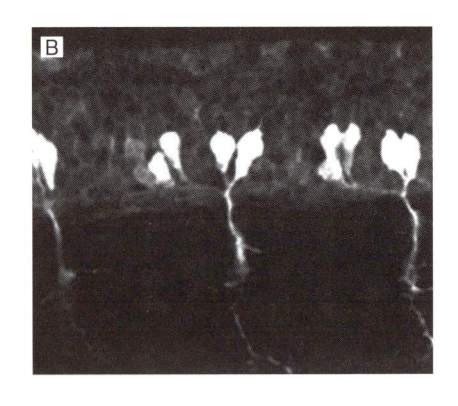

図 5.2　神経細胞の蛍光標識
A：運動神経細胞特異的に GFP を発現するトランスジェニック系統の胚，B：エンハンサートラップによって，脊髄の一次運動神経細胞特異的に GFP を発現する系統（写真提供：国立遺伝学研究所　川上浩一博士）

や遺伝子破壊変異体を系統的かつ大規模に作製することが可能となった．また，トランスポゾン挿入技術はトランスジェニック系統の作製の高効率化を促し，この目的でも世界中で利用されている．

最近では，Tilling や zinc-finger nuclease 法などの技術が開発され，特定の遺伝子の変異体を選択的に取得することが可能になってきている[6]〜[8]．さらには胚の透明性を利用して，紫外線照射によって胚のどの部分でも任意の遺伝子を発現できる技術[9] や，特定の神経細胞のみを標識する技術[10][11] など，さまざまな革新的技術が生み出されてきた．これらの技術は，ゼブラフィッシュのモデル生物としての有用性をさらに際立たせている．

5-3　ゼブラフィッシュで現在進められている行動遺伝学

上述の利点を活かしつつ，これまでにゼブラフィッシュを用いたさまざまな行動に関しての研究が進められてきており，非常に興味深い発見がなされてきた．

5-3-1　運動神経の制御に関する研究

どのように運動を制御するか，という基本的なメカニズムに関しては，運動障害などの治療という目的も含め非常に重要な研究テーマであるが，これ

らはゼブラフィッシュを用いて非常に良く研究されている．その一因として，生後4〜5日にして基本的な運動（泳ぐ能力）が備わり，運動制御に関わる神経系を透明な体の中で観察することが可能である点があげられる．トランスジェニック個体を用いた特定の神経細胞の可視化と制御，電気生理的手法，さらに後述する光遺伝学（optogenetics）を組み合わせ，神経回路を詳細に解析することが可能となっている[11]〜[13]．神経発生学的視点，および機能的側面の両方からのアプローチに非常に優れた実験系であると言える．

5-3-2 視覚，嗅覚，聴覚に関する研究

魚類において視覚，嗅覚，および聴覚が保存されていることは想像に難しくない．実際に，ゼブラフィッシュにおいても，例えば視覚系に関してはとても活発に研究が行われており，以前より発生学的な観察とともに機能的解析が行われてきた[14]．そして，視覚情報が反射的行動から社会的行動まで多岐にわたり重要であることが示されている[15]．

嗅覚においても，吉原らによりゼブラフィッシュにおける嗅球での遺伝学的解析が詳細に行われている[16]．また，ゼブラフィッシュの皮膚の中に含まれる「アラーム物質（alarm substance）」と呼ばれる物質を与えると，嗅覚を通して感知され，激しく暴れたあとにすくみ行動をとる，といった先天的に備えられた防御的行動を示すことが知られている[17]．このような，嗅覚を介した経験依存的，あるいは先天的な行動の制御機構，そしてそれらに共通あるいは特有の神経系に関して，遺伝学的手法による詳細な解析が今後さらに進められていくだろう．

さらには，聴覚系に関しても小田洋一ら（名古屋大）によって詳しく観察されている[18]．

5-3-3 ドラッグスクリーニングを始めとした，精神疾患へのアプローチに関する研究

最も単純な脊椎動物としてゼブラフィッシュを利用する一つの方法として，ドラッグスクリーニングのような新たな試みも行われ始めている．例えば，ゼブラフィッシュの稚魚では体長がほんの数ミリ程度であり，8×12cmという小さいプレート（96穴）で，96匹の魚の同時行動観察が可能

■ 5章　ゼブラフィッシュの行動遺伝学

である．この省スペース性を活かし，精神疾患等に関する新薬の効率的な選別にゼブラフィッシュを用いる方法が最近報告された．ゼブラフィッシュの稚魚は一見それほど複雑な行動をとるわけでもなく，また高次な学習も行うことはできない．しかしながら，シアー（Alexander Schier）らの研究グループでは，その単純な行動の中からさまざまな行動成分を抽出し，それらのプロファイリングを行うことで，（ヒトなどでの）作用が同じ複数の薬は非常に類似したプロファイル（行動パターンの組み合わせ）をゼブラフィッシュでも示すことを明らかにした[19]．これら「行動プロファイリング」による情報を利用することで，人の治療に対して効果がある新規の薬，および分子標的を見つけることができ，将来非常に重要な実験系となる可能性をおおいに秘めている．

5-3-4　より複雑な行動とそれに関わる神経回路

魚類は成魚になると，より複雑な行動をとることが，これまでの研究により明らかにされている．そしてそれらは魚類から哺乳類まで保存された神経回路により担われていることが明らかにされつつある．

キンギョを用いた two way active avoidance test（図 5.3）では，非条件刺激（電気ショック）と条件刺激（緑の光の点灯）とを組み合わせて与えることをくり返すと，魚は自分がいる部屋で緑の光が点灯しただけで，光がついていない反対側の部屋に逃げるようになる[20]．哺乳類では，このような恐怖条件づけにおいて，条件刺激と非条件刺激を同時に与える場合（non-

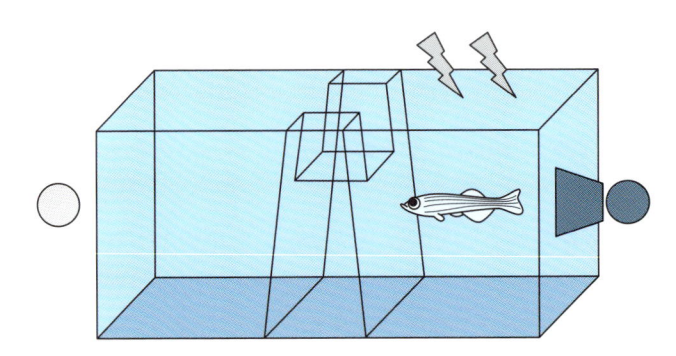

図 5.3　魚を用いた Two-way active avoidance test の様子

trace conditioning）には扁桃体が，非条件刺激と条件刺激との間に時間差を入れて与える場合（trace conditioning）には扁桃体と海馬の両方が必要であることが示されている．このことを利用して，選択的破壊実験を行い，キンギョでは終脳の外套と呼ばれる部位の背内側に扁桃体が，同じく外套の背外側に海馬に相当する機能がそれぞれ存在することが示されている[20]．なお，ゼブラフィッシュでも同様に学習が成立することが明らかにされており[21]，基盤となる同様の神経系が存在することが推察される．

　また，メダカでは恐怖学習の成立直後に冷血動物用の全身麻酔薬であるトリカイン（Na^+チャネルブロッカー）を投与することで，数十分のオーダーの短期恐怖記憶は保持されるが，数日間に及ぶ長期記憶は定着しなくなることが示されている[22]．このことから，魚においても保持される期間の異なる2種類の記憶があることが示されている．さらに，条件刺激のみのくり返し提示により記憶の消去が起こるという点も，哺乳類と同様であることが知られている[22]．

　ゼブラフィッシュは環境依存的に社会性を獲得することも知られている．野生型のゼブラフィッシュは体表面の縦縞模様をもっているが，突然変異体の中にはヒョウ柄などさまざまな模様の色素沈着パターンを示すものがいる．特定の模様の魚を，稚魚の段階から別のパターンの魚の群れで育てると，その魚は自分と同じ模様の魚よりも，自分と一緒に育った別の模様の魚たちと一緒に過ごしたがることが示されている（図5.4）[23]．この結果は，ゼブラフィッシュでの仲間とともに行動するという社会性の獲得には経験が影響することを示している．

　このようにゼブラフィッシュは，哺乳類と同様の多くの情動的・社会的行動をとり，同様の神経基盤を有することが示唆されている．したがって，より単純化された脳という利点とその充実した実験手法とを組み合わせていくことにより，魚から哺乳類まで広く保存された行動の基盤を明らかにすることが可能である．

　筆者らは，このゼブラフィッシュを用いて，これまでに手綱核[†1]と呼ばれる間脳背側の神経核にとくに注目し研究を進めてきた．そして，最近では

■5章 ゼブラフィッシュの行動遺伝学

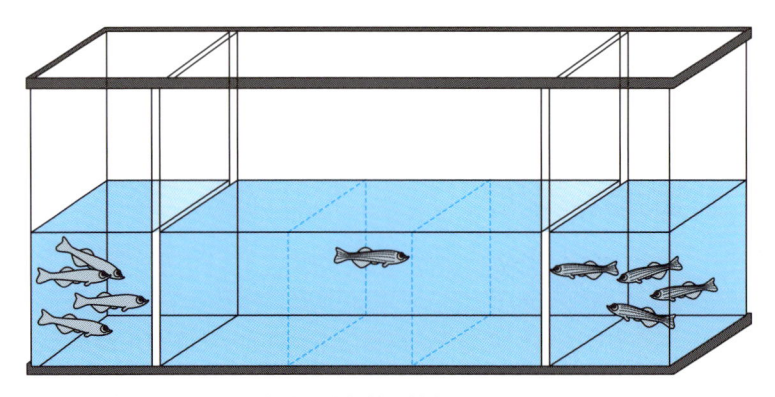

図 5.4 ゼブラフィッシュの社会的嗜好性の検定
タンクの両側の区画に体表の模様が異なる2種類のゼブラフィッシュ系統を入れる．透明ガラスの壁で区画された中央の区画に検定する魚を入れて，どちらの集団の近くで泳ぐ時間が長いかを検定する．（文献 23 より引用）

遺伝学的な手法を利用してその情動の制御における役割を明らかにすることに成功した．それらを以下に紹介する．

5-3-5 ゼブラフィッシュを用いた手綱核の研究－左右非対称な神経回路とその情動の制御－

手綱核（habenula）は，魚類から哺乳類まで進化的にも広く保存された神経核である．終脳の辺縁系と中脳のモノアミン系（ドーパミン，セロトニン系など）の神経系を結ぶ中継核として知られており，情動の制御に重要ではないかと考えられてきた[24]．

哺乳類では，手綱核は外側と内側に分かれている．外側は腹側被蓋野[†2]（ventral tegmental area, ドーパミン作動性）や縫線核[†3]（raphe nuclei, セロトニン作動性）などへと投射し，報酬および嫌悪刺激などに関しての制御に関わることが知られている[24,25]．一方，内側手綱核は，中脳の脚間核（interpeduncular nucleus）と呼ばれる部位へ投射する．脚間核は縫線核や背側被蓋部[†4]と呼ばれる部位へ投射することが知られていることから，内側手綱核・脚間核路は恐怖に対する行動の制御に関わることが示唆されるが[24,26,27]，実際にはほとんど明らかにされていない．

筆者らはこの内側手綱核について詳細に研究を進めてきた（図 5.5）．ゼ

5-3 ゼブラフィッシュで現在進められている行動遺伝学

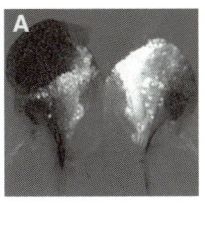

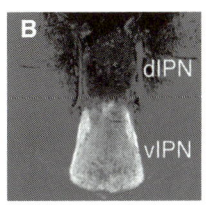

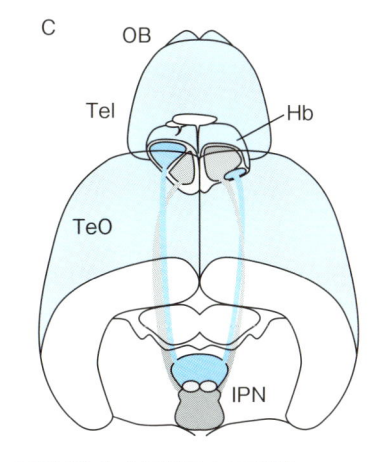

図5.5 手綱核から脚間核への投射様式（文献28より引用）
(A, B) Tg (brn3a-hsp70:GFP) 系統での脚間核背側の逆行性染色．それぞれ手綱核 (A)，脚間核 (B) を示す．Brn3a遺伝子発現制御領域により手綱核内側亜核はGFP（白）を発現し，脚間核腹側への投射を示す．脚間核背側をDiI（黒）により逆行性に染めることで，その主な投射先が手綱核外側亜核であることが示され，Aに見られるような左右非対称な手綱核での亜核構造が明らかとなった．(C) モデル図．
dIPN：背側脚間核，Hb：手綱核，IPN：脚間核，OB：嗅球，Tel：終脳，TeO：視蓋，vIPN：腹側脚間核

ブラフィッシュでは，この内側手綱核に相当する部位が，さらに内側と外側の亜核に分かれており，その亜核構成とそこからの脚間核への投射パターンに著しい左右非対称性が存在することが筆者らの研究によって明らかとなった[28]．このことから，脳の機能的左右差の研究におけるモデルとして注目を集めている．さらにそれぞれの回路が，その恐怖に対する制御とどのように関わってくるかも非常に興味深い．そこで筆者らは，遺伝学的手法を組み合わせることによってその機能の解明に着手した[29]．

まず，その脚間核の背側と腹側が，さらにその先のどの脳部位に接続しているかを確認するために，神経軸索を染めることのできる色素（neurobiotin）を用い，それぞれの回路の機能を推察する手掛かりとした．その結果，脚間核の背側は，哺乳類の「背側被蓋部」に相当する部位へと投射し，一方で腹側の脚間核は，セロトニン神経細胞を含み戦略的行動プログラムの成立に関

わる「縫線核」に投射していることが示された.

　背側被蓋部は, 脅威や性的衝動に基づく本能的行動の中枢であり, 恐怖やストレスに対して「逃避行動 (flight behavior)」や「すくみ反応 (freezing response)」といったさまざまな防御反応に関与することが知られている. 興味深いことに,「逃避行動」と「すくみ反応」は逆の反応であり, 自然界においてはその選択はまったく異なる結果をもたらしかねない. すなわち,「手綱核の外側亜核・背側の脚間核・背側被蓋部」の経路が, この「行動の選択」に重要なのではないかということが推察される. そこで, その上流に位置する手綱核の外側亜核が「行動の選択」に重要ではないかという仮説のもとに, 遺伝子組換え体を利用して手綱核外側亜核の活動を阻害し, その機能の解明に着手した.

　筆者らは BAC (Bacterial Artificial Chromosome) を用いて, 外側亜核に特異的なトランスジェニックゼブラフィッシュを作出することに成功した. BAC は最大 200kb 以上もの長さのゲノム断片を含み, その中に含まれる遺伝子の転写制御領域を十分に含む可能性が高い. そのため, 例えば手綱核に特異的な発現をする遺伝子を含む BAC を用いてトランスジェニック個体を作ることで, その発現パターンを利用した手綱核特異的な神経伝達阻害物質 (破傷風毒素 tetanus toxin など) の発現誘導を行うことができる. この手法を利用して, 手綱核外側亜核からの神経回路を遮断し, 恐怖条件づけとそれによる行動の変化を観察した.

　十センチ四方の水槽の中にゼブラフィッシュを入れ, 赤い光と弱い電気刺激を同時に与える. 野生型のゼブラフィッシュでは, 次第に赤い光のみを見ただけで電気刺激が来ることを予想するようになり, 学習が成立した魚では「逃避様の行動 (ばたばたとターンをくり返す)」を示すよう実験をデザインした. これは予測される嫌な刺激に対しての一つの防御反応であると考えられ, 学習前ではほとんど見られない.

　一方, 手綱核外側亜核からの神経回路を遮断した魚では, 赤い光から電気刺激を予測できるようにはなるが, 興味深いことに, その時とる行動がまったく異なり, 学習の結果として「すくみ行動 (動かなくなる)」を示すよう

になった．電気刺激への感受性や基本の行動量に変化が無いことから，学習過程で経験した情報の処理がおかしくなっていると考えられる．これらの結果から，学習による防御反応の獲得において，手綱核外側亜核がその「行動の選択（どの防御反応をとるようになるか）」に重要であることが示された．

これまでに，異なる防御反応に関しては，それぞれ別の神経回路が活性化していることは知られているが，どのようにしてそれぞれを選択するかに関してはほとんど知られていない．このような重要な発見がゼブラフィッシュでも可能であるという事実は，今後のゼブラフィッシュの利用価値という点でも大きく影響していくのではないかと考えられる．

なお，これら哺乳類の内側手綱核に関する研究に加えて，筆者らの最近の研究によりゼブラフィッシュには哺乳類の外側手綱核に相当する部位も存在することが明らかになった[30]．すなわち，手綱核は進化的にその複雑な構成も含めて保存されていることがわかり，ゼブラフィッシュにおいても手綱核からモノアミン系神経・背側被蓋部への経路を介した複雑な情動の制御が行われていることが示唆される．今後は，これらの複雑なシステムがいかに相互に作用し，いかにして個体を取り巻く複雑な環境を処理し，そしてその生存にどう有利に作用しているか，という生物共通の原始的かつ重要なメカニズムを明らかにしていきたいと考えている．

5-4　ゼブラフィッシュの行動遺伝学の展望

脳科学では近年，光学（optics）と遺伝学（genetics）を組み合わせた手法として光遺伝学という分野が開かれ，その進展に大きく貢献している[31]．光によって操作可能な分子，例えば神経活動を活性化する分子（channelrhodopsin など）および不活化する分子（halorhodopsin）などを，遺伝学的手法によりある特定の神経細胞に発現させることで，神経活動を操作することができる．したがって，これらの利用により本来の機能をより直接的に検討することが可能となる．ゼブラフィッシュは前述の通り透明であるため，これらの神経活動を制御する分子に GFP などの蛍光タンパク質を結合させることで可視化しながらその活動を調節し，生きたままの脳を自由

に操作することができる[32].

さらに，実際に起こっている神経活動とその時の行動との関連性を明らかにすることは，脳科学・行動学の両側面から非常に重要である．従来の電気生理学的手法による活動性の観察に加え，近年ではイメージング用に改変された蛍光分子による神経活動の観察が可能となってきており，一度に多くの細胞を同時に観察できることや，ヒトでの研究においてよく使われる「機能的磁気共鳴画像（fMRI）」などによる神経活動の観察手法と比べ，精細な時間分解能をもつなどの理由から，広く用いられている[33]．人工的な色素を脳組織へ注入する手法の他に，生きた個体内の神経細胞で，神経活動を反映して蛍光強度を変えるようなタンパク質をトランスジェニック技術により直接合成する手法も確立されている[34]．これらの技術と前述したような遺伝学的アプローチを組み合わせることで，例えば特定の神経細胞の活動に限定した観察等が可能となり，多くの研究者たちがこれまでなし得なかった現象の解明に向けて，ゼブラフィッシュを用いたプロジェクトを始めている．実際に，いくつかの独創的な研究がすでに報告されている[35][36]．さらには，哺乳類のモデル生物と比べて単純かつ小サイズの脳であることを利用した脳全体の同時イメージングも近い将来可能になってくると考えられる．

このように，これまで多くの研究者によってゼブラフィッシュ研究を支える技術・リソース・データベースのそれぞれが非常に充実したものとなってきた．さらに，より透明性の高い変異ゼブラフィッシュなど興味深いものが次々と作製されており[37]，さらなる発展が期待される．今後は，より独創的な基礎研究から，精神疾患などを対象とした応用的な研究まで，ゼブラフィッシュはモデル生物として多くの分野で貢献していくであろう．

[文 献]
1) 岡本 仁．分子精神医学, **6**, 10 (2006).
2) Detrich, H., Westerfield, M. & Zon, L. *The Zebrafish: Cellular and Developmental Biology (Methods in Cell Biology Vol. 76)*, Elsevier Academic Press, London, 2004.
3) Higashijima, S., Hotta, Y. & Okamoto, H. *J. Neurosci.*, **20**, 206-218 (2000).
4) Higashijima, S., Masino, M., Mandel, G. & Fetcho, J. *J. Neurosci.*, **24**, 5827-5839 (2004).

5) Kawakami, K., Shima, A. & Kawakami, N. *Proc. Natl. Acad. Sci. USA.*, **97**, 11403-11408 (2000).
6) Doyon, Y., McCammon, J. M., Miller, J. C., Faraji, F., Ngo, C. *et al. Nat. Biotechnol.*, **26**, 702-708 (2008).
7) Meng, X., Noyes, M., Zhu, L., Lawson, N. & Wolfe, S. *Nat. Biotechnol.*, **26**, 695-701 (2008).
8) Draper, B., McCallum, C., Stout, J., Slade, A. & Moens, C. A. *Methods. Cell Biol.*, **77**, 91-112 (2004).
9) Ando, H., Furuta, T., Tsien, R. & Okamoto, H. *Nat. Genet.*, **28**, 317-325 (2001).
10) Sato, T., Takahoko, M. & Okamoto, H. *Genesis*, **44**, 136-142 (2006).
11) Higashijima, S. *Dev. Growth Differ.*, **50**, 407-413 (2008).
12) McLean, D. & Fetcho, J. *Dev. Neurobiol.*, **68**, 817-834 (2008).
13) 平田普三. 日本神経精神薬理学雑誌, **27**, 127-134 (2007).
14) Fadool, J. & Dowling, J. *Prog. Retin. Eye Res.*, **27**, 89-110 (2008).
15) Portugues, R. & Engert, F. *Curr. Opin. Neurobiol.*, **19**, 644-647 (2009).
16) Koide,T., Miyasaka, N., Morimoto, K., Asakawa, K., Urasaki, A. *et al. Proc. Natl. Acad. Sci. USA.*, **106**, 9884-9889 (2009).
17) Speedie, N. & Gerlai, R. *Behav. Brain Res.*, **188**, 168-177 (2008).
18) 小田洋一. 日本神経精神薬理学雑誌, **28**, 127-130 (2008).
19) Rihel, J., Prober, D. A., Anthony Arvanites, A., Lam, K., Zimmerman, S. *et al. Science*, **327**, 348-351 (2010).
20) Portavella, M., Torres, B. & Salas, C. *J. Neurosci.*, **24**, 2335-2342 (2004).
21) Pradel, G., Schachner, M. & Schmidt, R. *J. Neurobiol.,* **39**, 197-206 (1999).
22) Eisenberg, M., Kobilo, T., Berman, D. & Dudai, Y. *Science,* **301**, 1102-1104 (2003).
23) Engeszer, R., Ryan, M. & Parichy, D. *Curr. Biol.*, **14**, 881-884 (2004).
24) Klemm, W. *Med. Sci. Monit.*, **10**, RA261-273 (2004).
25) Hikosaka, O. *Nat. Rev. Neurosci.,* **11**, 503-513 (2010).
26) Shibata, H. & Suzuki, T. *Brain Res.*, **296**, 345-349 (1984).
27) Groenewegen, H., Ahlenius, S., Haber, S., Kowall, N. & Nauta, W. *J. Comp. Neurol.*, **249**, 65-102 (1986).
28) Aizawa, H., Bianco, I. H., Hamaoka, T., Miyashita, T., Uemura, O. *et al. Curr. Biol.*, **15**, 238-243 (2005).
29) Agetsuma, M., Aizawa, H., Aoki, T., Nakayama, R., Takahoko, M. *et al. Nat. Neurosci.*, **13**(11), 1354-1356 (2010).
30) Amo, R., Aizawa, H., Takahoko, M., Kobayashi, M., Takahashi, R. *et al. J. Neurosci.,* **30**, 1566-1574 (2010).
31) Zhang, F., Gradinaru, V., Adamantidis, A. R., Durand, R., Airan, R. D. *et al. Nat. Protoc.*, **5**, 439-456 (2010).
32) Baier, H. & Scott, E. *Curr. Opin. Neurobiol.*, **19**, 553-560 (2009).
33) Kerr, J. & Denk, W. *Nat. Rev. Neurosci.*, **9**, 195-205 (2008).
34) Miyawaki, A. *Neuron*, **48**, 189-199 (2005).
35) Sumbre, G., Muto, A., Baier, H. & Poo, M. *Nature*, **456**, 102-106 (2008).

36) Yaksi, E., von Saint Paul, F., Niessing, J., Bundschuh, S. & Friedrich, R. *Nat. Neurosci.*, **12**, 474-482 (2009).
37) Wenner, M. *Nat. Med.*, **15**, 1106-1109 (2009).

［用語解説］
†1 **手綱核**：間脳の最背側に両側性に存在し，終脳との間を髄条によって結ばれる様子が手綱のように見えることから名づけられた．終脳からの情報をモノアミン神経系，および脚間核を通して中心灰白質へ伝えることなどから，情動制御に関わる重要な回路ではないかと考えられている．
†2 **腹側被蓋野**：中脳の一領域であり，被蓋の腹側部に位置する．ドーパミン作動性ニューロンが多く存在し，大脳辺縁系や皮質へと投射している．その神経活動は報酬の予測に関わると考えられている．また，コカインなどの薬物との関わり，嫌悪刺激との関わりについても研究されている．
†3 **縫線核**：脳幹の正中部に位置する神経核．セロトニン作動性ニューロンの多くがここに存在する．睡眠の制御，生理状態の調節，痛みの制御などの他に，恐怖やストレスに関する働きも知られる．抗うつ剤の多くは，このセロトニンの制御を主な作用とする．
†4 **背側被蓋部**：中心灰白質と呼ばれる中脳被蓋にある中脳水道を取り巻く領域や，背側縫線核などを含む領域を指す．痛みの制御の他に，恐怖条件下における防御反応の制御に深く関わっていることが知られている．下向性の投射による直接的な動作の制御の他に，上向性の投射によるフィードバック回路が存在することも知られている．

6. イトヨの行動遺伝学

北野 潤

　トゲウオ科魚類のイトヨは，生息地ごとに行動が大きく異なること，飼育が比較的容易であること，ゲノムサイズが小さいこと，遺伝子操作法が開発されつつあることなどの理由から，野外における行動の多様性の研究に最適のモデル生物であると考えられる．本総説では，行動進化研究のモデル生物としてのトゲウオ科魚類のイトヨを概説するとともに，筆者らの研究室で得られた最新の成果，および今後の展望を紹介する．

6-1　はじめに

　近年の分子神経科学の発展によって，さまざまな行動を制御する遺伝子が同定されてきた．しかし，ほとんどは実験モデル生物を対象としたものであり，野外生物の行動の多様性の遺伝基盤はほとんど明らかになっていない．自然界には実に多種多様な生物が存在し，それぞれに多様な行動を示す．実際にどのような遺伝子の変異や生理学的変化がこれらの多様性を生み出したのかについては，ほとんどが未解明のままである．

　北半球に生息するトゲウオ科魚類のイトヨ[†1]（学名 *Gasterosteus aculeatus*，英名 threespine stickleback）（図 6.1）は，生息地ごとに大きく分化していて行動が異なること，飼育が比較的容易であること，ゲノムサイズが小さいこと，遺伝子操作法が開発されつつあることなどの理由から，野外における行動の多様性の研究に最適のモデル生物であると考えられる．本総説では，行動進化研究のモデル生物としてのトゲウオ科魚類のイトヨを概説するとともに，筆者らの研究室で得られた最新の成果，および今後の展望を紹介する．

■ 6章　イトヨの行動遺伝学

図 6.1　野外で採集されたイトヨの写真

6-2　イトヨの行動研究のはじまり

　イトヨは，背側に 3 本の背棘をもつ体長 3 〜 10 センチほどの硬骨魚であり，日本を含む北半球の淡水域，汽水域，海水域に広く分布している．古くは，ダーウィン（Charles Darwin）の『The decent of man』にも，その生態や行動が引用されていたが，科学研究の檜舞台に上がるのは，オランダ人のティンバーゲン（Nikolaas Tinbergen）が動物行動学（エソロジー）研究のモデルとして研究対象とするようになってからである[1]．ティンバーゲンは，イトヨを利用してさまざまな動物行動学の概念を打ち立てた．例えば，オスとメスで織りなす求愛行動を行動連鎖（図 6.2）として記述し，他個体の行動に応答して他個体が行動することによって，複数個体間の求愛が成立するという行動連鎖モデルを提唱した．この際に，他個体の反応を誘導する刺激を「サイン刺激」と命名した．オスがメスに反応するサイン刺激を明らかにするためにメスの体形をさまざまに変化させた模型を作製し，腹部の膨らみを変化させる操作実験を行うことによって，腹部の膨らみがサイン刺激であることを実験的に示した．逆に，メスがオスに反応する際に重要なサイン刺激は，オスの顎部の赤色（婚姻色）であることを明らかにした．これら一連

70

6-3 形態の多様性の遺伝基盤

太平洋型イトヨ / 日本海型イトヨ

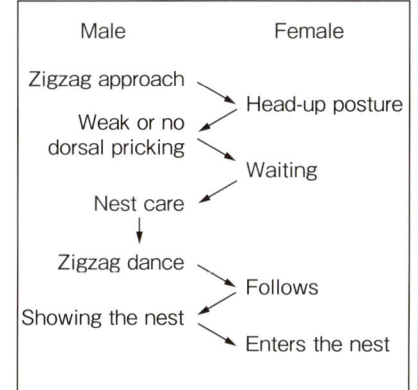

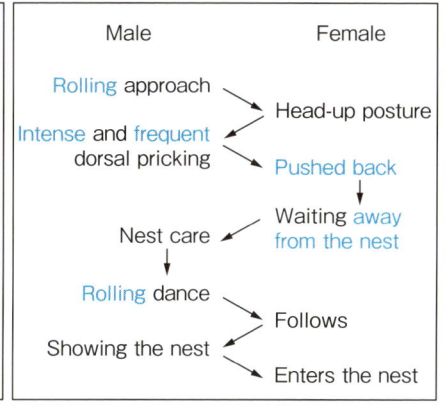

図 6.2 イトヨの求愛行動の行動連鎖
太平洋型イトヨと日本海型イトヨで異なっている．

の研究を通して，野外動物の行動を実験的に解析するという研究手法が確立された．ティンバーゲンの弟子たちはこれらをさらに発展させて行動生態学（Behavioral Ecology）という分野を確立し，個々の行動が個体の適応度や繁殖成功率に与える影響を定量的に研究することが活発に行われた．

6-3 形態の多様性の遺伝基盤

動物行動学とは別の流れとして，イトヨ地域集団間での表現型の変異が進化生物学者の注目を集めることとなった．例えば，海のイトヨと淡水のイトヨ，湖の沖合のイトヨと湖底のイトヨでは，形態が大きく異なっている[2)3)4)]．海に生息するイトヨは体の側面を覆う鎧のような組織の鱗板が完全に発達しているが，淡水域に生息するイトヨでは鱗板が退化しており体の前方にのみ存在する（図 6.3）．海には捕食者が多く，外敵から身を守るのに鱗板が必要である一方で，淡水域には外敵が比較的少ないうえにカルシウムも少ないことなどから，淡水域では鱗板の減少がむしろ有利であると考えられている．

また，カナダの湖には，湖底に適応した底生型イトヨ（Benthic form）と沖合に適した沖合型イトヨ（Limnetic form）が生息しているが，底生型イ

■6章　イトヨの行動遺伝学

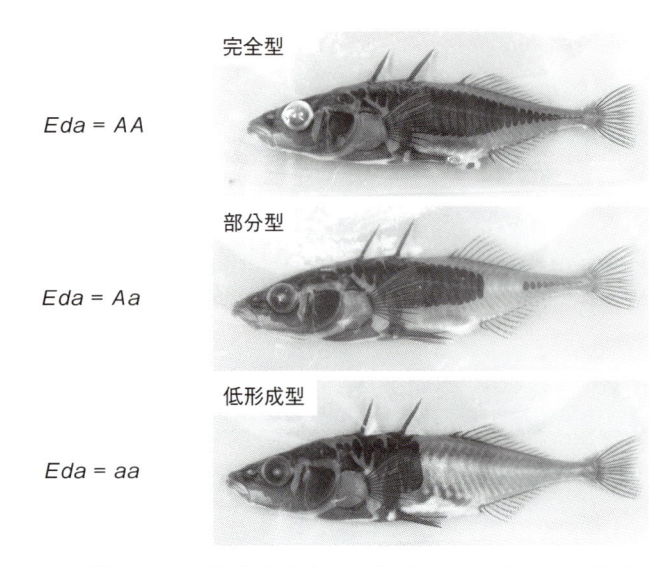

完全型
$Eda = AA$

部分型
$Eda = Aa$

低形成型
$Eda = aa$

図6.3　鱗板のある個体（上）と無い個体（下），および，中間個体（中央）
カルシウム組織をアリザリンで染色した個体．

トヨは湖底の大型無脊椎動物を食するのに適した摂餌形態と摂食行動をもっているのに対して，沖合型イトヨはプランクトン食に適した摂餌形態と摂食行動をもっている[2]．ブリティッシュコロンビア大のシュルーター（Dolph Schluter）らのグループは，湖内に直径1メートルほどのサイズの囲いを作って沖合型イトヨを実験的に沿岸部に移植したり，底生型を沖合部に移植したりした．その結果，移植先では，本来の生息地よりも適応度が低下することを実証した．これら一連の実験は，食性多型の進化に自然淘汰が重要な役割を果たしていることを示したものとして高く評価されている．彼らはさらに，大学内に池を作り，ここに野外の湖を模した生態系を作って実験池とした．まずは実験室内でさまざまな雑種を作出して多様な表現型をもった個体群を人工的に作出した．次いで，ある池には，その雑種個体群を沖合型イトヨと一緒に放流し，別の池には雑種個体群のみを放流した．その結果，沖合型と一緒に放流された池では，より底生型に似た雑種個体（つまり，沖合型との競争が弱いと考えられる個体）の方がより高い適応度を持つことが示された．

沖合型の放流されなかった池においては，このような傾向は見られなかった．これは，餌を巡る種内競争が集団の分化に重要な役割を果たすという競争理論を実験的に検証した研究としてよく引用される．

　鱗板の有無は基本的に *Eda* という単一の遺伝子で決定されている[3]．そこで，バレット（Rowan Barrett）らは，鱗板に多型のある海集団を大学内の淡水の池に放流し，*Eda* 遺伝子座におけるアレル頻度の変動を1年間にわたって観察した（Barrett *et al.* 2008）．その結果，4回の反復（4つの池）いずれにおいても，冬期には鱗板を増やす *Eda* アレルが増加し，夏期には鱗板を減らす *Eda* アレルが増加することがわかった．これは，特定の遺伝子座に働く淘汰圧を直接的に経時的に観察することによって，自然淘汰の季節変動を示した研究としてきわめて重要な意義をもつ．

　また，似たような例として，約30年の間に起こったイトヨの鱗板の急速進化の例がある[4]．1960年代には，米国のワシントン湖のイトヨの多くは，体の側面を覆う鎧状の組織（鱗板）の数は少なかった．しかし，人為的な透明度の上昇に伴ってイトヨの鱗板の数が上昇し，現在のワシントン湖のイトヨの半数以上は，体側が完全に鱗板で覆われている．これは，透明度の上昇によって外敵であるサケ科魚類に見つかりやすくなり，鎧をもった個体の適応度が相対的に上昇したことが原因ではないかと推測されている．前掲のワシントン湖における人為的な環境改変に伴って鱗板が急速に増加した例では，鱗板が単一遺伝子支配であるという条件下で，鱗板を完全にもつ個体がもたない個体よりも約1.15倍高い適応度をもつと仮定すると，観察されたような急速な進化が起こりうることが示された．

6-4　イトヨの行動の多様性

　前段落までに見たように，形態の多様性の生態学的な意味，および，その遺伝基盤が明らかになるにつれ，行動の多様性にも同様の研究がなされるようになってきた．表6.1は，これまでにイトヨ集団間で報告されている行動の集団間多様性である．一部の行動の変異については，遺伝要因が関わることも示されている．例えば，イトヨの求愛行動はティンバーゲンらによって

■ 6章　イトヨの行動遺伝学

表 6.1　イトヨ集団間での行動の変異の例

行動形質	集団	遺伝基盤	出典
求愛行動	日本海型と太平洋型	有り	5, 6, 11
	沖合型と底生型（異所）	有り	12-14
	沖合型と底生型（同所）	有り	15
	海型と淡水型	-	16-18
	湖沼型と河川型	-	19
	アメリカとヨーロッパ	-	20
メスの配偶者選好性	日本海型と太平洋型		6, 7
	沖合型と底生型		15, 21, 22
	湖沼型と河川型		23
	黒色型と赤色型		24
	湖沼型と河川型		19
	アイスランドの種群		25
撹乱行動	沖合型と底生型	-	26, 27
営巣行動	白型と通常の海型		28, 29
営巣場所	アイスランドの種群		25
	沖合型と底生型	-	30
巣のサイズ	日本海型と太平洋型	有り	11
子の保護行動	白型と通常の海型	-	28, 29
攻撃行動	種々の淡水集団	有り	31-34
	海型と淡水型	-	17
	沖合型と底生型	-	35
	沖合型と底生型	-	36
大胆さ	海型と種々の淡水型	有り	31, 33, 34, 37-39
群れ行動	沖合型と底生型	-	35
摂食行動	沖合型と底生型	-	35, 40
	海型と淡水型	-	17
記憶と学習	海型と種々の淡水型	有り	41-43
逃避行動	海型と河川型	-	44
	沖合型と底生型	-	45
生息地選好性	海型と淡水型	-	46
	湖沼型と河川型	-	47
	沖合型と底生型	-	35

-：未確認．"有り"は，行動の違いに遺伝基盤があることを示すが，これは環境要因の関与を排除するものではない．

詳しく記述されており，オスは，抱卵したメスを見るとジグザグダンスという求愛ダンスを行い，その後のオスとメスとが互いに織りなす行動は，行動連鎖モデルとして提唱された（図 6.2）．世界中の多くのイトヨは，基本的にティンバーゲンが記載した行動連鎖を行うが，日本に生息する日本海型イトヨのみ，これから大きく異なっていることが明らかになっている[5)6)]．まず，ジグザグダンスの代わりに，体を横に大きく傾けるローリングダンスを行う．さらに，背中の棘でメスを刺激する行動（ドーサルプリッキング）が強力に発達しており，メスを水面まで押し上げるほどである．

日本には，通常の求愛行動を示す太平洋型イトヨも生息しており，日本海型イトヨと太平洋型イトヨは，おそらく，約 150〜200 万年前の氷河期に日本海が地理的隔離を受けたことが原因で分岐し，種分化が起こったと推定される[6)]．現在，日本海と太平洋はつながっており，北海道の一部でこれら二型が同所的に交配している場所がある．筆者らの集団遺伝解析によると，同所域でも生殖隔離が存在し，別種として存在している[7)]．そこで，求愛行動の大きく異なるこれら二型が，ランダムに交配できるのか，種特異的にしか交配できないのかを行動実験で明らかにした．その結果，日本海のメスと太平洋のオスは交配できるのに対して，太平洋のメスは日本海のオスとは低い確率でしか交配できないことが明らかになった．この原因は，強力な日本海オスのドーサルプリッキングに対して太平洋のメスが驚き逃げ出してしまうことが一因であることが明らかになった．その他に，雑種交配で，オスの妊性が低下することも見いだした（図 6.4）．

6-5 イトヨの行動の遺伝解析

求愛行動は，前節で述べたように，集団間の多様性を維持する機構として重要なことに加え，行動の中でも比較的固定的，つまり可塑性の介入する程度が低いと考えられることから，進化の研究に格好の対象であると考えられる．そこでまず，実験室内で飼育した日本海と太平洋のイトヨについて求愛行動を観察すると，親と同じ求愛行動を示すことが明らかになり，行動の遺伝基盤が明らかになった（北野ら未発表）．

■6章 イトヨの行動遺伝学

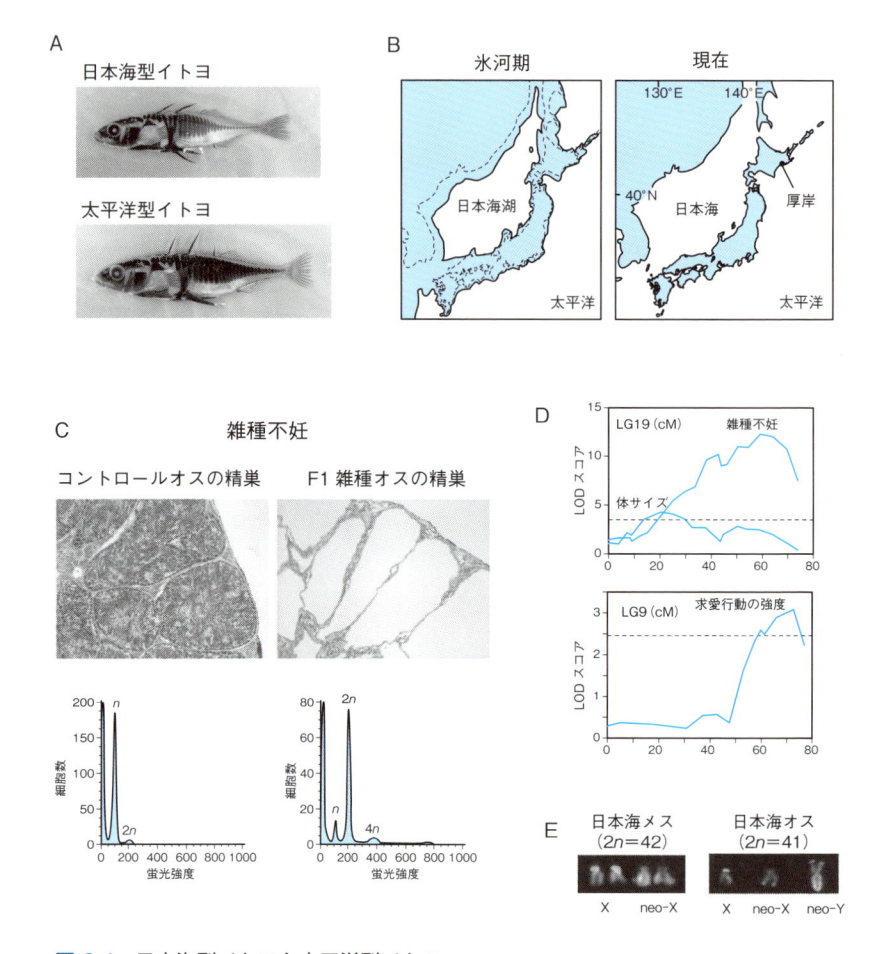

図6.4 日本海型イトヨと太平洋型イトヨ

A：アリザリン染色像．B：日本海型は，日本海の地理的閉鎖による異所的種分化で生じた．厚岸町では，二型が同所的に存在する．C：日本海型メスと太平洋型オスの雑種オスは妊性が著しく低下する．上は，精巣の組織像，下は，精巣細胞のフローサイトメトリーで，n のピークが成熟精子を示す．D：雑種不妊と体サイズの量的形質遺伝子座（QTL）は連鎖群19に，ドーサルプリッキング強度のQTLは連鎖群9に見つかった．E：日本海型では，雄と雌の染色体数が異なっており，オスでは，連鎖群19と連鎖群9の融合が見られる．

そこで，これら二型を交配して雑種を作製し，太平洋型のオスに戻し交配を行って，連鎖解析を行った[7]．その結果，求愛行動の違いを引き起こす原因遺伝子座は，連鎖群9に局在していることが明らかになった（図6.4D）．さらに，日本海型と太平洋型は，性染色体転座によって性染色体構造が異なっており，具体的には，日本海型イトヨのオスでは，染色体9番がY染色体と融合していることが明らかになった．その結果，染色体9番はネオX染色体となり，この領域に，求愛行動の分化に関わる遺伝子が局在していることが明らかになった．また，雑種不妊や体サイズなどを決定する遺伝子は，両種で共通している祖先X染色体に局在していることが明らかになった（図6.4）．

日本海型の性決定機構は，X_1X_2Y型といわれ，同様の性決定機構をもつ魚類は少なくとも20種以上の報告がある[8]．魚類のみならず，爬虫類や哺乳類などでも頻繁に見られている（北野未発表）．理論研究やハエの遺伝研究によると，性染色体上には性的拮抗作用[†3]（雌雄で有利な性質が異なること）をもつ変異が集積しやすいことが知られている[9,10]．生殖細胞の発生に関わる遺伝子や求愛ディスプレイの原因遺伝子などは一方の性にのみ重要であり，他方の性では中立，ないしは，むしろその発現が不利な場合が多いことから，座位内性的拮抗（intra-locus sexual conflict）遺伝子の代表と考えられている．したがって，近縁種間で性染色体の構成が変化すると，生殖細胞の発生や求愛ディスプレイに関わる遺伝子などが急速に分化して，生殖隔離の進化が促進される可能性が示唆される．

このように野外生物での行動解析によって，これまで予想していなかったような，性染色体の組換えと性行動の進化の関連が観察されるなど，今後もイトヨの多くの野外行動について類似の研究が行われることによって，行動進化の新しい知見が生み出されることが期待される．

6-6　今後の展望

まず，さまざまな行動について連鎖解析がなされることによって，異なる行動の間には異なる遺伝基盤が関わるのかどうかを明らかにできるであろ

■6章　イトヨの行動遺伝学

う．イトヨの近縁種にトミヨが存在するが，トミヨでも類似の解析が行われれば，分類群を超えた共通の機構が存在するかどうかが明らかになるであろう．また，急速に進歩する次世代シークエンサーを有効に活用することによって，候補遺伝子の探索も飛躍的に容易になるであろうし，イトヨのトランスジェニック法もすでに確立されていることから[3]，実際に野外生物の行動の変異を分子レベルから説明できる日が来るのも近いと期待する．

　イトヨ研究がユニークな点は，6-3節の形態進化の遺伝基盤で記述した通り，野外での移植実験や半野外での進化実験が可能なことである．したがって，どのような行動がどのような環境で有利であるのか，という生態学的な研究が可能であると同時に，いったん原因遺伝子が同定されれば，行動を制御する原因遺伝子のアレル頻度の挙動を野外や半野外で明らかにすることもでき，生態学と遺伝学を融合した行動研究の分野も確立できる可能性を秘めていると考える．

[文　献]

1) Tinbergen, N. *The Study of Instinct*, Oxford University Press, Oxford, 1951.
2) Schluter, D. *The ecology of adaptive radiation*, Oxford University Press, New York, 2000.
3) Colosimo, P. F., Hosemann, K. E., Balabhadra, S., Villarreal, G., Jr., Dickson, M. *et al. Science,* **307**, 1928-1933 (2005).
4) Kitano, J., Bolnick, D. I., Beauchamp, D. A., Mazur, M. M., Mori, S. *et al. Curr. Biol.,* **18**, 769-774 (2008).
5) Ishikawa, M., Mori, S. *Behaviour,* **137**, 1065-1080 (2000).
6) Kitano, J., Mori, S., Peichel, C. L. *Biol. J. Linn. Soc.,* **91**, 671-685 (2007).
7) Kitano, J., Ross, J. A., Mori, S., Kume, M., Jones, F. C. *et al. Nature,* **461**, 1079-1082 (2009).
8) Kitano, J., Peichel, C. L. *Env. Biol. Fish.*, **in press** (2011).
9) Rice, W. R. *Evolution,* **38**, 735-742 (1984).
10) Rice, W. R. *Evolution,* **41**, 911-914 (1987).
11) Kitano, J., Mori, S., Peichel, C. L. *Behaviour,* **145**, 443-461 (2008).
12) Bell, M., Foster, S. A. *The Evolutionary Biology of the Threespine Stickleback,* Oxford University Press, Oxford, 1994.
13) Foster, S. A. *Behaviour,* **132**, 1107-1129 (1995).
14) Foster, S. A. *Trends Ecol. Evol.,* **14**, 190-195 (1999).
15) Ridgway, M. S., McPhail, J. D. *Can. J. Zool.*, **62**, 1813-1818 (1984).

16) McPhail, J. D., Hay, D. E. *Can. J. Zool.*, **61**, 292-297 (1983).
17) Peeke, H. V. S., Morgan, L. E. *Behaviour,* **137**, 1011-1027 (2000).
18) Hay, D. E., McPhail, J. D. *Behaviour,* **137**, 1047-1063 (2000).
19) Delcourt, M., Räsänen, K., Hendry, A. P. *Behav. Ecol.,* **19**, 1217-1224 (2008).
20) Wilz, K. J. *Z. Tierpsychol.,* **33**, 141-146 (1973).
21) Boughman, J. W. *Nature,* **411**, 944-948 (2001).
22) Kozak, G. M., Reisland, M., Boughman, J. W. *Evolution,* **63**, 353-365 (2008).
23) Hay, D. E., McPhail, J. D. *Can. J. Zool.,* **53**, 441-450 (1975).
24) McPhail, J. D. *J. Fish. Res. Bd. Canada,* **26**, 3183-3208 (1969).
25) Ólafsdóttir, G. A., Ritchie, M. G., Snorrason, S. S. *Biol. Lett.,* **2**, 250-252 (2006).
26) Foster, S. A. *Behav. Ecol. Sociobiol.,* **22**, 335-340 (1988).
27) Foster, S. A. *Behav. Ecol.,* **5**, 114-121 (1994).
28) Blouw, D. M. *Biol. J. Linn. Soc.,* **39**, 195-217 (1990).
29) Blouw, D. M. *Ecoscience,* **3**, 18-24 (1996).
30) Ridgway, M. S., McPhail, J. D. *Can. J. Zool.,* **65**, 1951-1955 (1987).
31) Bell, A. M. *J. Evol. Biol.,* **18**, 464-473 (2005).
32) Giles, N., Huntingford, F. A. *Behaviour,* **93**, 57-68 (1985).
33) Bell, A. M., Stamps, J. A. *Anim. Behav.,* **68**, 1339-1348 (2004).
34) Huntingford, F. A. *Anim. Behav.,* **30**, 909-916 (1982).
35) Larson, G. E. *Can. J. Zool.,* **54**, 107-121 (1976).
36) Scotti, M. L., Foster, S. A. *Ethology,* **113**, 190-198 (2007).
37) Giles, N., Huntingford, F. A. *Anim. Behav.,* 32, 264-275 (1984).
38) Messler, A., Wund, M. A., Baker, J. A., Foster, S. A. *Ethology,* **113**, 953-963 (2007).
39) Huntingford, F. A., Wright, P. J. *Behaviour,* **122**, 264-273 (1992).
40) Schluter, D. *Ecology,* **74**, 699-709 (1993).
41) Girvan, J. R., Braithwaite, V. A. *Proc. Roy. Soc. B.,* **265**, 913-918 (1998).
42) Mackney, P. A., Hughes, R. N. *Behaviour,* **132**, 1241-1253 (1995).
43) Brydges, N. M., Heathcote, R. J. P., Braithwaite, V. A. *Anim. Behav.,* **75**, 935-942 (2008).
44) Taylor, E. B., McPhail, J. D. *Can. J. Zool.,* **64**, 416-420 (1986).
45) Law, T., Blake, R. *J. Exp. Biol.,* **199**, 2595-604 (1996).
46) Hagen, D. W. *J. Fish. Res. Bd. Canada,* **24**, 1637-1692 (1967).
47) Bolnick, D. I., Snowberg, L. K., Patenia, C., Stutz, W. E., Ingram, T. *et al. Evolution,* **63**, 2004-2016 (2009).

[用語解説]

†1　**イトヨ**：トゲウオ科に属する魚で，英名は Threespine stickleback，学名は *Gasterosteus aculeatus* である．北半球の沿岸域に分布する冷水性の魚であり，飼育に際しては水温を 20℃以下に保つ必要がある．イトヨの陸封型は，本州では，湧水の出る水域にしか生存できない．日本では，北海道を中心に東北地方や北陸地方などに主に生息する．海と沿岸をサケのように回遊する集団から，陸封化された集団まで，生息地の塩分濃度も大きく変異に富む．体長は 3 センチから 10 センチと集団によって大きく異

■ 6章　イトヨの行動遺伝学

なる．本文に詳説したとおり，形態や行動が集団によって大きく異なる．一度の産卵期に生む卵の数は数百で，遺伝解析に適している．しかし，世代時間は半年から1年と長い．

†2　**種分化**：種の定義は生物学者によってさまざまであり，決定的な定義は存在しない．動物学者で一般に使用されるのは，マイアーの生物学的種概念である．つまり，種とは「お互いに交配しているグループで，そのような他のグループとは生殖的に隔離されているグループ」である．したがって，生殖隔離のことを種分化と同義に扱うのが一般であるが，種と集団との明確な線引きは不可能である．

†3　**性染色体，性的葛藤，性的拮抗**：性染色体には，性決定以外にも，一方の性に有利な遺伝子が蓄積しやすい．例えば，XYの性決定機構をもつ種では，オスの性決定遺伝子とオスに有利な形質の原因遺伝子の連鎖が有利であるため，Y染色体にオスに有利な遺伝子が蓄積しやすい．メスに不利な遺伝子の場合には，メスに中立な遺伝子よりもさらにこの傾向は顕著になる．一方の性に有利で他方の性に不利となるような現象を性的葛藤，性的拮抗などと呼ぶ（sexual conflict, sexual antagonism）．一方，X染色体には，メスに有利な優性遺伝子，および，オスに有利な劣性遺伝子が蓄積しやすいことが知られている．

7. ソングバードの発声学習・生成における行動遺伝学

和多 和宏

ソングバードの囀り(さえず)は学習（発声学習）によって獲得される．その神経基盤であるソングシステムの発見以降，ソングバード研究は神経科学分野において飛躍的な進展を遂げてきた．これまでの神経生理学・分子生物学的研究によって，発声学習・生成に直結した神経回路の特性，その回路上で多段階発現制御を受ける多様な遺伝子群の存在が明らかにされてきた．これらソングバード研究の過去・現在を概説すると同時に，今後の行動遺伝学におけるソングバード研究の可能性を論じたい．

7-1　はじめに：実験動物としてのソングバードとその特徴

「なぜソングバードを用いて研究しているのか？」と学会で発表するときは，いつもこの問いから説明をはじめる．ソングバードは，線虫・ショウジョウバエ・マウス等の他の実験動物のように遺伝学的手法が確立している動物ではない．「ソングバードでなければできない研究で，かつ重要な研究，そしてそれが，自分（たち）でなければできない研究が存在すると信じている」から，といえばカッコがよいが……．もし，他の実験動物でよりシンプルに・早く・エレガントに同じような研究ができるなら，クローグ（August Krogh）の言葉を借りるまでもなく，『問題解決に最も適した動物』を使って研究するだろう．

では何が，「ソングバードでなければできない研究」なのか？　それは，ソングバードが「音声発声学習（vocal learning）[†1]」をできる動物であるということにある．ゆえに，それに関係する研究が，ソングバードを介して展開できる．そもそも他個体が発する音声を記憶し，それを実際に自ら学習し生成するという，発声学習能をもつ動物種は，現在報告されている限りで，

■7章 ソングバードの発声学習・生成における行動遺伝学

哺乳類（コウモリ類，鯨・イルカ類，ゾウ類，ヒト），鳥類（オウム・インコ類，ハチドリ類，鳴禽類ソングバード）中の七つの動物群に限られる．この中で，研究室で飼育・繁殖できる動物は，鳴禽類ソングバードしかいない．マウス・ラット・サルのような従来から利用されている実験動物では，生得的な発声しかできない．そのため，音声発声学習の研究はソングバードだからこそできる研究分野なのである．さらに，ヒトの言語獲得，ソングバードの囀り学習を含む発声学習は，感覚運動学習を根幹として成立する．そして，個体発達過程において，効率よく学習できる期間，つまり学習臨界（適応）期をもっている．このような「学習臨界期をもつ感覚運動学習」の研究は，空間認知学習や恐怖条件付けといった連合学習などの従来の記憶・学習研究に対してもユニークな領域になりつつある．

ソングバードは世界中に約 3000 種存在し，鳥類の約半分の種を占める．その脳内には，音声発声学習と生成のために特化した神経回路（ソングシステム，後述）を共通してもつ．しかし，そこから出力される囀りパターン，発声パターンは動物種ごとに異なる．種特異的な発声パターンをもちながら，同時に同種内では個体識別に用いられるために，一羽としてまったく同じ囀り方をする個体はいない．また，幼鳥期の一定期間にのみ学習しそれ以降囀りパターンを変えない種（キンカチョウ，zebra finch など）や，毎年新しい囀りを学習する種（カナリア，canary など）が存在するなど，囀り学習様式・戦略も種によって異なっている．

本章では，このようなソングバードがもつ「行動の共通原理と多様性」に着目し，とくに囀り学習・生成に関わる神経回路・遺伝子群におけるこれまでに蓄積されてきた知見を，筆者らの研究も含め紹介していきたい．

7-2 ソングバードにおける囀りの研究の歴史

ソングバードの囀りの近代的な研究は，1950 年代にソープ（William Thorpe）が周波数分析器を使って野鳥の囀りを科学的に分析したことにはじまる[1]．それまでは耳で聴くだけであった囀りの音声を，周波数と時間のグラフで視覚化することが可能となったことにより大きく前進した（図

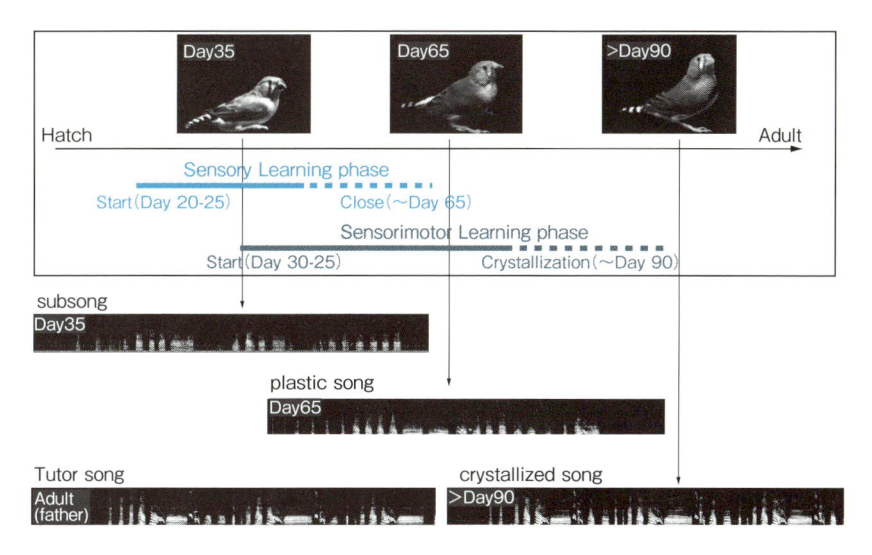

図 7.1　ソングバードの発声学習とその学習臨界期

7.1).　それ以降,1960 年代には,マーラー (Peter Marler) と小西らによって,隔離実験や聴覚除去実験が行われ,ソングバードの囀りが学習によって獲得されることが明らかにされた[2)3)]. さらに,1976 年にノッテボーム (Fernando Nottebohm) らにより,囀りパターン生成 (発声運動制御) に関わる運動系回路 (Posterior Vocal Pathway) と 1984 年にボッチャー (Sarah Bottjer) らにより,囀りパターン学習に関わる迂回系回路 (Anterior Vocal Pathway) が明らかにされた[4)5)]. 多くのケースで複雑な行動に携わる脳回路は,顕微鏡下でも他の組織から分別することが難しいが,ソングシステムは例外で容易に判別できる (図 7.2). 神経核の連結によって構築され,脳内における神経核の位置・投射関係はソングバードの種が異なっても共通に保存されている.

2010 年には,ソングバード研究で広く扱われているキンカチョウ (zebra finch, *Taeniopygia guttata*) の全ゲノム情報が解読された[6)]. この 50 年間で,囀り学習・行動に直結する神経回路の発見を皮切りに,神経生理学・分子生物学手法が導入され,一挙にソングバード研究が神経科学の舞台に送り出されていくことになる.

■ 7章 ソングバードの発声学習・生成における行動遺伝学

7-3 ソングバードで進められている囀りを司る神経回路の研究

ソングバードの脳内でどのような神経回路が囀りの学習・生成に関わっているのであろうか？

まず，鳥類と哺乳類共に大脳外套（pallium），線条体（striatum），淡蒼球（pallidum），視床（thalamus），中脳（midbrain），小脳（cerebellum）といった中枢脳神経構造をもつ．鳥類は哺乳類の大脳皮質のような 6 層構造はもっていない．しかし，鳥類の大脳外套には，大脳皮質層構造に対応したセグメント化された構造になっていることが，神経コネクションおよび，遺伝子発現パターンの最近の研究から明らかになってきた[7]．つまり，鳥類と哺乳類の脳には，大まかな解剖学的類似性が存在する．

これに加えて，ヒトの脳内言語野のように，ソングバードは囀り学習・生成に特化した神経核によって構成される神経回路，ソングシステムをもっている（図 7.2）．この学習・行動に「直結」し，かつ「特化」した神経回

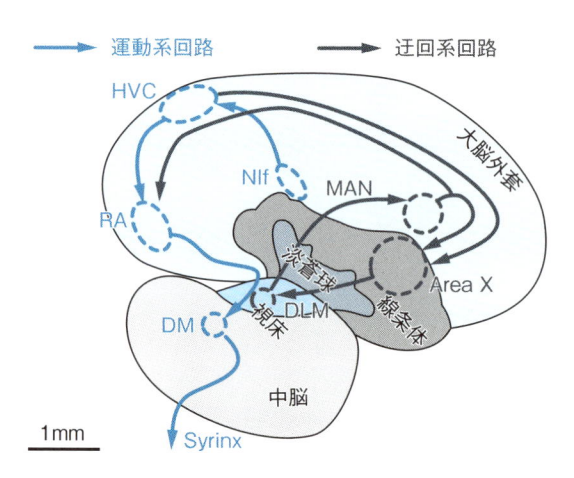

図 7.2 ソングシステム
NIf: interfacial nucleus of the nidopallium, HVC: a vocal nucleus (no acronym). RA: robust nucleus of the arcopallium, Area X: a vocal nucleus (no acronym), MAN: magnocellular nucleus of the anterior nidopallium, DLM: dorsal lateral medial nucleus of the thalamus, DM: dorsal medial nucleus of the midbrain.

路の存在こそが，神経行動学研究においてソングバードがもつ大きなポテンシャルの一つになっている．このような神経回路は，ソングバードと同様に音声発声学習能をもつインコ・オウムやハチドリの仲間でも類似した脳内構造が見つかっており，進化上独立にこれらの神経回路が獲得されたと考えられている[8]．

　このようなソングバードの脳内構造は逆行・順行性色素染色や電気生理による神経活動記録によって同定されてきた．音声発声学習・生成に関わる神経回路は三つ，運動系回路（Posterior Vocal Pathway），迂回系回路（Anterior Vocal Pathway），聴覚回路（Auditory Pathway）が知られている（図 7.2）．聴覚回路は，ソングバードのみならず発声学習ができない鳥類（ニワトリやハトなど）にも共通にみられる回路である．その一方で，運動系回路と迂回系回路は発声学習能をもつソングバードに特異的に存在する．

　運動系回路（Posterior Vocal Pathway）は別名「Motor Pathway」ともいわれ，大脳外套にある主に三つの神経核，NIf → HVC → RA からなる（図 7.2 水色矢印）．この神経回路は中脳 DM を経由し，最終的に舌下神経核 nXII に出力する．発声運動の直接的な制御に関わり，NIf → HVC → RA の投射順に異なる機能的階層性をもつ．例えば，[ABCABCDE] という発声パターンを囀るソングバードがいたとすると，[（ABC）|（ABC）|（DE）] と規則性のある音素集合（チャンク）生成とその偏移制御に関わっているのが NIf である．次に，[A → B → C → A → B → C → D → E] といった「→」に関わっているのが HVC となる．HVC は一つの音素から別の音素への偏移を制御し，音素時系列配列の生成に関わっている．そして，各々の音素 A，B，C，D，E の音韻要素の生成に関わっているのが RA である．RA では囀りを構成する音素の音響特性（Hz・FM・エントロピーなど）の生成および制御に関わっていると考えられている（図 7.3A）[9) 10)]．

　迂回系回路（Anterior Vocal Pathway）は大脳外套前部にある神経核 MAN，基底核にある Area X と視床下部内の DLM によってループ回路が構成されている（図 7.2 黒色矢印）．上述の運動系回路との間には，HVC から Area X への投射ニューロンを介した入力と，LMAN（外側 MAN）から RA

■ 7章　ソングバードの発声学習・生成における行動遺伝学

A) 運動系回路（Posterior Vocal Pathway）

音素
Song [ABCABCDEABCDE]

[(A→B→C)→(A→B→C)→(D→E)→(A→B→C)→(D→E)]

チャンク構造

NIf神経核:チャンク生成と偏移制御
(A→B→C)➡(A→B→C)➡(D→E)➡(A→B→C)➡(D→E)

HVC神経核:音素時系列偏移制御
(A→B→C)→(A→B→C)→(D→E)→(A→B→C)→(D→E)

RA神経核:構成音素の音響特性制御
(A→B→C)➡(A→B→C)➡(D→E)➡(A→B→C)➡(D→E)

B) 迂回系回路（Anterior Vocal Pathway）

鋳型パターン
(tutuor song)

学習時の音声出力

運動系回路

迂回系回路

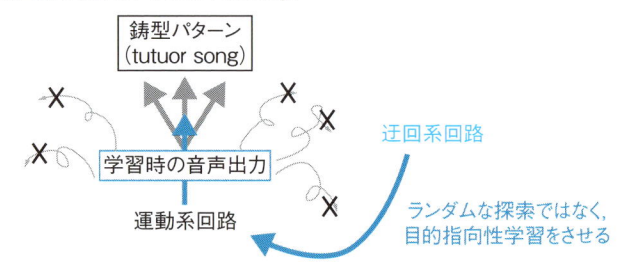

ランダムな探索ではなく，
目的指向性学習をさせる

図 7.3　運動系回路（Posterior Vocal Pathway）と迂回系回路（Anterior Vocal Pathway）の機能

への出力，MMAN（内側MAN）からHVCへの出力が存在する．ソングバードの迂回系回路は，哺乳類の皮質-基底核-視床下部ループに相当する．

実際，ソングバードにおいて，迂回系回路は囀り学習に関わり，囀り学習期にArea XとLMANのどちらかを破壊すると鋳型（template）とする発声パターンに近づけることができない[5)11)]．つまり，発声学習障害が起こるのである．さらに，この回路は毎回の発声行動が起こる前から神経活動を開始し，前述の運動系回路へと神経情報を送る．最近の研究からは，発声学習時には迂回系回路は，記憶した鋳型の音声パターンと実際の音声出力との誤差を減少させるバイアスを加えた探索信号（vocal exploration）を運動系回路のRAに出力し，記憶した鋳型音声パターンに合致させていく目的指向性学習（Goal-directed learning）の実質的な実行因子として発声学習に寄与して

いることが明らかにされてきた（図 7.3B）[12]．

　以上のように記述するといかにも囀りを司る神経回路のメカニズムが明らかになっているように思われるかもしれないが，実際はさらに複雑な制御がなされており，非常にシンプルにした説明であることを明記しておきたい．日夜，多くの研究者がこの音声の時系列構造の生成・学習メカニズムの理解に神経生理学・数理モデル等の手法を導入し，研究を進めているのが現状である．いかにして，時系列運動（順序立てたルールをもつ運動）のような行動パターンを学び，生成していけるようになるのかは，ソングバードの囀り行動も含めてまだほとんどわかっていないのである．

7-4　ソングバードの囀りとそれに関わる遺伝子

　これまでに述べてきたソングシステム（それを構成する細胞群）でどのような遺伝子発現制御が行われ，囀り生成とその学習に関与しているのであろうか？

　筆者が大学院生であった 2000 年前後では，遺伝子バンク（GenBank）に登録されていたソングバードからクローニングされていた遺伝子は 20 個もなかった．しかしここ数年の技術革新を伴う分子生物学的手法がソングバード研究にも応用され，ソングバード脳からさまざまな遺伝子がクローニングされ，大規模完全長 cDNA 配列データバンク構築，および DNA マイクロアレイ等を含む脳内遺伝子発現パターン解析[†2] が行われてきた[13)14)15)]．また行動解析手法においても，従来の方法では鳥が囀るのをオンタイムで観察し，手動で録音・解析していたが，チェルニコフスキー（Ofer Tchernichovski）らによって開発された音響録音・解析プログラムが広く利用され，個体発達段階を通して，すべての音声発声行動（音素の音響的動態変化）の自動録音・解析も可能となっている[16)]．さらにウイルス発現系を利用した RNAi 法による特定脳部位に限局した遺伝子ノックダウン実験も行われるようになってきている．この遺伝子改変とコンピュータエイドによる行動解析を融合させた研究の先駆として 2007 年に報告されたのが，*FoxP2* 遺伝子のノックダウン実験であった[17)]．ヒト *FOXP2* は 2001 年に言語発話障害（Developmental verbal dyspraxia) の原因遺伝子として初めて報告された遺伝子である．ヒトとソングバード共に脳内の基底核に強く発現しており，とくにソングバードでは迂回系回路の基底核 Area X において学習臨界期中にその発現量が変化すること，発声行動によって転写活性が低下し，脳内メッセンジャー RNA 量が減少することが報告されていた．実際，Area X 内における *FoxP2* の発現を RNAi によって低下させると，その発声行動表現型への影響が学習臨界期初期から起こり，コントロールと比べて可変性が高い音素を生成する結果，鋳型パターンに対して不完全で不正確な学習しかできないことが明らかにされた．

　また 2009 年には，レンチウイルスを動物胚生殖原細胞（PGCs）へ感染させ，ゲノム DNA へ取り込ませることによってトランスジェニック・ソングバードを作製できることが報告された[18]．今後さらに，これらの遺伝子発現改変技術を応用し，脳部位（細胞タイプ）・時期特異的な操作を可能にしていくことで，ソングバードが本来もっている「行動に直結した回路」の利点を生かした研究が進むと思われる．

　このような特定の遺伝子の分子機能に着目した研究と共に，囀り行動・学習によって誘導される脳内で起こる多様な遺伝子群の発現動態にフォーカスした研究も精力的に行われてきた．ソングバードの囀り学習は感覚運動学習を根幹として，自然条件下で自ら「声を出す」という自発的な行動発現によって完成する．その際に神経活動依存的にさまざまな遺伝子群が脳内で発現誘導される．事実，ソングバードが囀っているとき，脳内では囀り行動による神経活動依存的に，40 以上の多様な遺伝子群が発現誘導されることが明らかになっている．これらの遺伝子群には，転写因子（Egr, ATF, AP-1 family など）をはじめ，アクチン，およびアクチン結合タンパク質といった細胞骨格・アンカータンパク質（β-actin, trangelin2, Arc など）に関わる遺伝子群や，神経伝達物質・そのシナプス間隙への放出に関わる遺伝子群（BDNF, Proenkephalin），シャペロンおよびその結合タンパク質（HSP-25, -40 など），免疫関連物質（JSC）など多様な遺伝子が含まれていた（図 7.4）[14]．これらの多くがノックアウトマウスなどの研究から神経可塑性に関わる分子機能

7-4 ソングバードの囀りとそれに関わる遺伝子

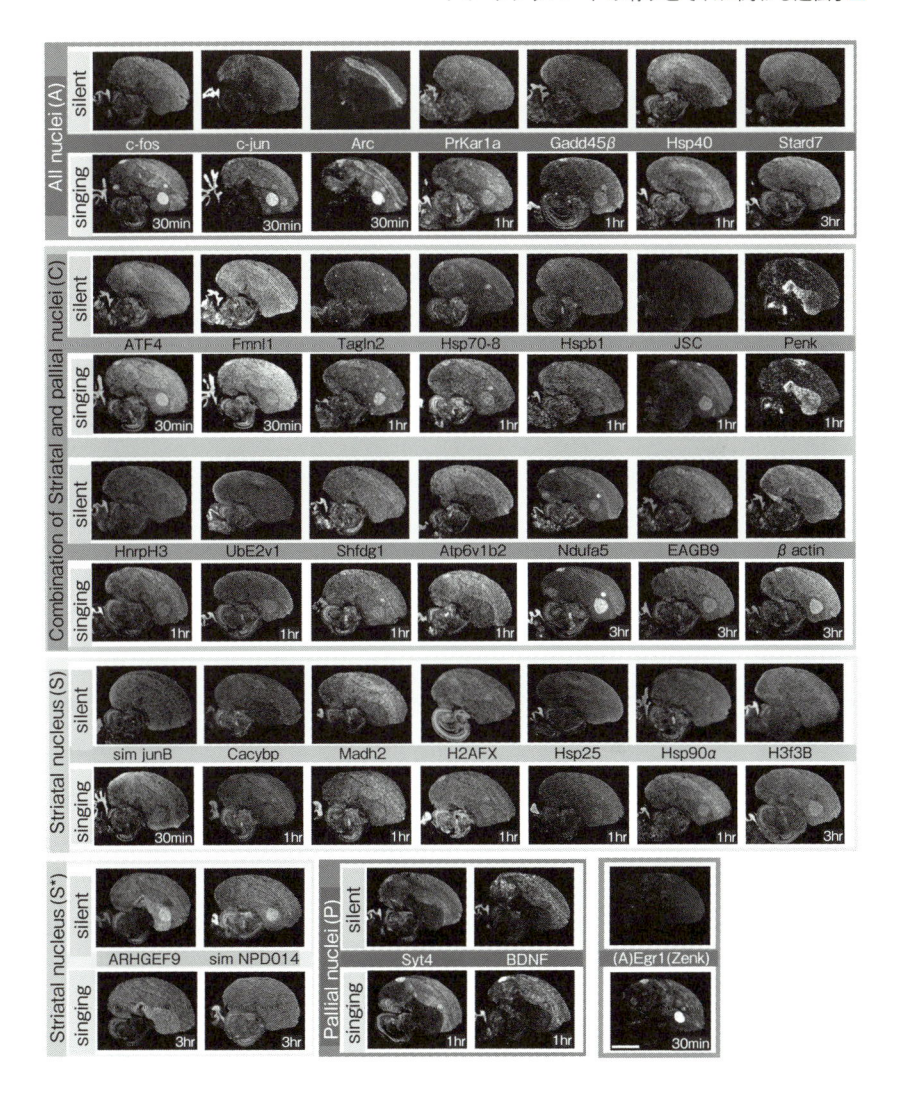

図 7.4　囀り行動によって発現誘導される遺伝子群
脳切片への *in situ* ハイブリダイゼーションによって検出された遺伝子発現を発声なし（上段，silent）と発声あり（下段，singing）で比較したもの．2枚組切片像の間に遺伝子名を記す．各発現部位（左に記載）の異なるグループごとにパネルを区分している．

■ 7 章　ソングバードの発声学習・生成における行動遺伝学

をもっていることが明らかにされてきている．また行動の継続時間にそってソングシステム内の神経核ごとにこれら遺伝子群の mRNA 発現レベルの動態が六つのタイプに分類でき，経時的な発現制御が遺伝子群によって異なる．さらに囀り学習中の学習臨界期内にある若鳥が囀ったときと，学習を終えた学習臨界期後の成鳥が囀ったときとでは，同じように発声行動をしてもその脳内で誘導される遺伝子群が異なっていることがわかってきた．つまり，脳内の「特異的部位（ソングシステム神経核）」で，個体発達の「時期特異的（音声発声学習臨界期間）」に，発声行動を「どれだけ（神経興奮持続時間）」行っているかを正確に反映する絶妙なる「多段階発現調節プログラム」が，それぞれの遺伝子群の発現制御のために脳内で実行されていることを意味する．この多段階発現調節機構が，脳内で実際にどのようにコントロールされているのか？　この多段階発現調節を受ける遺伝子群によって学習効率や学習臨界期制御にどのような影響を及ぼしているのか？　現在研究を進めている状況である．

　以上の二つのアプローチ，一つや数個の遺伝子の脳内分子機能を，回路・行動レベルで徹底的に精査していく方法と，行動によって誘導・発現制御を受ける遺伝子群の発現動態からその行動表現を支える遺伝子発現制御メカニズムを検証していく方法は，「動物行動の遺伝的基盤」を理解するためには，お互いが相反するものではなく，共に相補するアプローチといえる．しかし，決してこれだけでは「動物行動の遺伝的基盤」を真の意味で理解できるとは大言できないのではないであろうか．では，何がさらに必要か？

7-5　ソングバードの行動遺伝学の展望：系統進化要因を突破口とした取り組み

　最近の次世代シークエンサーによって大量のゲノム情報の利用が可能となり，分子生物学的手法の加速度的な発展を期待できる現在だからこそ，今後の研究方略を再考すべき時期に来ているのではないかと考えている．これはソングバードを用いた研究に限ったことではないかもしれない．個人的には，「ティンバーゲンの四つの質問」[†3] を意識することが最近多くなっている．

動物行動学の祖であるティンバーゲンが1960年代に発した動物行動を理解していくための指針である．その動物行動の「至近要因（Mechanism）・発達要因（Development）・究極要因（Function）・系統進化要因（Evolution）」の四つの「なぜ」を解いていくことが，動物行動研究にとって重要であると述べている．まさに言い得て妙なる箴言，さすがティンバーゲン．気が付けば最近のソングバード研究は音声発声研究といいながら，"キンカチョウ（zebra finch）研究"化してしまっている．キンカチョウの研究であって，音声発声学習の研究とは素直にいえない．そして，これまでの神経生理学・分子生物学的研究によって飛躍的に進んだのは，至近要因と発達要因に関してであって，究極要因と系統進化要因は取り残されたままである．ソングバード研究の行動遺伝学への将来的な貢献を考えたとき，その突破口となるのは，系統進化要因に着眼した取り組みではないかと考えている．

　発生学・生態学といった学術分野が，進化学的観点を取り入れ，Evolutionary Developmental Biology（Evo-Devo：進化発生学）・Evolutionary Ecology（Evo-Eco：進化生態学）というさらなる新学術領域へと発展を遂げている．しかし，「行動がいかなるゲノム情報を基盤として進化してきたか？」「なぜ動物種特異的な行動が生成されるのか？」という問いにまだまだ正面から向き合えずにいる．多様な『行動の進化』の研究は真っさらな新天地のように思える．これには問題を難しくしている複合的な理由が存在しているせいかもしれない．まず動物行動そのものが一般的に単一の神経回路によって生成されていない．複数の神経回路が協働して機能している．行動生成とその担当神経回路の関係が1対1ではない．また，形の大きさ，動物の数といった目に見え，計測が容易な対象に比べて，行動表現型の計測定量化の精度によって，見えてくるもの，いえることは大きく変わる．さらに，既存のモデル動物で観察できる行動比較のみでは，進化系統上であまりに遠い動物種間の行動進化を考察することを強いることになる．しかし，鳴禽類ソングバードの囀り学習・生成行動に着目した場合，これらの問題は容易に解決できる．囀り行動学習・生成のための特異的な神経回路（図7.2）を共通してもち，近縁種間でありながら種特異的な発声パターン（時系列構造，発声

■ 7章 ソングバードの発声学習・生成における行動遺伝学

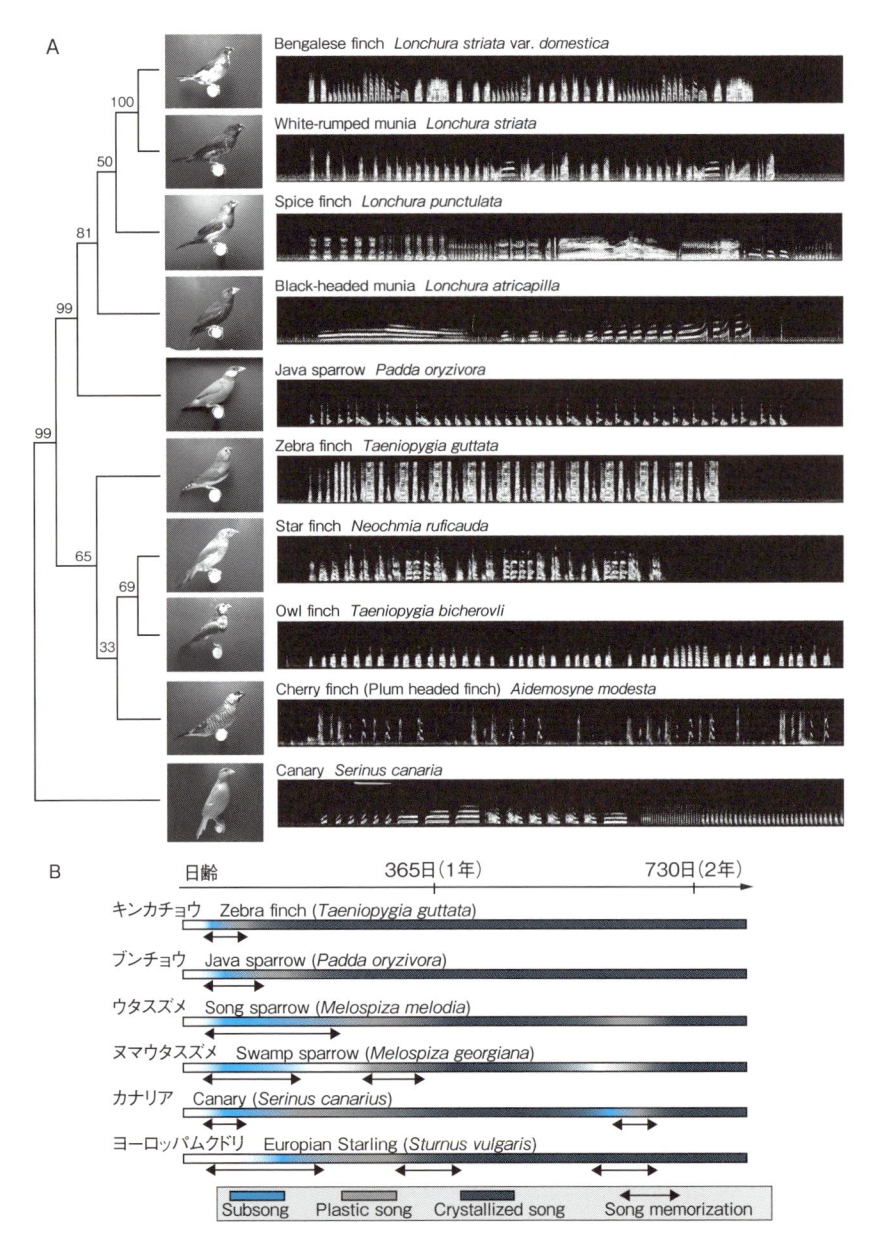

図 7.5 ソングバード種特異的な囀りパターンと発達過程における囀り変化

持続時間，音素数など）を生成しているためである（図 7.5A）．また，動物種ごとに，その発達過程における囀り変化・学習戦略も異なる（図 7.5B）．同じようにワイヤーリング（各脳領域・神経核間の接続）しているように見える神経回路ソングシステムから種特異的な発声行動として異なる出力が可能なのである．ゲノム上の遺伝情報による遺伝子発現機序が種特異的な神経回路の性質を決めていると考えられる．種特異的な多様性をもつ行動表現型とその進化，それを可能としている神経分子基盤の機能進化を検証していくことがソングバードを用いた研究では可能である．

　これからの「行動遺伝学」，動物行動の遺伝的基盤研究にソングバードだからこそチャレンジできるフィールドが存在していると考えるのは筆者がよほど楽天家なのかもしれないが，「ソングバードでなければできない研究」が必ずあると信じている．

[文　献]
1) Thorpe, W. H. *Nature*, **173**, 465 (1954).
2) Marler, P. In: Busnel, R. G. (ed) *Acoustic Behavior of Animals*, Elsevier, Amsterdam, 1963, p. 228-243.
3) Konishi, M. *Zeitschrift für Tierpsychologie*, **22**, 770-783 (1965).
4) Nottebohm, F., Stokes, T. M., Leonard, C. M. *J. Comp. Neurol.*, **165**, 457-486 (1976).
5) Bottjer, S. W., Miesner, E. A., Arnold, A. P. *Science*, **224**, 901-903 (1984).
6) Warren, W. C., Clayton, D. F., Ellegren, H., Arnold, A. P., Hillier, L. W. *et al.*, *Nature*, **464**, 757-762 (2010).
7) The Avian Brain Nomenclature Consortium, *Nature Rev. Neurosci.*, **6**, 151-159 (2005).
8) Jarvis, E. D. In: Squire, L. R. (ed) *Encyclopedia of Neuroscience*, Vol. 2, Academic Press, Oxford, 2009, p. 217-225.
9) Hosino, T. & Okanoya, K. *Neuroreport*, **11**, 2091-2095 (2000).
10) Hahnloser, R. H., Kozhevnikov, A. A., Fee, M. S. *Nature*, **419**, 65-70 (2002).
11) Scharff, C. & Nottebohm, F. *J. Neurosci.*, **11**, 2896-2913 (1991).
12) Andalman, A. S. & Fee, M. S. *Proc. Natl. Acad. Sci. USA.*, **106**, 12518-12523 (2009).
13) Replogle, K., Arnold, A. P., Ball, G. F., Band, M., Bensch, S. *et al. BMC Genomics*, **9**, 131 (2008).
14) Wada, K., Howard, J. T., McConnell, P., Whitney, O., Lints, T. *et al. Proc. Natl. Acad. Sci. USA.*, **103**, 15212-15217 (2006).
15) Li, X., Wang, X-J., Tannenhauser, J., Podell, S., Mukherjee P. *et al. Proc. Natl. Acad. Sci. USA.*, **104,** 6834-6839 (2007).
16) Tchernichovski, O., Mitra, P. P., Lints, T. & Nottebohm, F. *Science*, **291**, 2564-2569 (2001).

17) Haesler, S., Rochefort, C., Georgi, B., Licznerski, P., Osten, P. *et al. PLoS Biology*, **5**, e321 (2007).
18) Agatea, R. J., Scottb, B. B., Haripala, B., Loisb, C., Nottebohm, F. *Proc. Natl. Acad. Sci. USA.*, **106**, 17963-17967 (2009).

[用語解説]

†1 **音声発声学習**（vocal learning）：他個体が発する音声パターンを聞き，それを記憶し，自ら発声することで同じ音声パターンを獲得していく学習．イヌが飼い主から「オスワリ」，「お手」を聞き分けるのは，音声認識識別学習であり，音声発声学習ではない（もし彼らが，「ワン」のかわりに「オスワリ」と発すれば音声発声学習ができるといえるが）．基本的にはどのような音声パターンでも発声学習ができるものではなく，何を，どのように学ぶかは，動物種特異的な制御（拘束）を受けている．

†2 **ソングバード　リソースデータバンク**：
-Zebra Finch Resource page at NCBI
　http://www.ncbi.nlm.nih.gov/genome/guide/finch/
-Songbird Brain Transcriptome Database（完全長cDNAデータベース）
　http://songbirdtranscriptome.net/
-Songbird EST database
　http://titan.biotec.uiuc.edu/cgi-bin/ESTWebsite/estima_start?seqSet=songbird
-Zebra finch Expression Brain Atlas（脳内遺伝子発現プロファイル情報）
　http://ignrhnet.ohsu.edu/finch/songbird/index.php（ただし，まだ本格始動していない）

†3 **ティンバーゲンの四つの質問**：Nikolaas Tinbergen はその論文（*Zeitschrift fur Tierpsychologie*, **20**, 410-433（1963））で，動物行動を理解するためには，次の四つの「質問」を考えることの重要性を指摘した．

　(i) 至近要因（Mechanism）：その行動がどのような生体内メカニズムによって制御・生成されているのか？
　(ii) 発達要因（Development）：その行動が動物個体の発達過程でどのように生成・獲得されてきたのか？
　(iii) 究極要因（Function）：その行動が動物個体・種が存続するためにどのような意味をもつのか？
　(iv) 系統進化要因（Evolution）：その行動が系統進化上どのように進化してきたのか？

8. マウスの行動遺伝学

小出　剛

ヒトのモデル動物として世界中の多くの研究に利用されるマウスは，進化的に下位のモデル生物である線虫やショウジョウバエとヒトをつなぐロゼッタストーンのような役割も果たしている．本章では，マウスにおいて展開されている「行動から遺伝子へ」という流れのさまざまな研究アプローチを概略する．

8-1　モデル生物としてのマウスとその特徴

　マウス（*Mus musculus*）で行動を解析することの意義は何であろうか？ とくに，ヒトの行動や性格の基盤を知るうえで，マウスは研究対象としてどの程度利用価値があるのだろうか？　ヒトは，言語を身につけることで，物や他の個体に対して名前をつけ，それによりさまざまな物や出来事の間の関係を理解し，概念を身につけることができるようになった．これは，ヒトの豊かな心を生み出す原動力でもある．一方，言語をもたないマウスは，ヒトと同じような豊かな心をもつことはできないであろう．しかし，この小さな哺乳類にも，行動という点においては，ヒトと共通してみられるものが多数ある．まず，自発的活動（spontaneous activity）に対する欲求はヒトもマウスも同様にみられる．また，良い経験やいやな経験による条件付け（conditioning）に基づいた学習行動（learning）なども見られる．さらに，新奇の場所などに対する不安様行動（anxiety-like behavior）を示し，さまざまな社会行動（social behavior）や攻撃行動（aggressive behavior）なども示す．もちろん，匂いや味覚，痛覚などに基づく好みや知覚および忌避反応などもしっかりと示す．これらは，ヒトとマウスが生存してゆくうえで共通して必要な行動といえる．さらに，ヒト精神疾患などに用いられる治療薬はマウスにおいても同様な，あるいは関連した効果を示すことが多い．このように，

■ 8章　マウスの行動遺伝学

どの行動を解析するかという点について十分に吟味すれば，マウスを解析することで，ヒトにも共通する行動の理解に結びつけることも可能である．

　行動以外の実験材料としての利点はどこにあるのだろうか？「ねずみ算」という言葉があるように，マウスは子孫が爆発的に増えることのたとえとしてよく引用される．マウスのメスは4〜5日に一度発情が訪れるが，その排卵のタイミングで交尾をして受精すると，それから19日目で仔マウスが誕生する．出産では，平均的なマウス近交系統であれば6匹程度の仔を産む．これらの仔は，生後3週間で乳離れ（離乳）し，生後3か月目には次世代の仔を出産する．こうして生まれた仔マウスがすべて生きて繁殖に参加すると，1年後には一つのペアマウスから単純計算で，実に384匹のマウスが生じることになる（図8.1）．このような「多産」と「短い世代時間」という2つの特徴は，遺伝学的研究の材料を選択する上で重要な要素である．また，ヒトと同じ哺乳類でありながら，体重約30gでもっとも小型の部類に入り，飼育などに比較的場所をとらないことも大きな魅力である．この点は，多数の個体を解析することが要求される遺伝学研究においては，大きなメリットである．また，この実験動物においては，さまざまな系統が作出され，遺伝的な差異を解析することが有効なリソースが作られていることも重要である．さらに，過去のさまざまな研究から，9章に述べる遺伝子ノックアウトや遺伝子導入などの遺伝子操作技術が各種開発されていることは，実験の可能性を飛躍的に増大させた．このような多くの利点をもつがゆえに，マウスは遺伝学研究における最も重要な実験動物の一つとして多くの研究者に用いられているのである[1]．

　ヒトでは，環境要因の統制が困難なために，行動や性格に遺伝要因が関与しているのか環境要因が関与しているのか判断するのが難しいケースが多い．そのため，ヒトの代わりに，モデル動物であるこのような特徴をもったマウスを用いて行動の研究を行おうとする試みが進められてきた．一方で，より進化的に下位のモデル生物，例えばショウジョウバエや線虫などで明らかになった行動に関わる遺伝子の機能を同じモデル動物としてのマウスで解析することで，線虫やショウジョウバエなどをヒトにつなぐ中継点のような

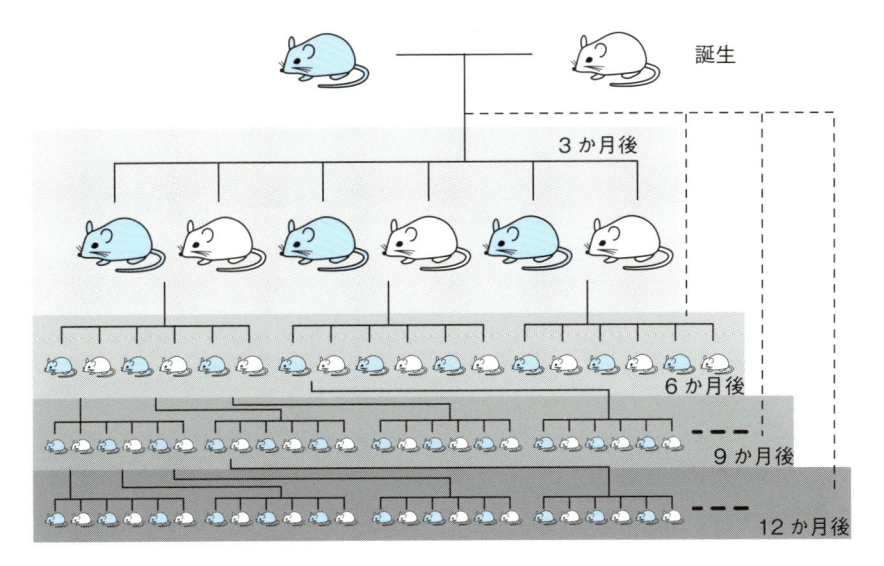

図 8.1 マウス1ペアから繁殖により1年後に得られるマウスを示す
計算式は以下のようになる.
{1（ペア数）× 6（産仔数）× 4（出産回数）} + {3（ペア数）× 6（産仔数）× 3（出産回数）} + {12（ペア数）× 6（産仔数）× 2（出産回数）} + {48（ペア数）× 6（産仔数）× 1（出産回数）} = 384（匹）
誕生から最初の出産まで3か月とした．以後，3か月に一度出産すると仮定したが，実際にはもっと早い周期で出産することが多い．

役割も果たしているのである．

　行動遺伝学のアプローチとしては，遺伝子がわからない状況で，表現型の違いからその原因となる遺伝子を探索する順遺伝学（Forward genetics）と呼ばれるアプローチと，表現型はわからないものの，解析対象の遺伝子に狙いを定めて表現型への働きを解析する逆遺伝学（Reverse genetics）というアプローチがある．逆遺伝学については9章に委ねることにして，この章では表現型から遺伝子同定を目指す順遺伝学について述べていく．

8-2　マウスにおける行動遺伝学の歴史

　マウスは1900年頃より遺伝学の研究に使用されてきた．ヤークス（Robert M. Yerkes）が1907年に出版した著書『The dancing mouse』には，すでに

■8章　マウスの行動遺伝学

Japanese waltzing mouse について詳細な記述がされている（図8.2）[2]．このマウスの和名（「コマネズミ」）は，同じ場所を非常に速く独楽（こま）のように旋回運動することからつけられた．もともと日本からヨーロッパに渡ったと考えられており，さらに古くは1787年（江戸時代）に著された当時の愛玩用マウスにおける各種変異体に関する書物（『珍玩鼠育草』）の中でもコマネズミに関する記述があり，そこではこの形質を維持するための交配方法などに関する説明も行われている．このように，日本における行動遺伝学の源流は，この江戸時代にまで遡ることができるのである．さて，ヤークスが『The dancing mouse』を著したときはちょうどメンデルの法則の再発見がされた直後であり，まだその正確な意味での waltzing mouse の遺伝学的な記載はなされていない．しかし，その本の最後の章においては，このマウスの回転方向（右回りか左回りか）に関する遺伝性を解析しようとした試みも記述されている．

残念なことに，Japanese waltzing mouse そのものの生きたストックは現在ではいなくなっている．ただ，旋回運動異常を示す Japanese waltzing mouse の子孫は，1947年にジャクソン研究所のスネル（Jeorge Snell）に譲り渡され，そこで実験用系統の C57BL/10 系統と交配された後に維持されたと記録にある[3]．その変異遺伝子座は，*waltzer*（変異アレルとしての略称は v）として実験用系統の遺伝的背景上で現在まで残っている．余談であるが，日本ではコマネズミと呼び，西欧では"waltzer（「ワルツを踊る人」）"と名づけるように，突然変異体の名前にもその国の文化がうまく反映されることがあるも

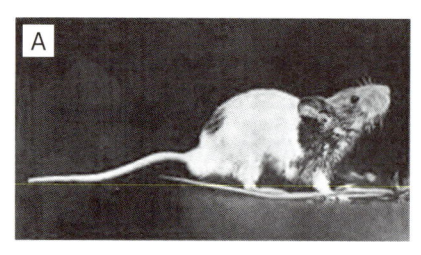

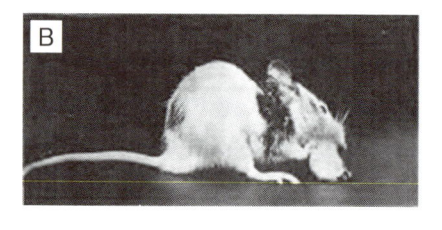

図8.2　ヤークスの本に掲載されているマウスの写真
　　Dancing mice；A：sniffing, B：eating（『The dancing mouse』より転載）

のである．さて，その後の研究により，*waltzer* 変異は聴覚異常とともに内耳の平衡機能異常を起こすことにより旋回運動を示すが，その原因遺伝子として新規のカドヘリン遺伝子 *Cdh23* が発見された．この遺伝子はヒトにおいても存在し，先天性の聴覚障害を伴う Usher 症候群 Type1D の原因遺伝子であることが報告され，*waltzer* 変異マウスはこの疾患のモデルとなることがわかった[4]．このような一連の研究は，既存の突然変異体の単離，その表現型の解析，さらに分子遺伝学的解析による原因遺伝子の同定とその機能解析が成功した例といえる．このように，既存の突然変異体を用いた行動遺伝学の有効性が示されたのであるが，そもそも興味の対象となる突然変異体が世の中に存在しなければ研究を開始できないという問題がある．

米国のタカハシ（Joseph Takahashi）らのグループは，自らの研究でこのジレンマに突破口を開いたのである．マウスでは，ほぼ 24 時間周期のサーカディアンリズムにもとづいて活動をすることが知られている．実は正確に 24 時間周期ではないが，明暗条件におかれたマウスは光刺激により周期が毎日リセットされるため，24 時間の安定した周期で活動することができるのである．しかし，光刺激のない全暗条件においては，正常個体は 24 時間よりも少し短いサーカディアン周期をもつため，日に日に活動周期が前へずれていく．タカハシらは，このようなマウスに *N*-エチル-*N*-ニトロソウレア（ENU）という化学変異原による処理を行うことで人為的に突然変異をランダムに誘発し，その後生まれたマウスについて，全暗条件でサーカディアンリズムに異常を示す個体をスクリーニングした．その結果，全暗条件でサーカディアン周期が 24 時間よりも長く，活動周期の遅れを示す突然変異個体を見いだした．さらに，この変異マウスを遺伝学的に解析することで，*Clock* 遺伝子というサーカディアンリズムの調節に重要な働きをしている遺伝子の同定に成功した[5]．

このように，化学変異原を用いてマウスに突然変異をあえて誘発し，それによる表現型の異常を示す個体をスクリーニングにより見いだし，さらに，その原因となる遺伝子を同定する道筋が確立された．このアプローチは，後で述べるように，ENU ミュータジェネシスプロジェクトとして世界的な大

■8章　マウスの行動遺伝学

規模スクリーニングの開始へとつながったのである．

　ここまで述べてきた研究では，明らかに異常な表現型を示す突然変異体を用いて研究が行われている．つまり，特定の単一の遺伝子の機能が突然変異により阻害されることで生じる全体的なシステムの異常を，表現型異常としてみているのである．一方で，生物集団の中の多くの表現型はもっと微妙な違いを示しており，このような単一の遺伝子の異常で生じているものではない．このような表現型の多様性の遺伝的基盤を明らかにしようという研究も進められてきた．以下にそうした研究を概略する．

　マウスにおいて，これまでに様々な近交系統（inbred strain）が作出されてきた．近交系統は，最低でも20世代以上兄妹同士の交配をすることにより樹立されるが，このような多くの世代にわたる近親交配により，その系統内での遺伝的なばらつきは基本的になくなると考えられている．したがって，系統内で表現型を調べることは，くり返し遺伝的同一個体を解析することであり，系統間で表現型を比較することは，遺伝的に異なる個人間を比較するのと同様の意味をもつと考えられる．このような近交系統を多様性や個人差のモデルとして解析しようとする試みが行われてきた．系統間比較においては，表現型の系統内でのばらつきは確率的な問題や環境要因により生じ，それを超えた系統間での差は，遺伝的な影響により生じると期待される．このように，系統間比較は，行動への遺伝的効果を解析する上で重要なアプローチである．

　マウスにおいては，1909年に初めてDBA系統が樹立されて以降，1998年時点で実に478種類の近交系統が報告されている[6]．このような多数の系統について，行動の系統差を解析する試みが多数行われてきた．マウスにおける表現形質の系統差をまとめたデータベース，Mouse Phenome Database（MPD：http://phenome.jax.org/）も作られており，さまざまな行動テストにより得られた各系統の特徴を調べることが可能である．こうしたデータベースから，研究者が興味をもつ表現型に違いを示す系統を探し出し，遺伝解析などを速やかに行うことが可能になってきているのである．筆者らは，とくに野生由来マウス系統[†2]（wild-derived strain）を用いた行動解析を進め

ている．このような野生由来系統は実験用の近交系統とは異なり，系統間で進化レベルでの大きな遺伝的差異を有している．そのため，系統間での遺伝的多型に富み，表現型としても新しい形質の発見につながると期待されている．さらに，野生由来のマウス系統はヒトによる積極的な愛玩化の選択を受けていない点もマウス本来の行動を解析できる利点である．このように，野生由来系統は，ヒト個人差のような集団内での多様性を解析する上での貴重な遺伝学的材料になると考えられる[7]．

　動物の品種改良の手法を研究の世界に取り入れて，行動に遺伝的要因が関与していることを示した研究もある．それは選択交配（selective breeding）と呼ばれるものであり，マウス行動遺伝学の初期においては，一つの重要なアプローチであった．例えばマウスにおける有名な選択交配としては，不安様行動（anxiety-like behavior）を定量化するために用いられるオープンフィールドテスト（open-field test）により選択したデフリーズ（John C. DeFries）による研究がよく知られている．そこでは，オープンフィールドにおける活動量の高い（不安傾向が低い）マウスと低活動（不安傾向が高い）マウスについて選択交配が行われた．つまり，高活動の選択系統では，各世代の集団の中での高活動のマウス同士の交配を続け，低活動の選択系統では逆に毎世代低活動のマウス同士の交配を続けた．この交配を実に30世代にわたって続けたのである[8]．その結果，世代を経るに従って，徐々に，しかも継続して活動性は変化し続け，30世代後には生まれてくるマウスの活動性の集団内分布は，高活動系統と低活動系統では明瞭に区別できるほどの変化をもたらしたのである（図8.3）．この結果は，不安様行動などの形質が多数の遺伝的要因により制御されていることを明確に示すものであった．このように，遺伝的にヘテロな集団に対する選択交配の手法は，その形質に対する複雑な遺伝的要因の関与を示す上では有効な手法になっている．

　上述のように，自然な集団の行動多様性は多数の遺伝子により制御されているが，その遺伝的要因を解明するために行われている統計遺伝学的研究が量的形質遺伝子座（quantitative trait loci；QTL）解析[†1]である．このQTL解析法は，通常全ゲノムに対して遺伝解析を行うので，定量的行動形質に関

■ 8章　マウスの行動遺伝学

A

B

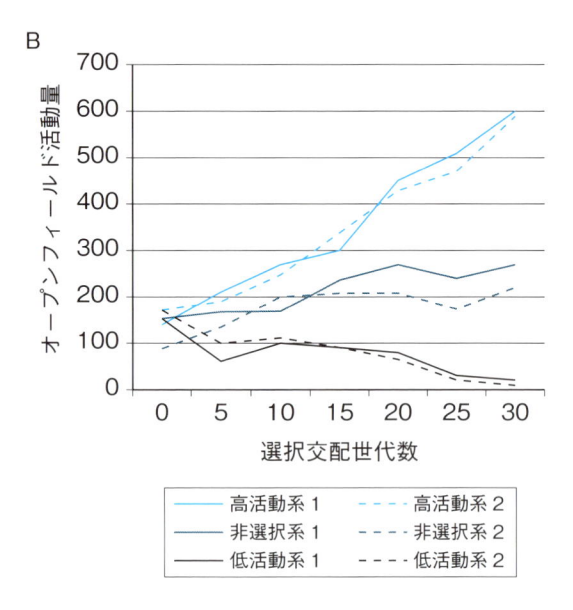

図 8.3　デフリーズらにより行われた，オープンフィールドテストにおける高活動と低活動マウスの選択交配
A：筆者らの研究室で用いているオープンフィールドテスト．B：30世代にわたり，高活動系，非選択系，低活動系をそれぞれ2系統ずつ選択した結果を示す．高活動系，低活動系共に，30世代にわたって徐々に活動量が変化している．（グラフは文献8より改変）

8-2 マウスにおける行動遺伝学の歴史

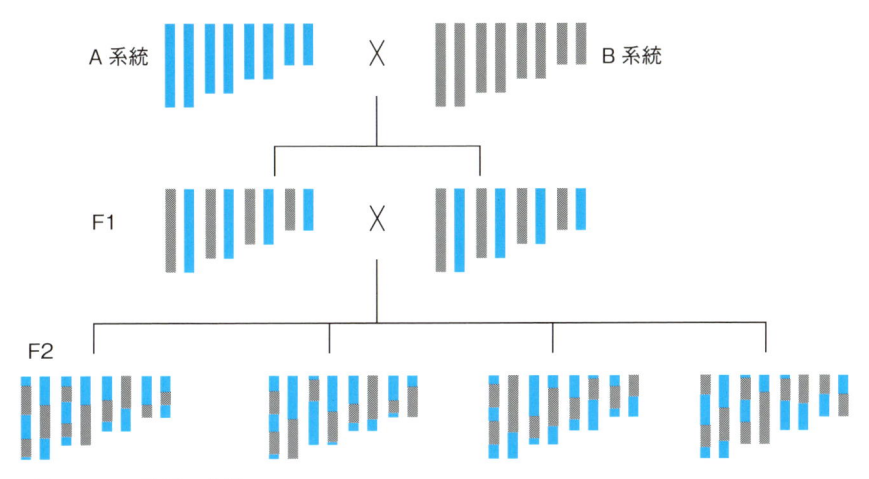

図 8.4　F2 集団の作製
QTL 解析では，2 系統を交配して得られた F1 雑種同士をさらに交配して作成した F2 集団を用いて解析を行うことが多い．この場合，どちらの染色体にも組換えが期待されるので，アレルの組合せは A 系統ホモ，ヘテロ，B 系統ホモの 3 種類が期待され，そのため戻し交配などよりも QTL の検出力が高くなることが期待できる．

わる遺伝子座を網羅的に解析できるメリットがある．しかし，QTL 解析により見いだされた遺伝子座は必ずしも効果が高いとは限らず，そのゲノム上の位置も精度が低いことが多いため，その後の遺伝子同定に向けた解析に困難を伴うことが多い．実際，フリント（Jonathan Flint）らが 2005 年にまとめた総説では，その当時すでに 2000 遺伝子座以上に及ぶ QTL が報告されていたものの，遺伝子レベルで明らかになっていたものは実に 21 遺伝子のみであった．また，対象とする形質に関わる遺伝子座の数とその効果の大きさも問題となる．フリントらのグループは，1600 個体以上の F2 集団（図 8.4）に対してオープンフィールド装置を用いた QTL 解析を行い，逃避，探索，活動性に関わる遺伝子座を多くの染色体上に見いだしている．彼らがさらに行った研究では，マウスを用いた系で疾患様形質，免疫，体重，不安行動など 97 項目の形質について QTL 解析を行い，843 もの遺伝子座の存在を明らかにし，その 98% 以上の遺伝子座は，形質の分散に対して 5% 以下の小さな効果しかもたないことが示された[9]．つまり，単純に平均すると，一つ

■8章 マウスの行動遺伝学

の形質に対し弱い効果をもった遺伝子座が10個程度も関与しており，それらすべてを合わせても形質の分散の半分にもはるかに満たない効果しかもたない計算になる．

8-3 マウスで現在進められている行動遺伝学

近年，遺伝学という学問領域は，よりシステマティックになり，研究も巨大プロジェクト化する傾向にある．先に述べたENUミュータジェネシスによる*Clock*遺伝子発見の成功例をもとに，大規模なENU処理により多数のマウスに突然変異を誘発させ，さまざまな表現形質における突然変異マウスを網羅的にスクリーングする大規模プロジェクトが，日本を含めた世界各国で進められた（図8.5）．

現在は，新たなスクリーニングはあまり行われていないが，それにとって換わるように開始されたのが，約2万個以上あると言われるマウスの遺伝子すべてをノックアウトし，その表現型を網羅的に解析しようとする巨大プロジェクト（国際マウス表現型解析コンソーシアム）である．その表現型の中には行動形質も含まれており，ここで得られたデータは，行動と遺伝子の直

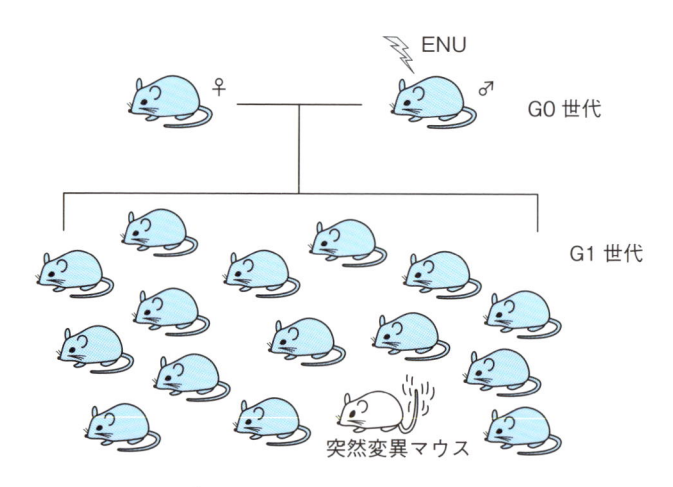

図8.5 ENUミュータジェネシスの概略
ここでは，優性効果をもつ突然変異体のスクリーニング法について示している．

接的な関係を知る上で有用な情報になろう．このような巨額の研究費を用いて進める網羅的解析が，行動遺伝学においても重要なアプローチになりつつある．

　一方で，行動に関わる QTL 遺伝子を探索する試みも精力的に進められている．フリントらは，MF1 という市販のアウトブレッド系統（outbred stock）を用いることで QTL 解析の精度を上げることに成功し，オープンフィールドにおける不安様行動に関わる遺伝子 *Rgs2* を候補として見いだし，この遺伝子のノックアウトマウスとの量的相補性テスト[†3]を行うことで，G タンパク質のシグナル調節因子である *Rgs2* が不安様行動に関わっていることを示した[10]．また，名古屋大学の海老原史樹文らのグループは，強制水泳テスト（forced swimming test）と尾懸垂テスト（tail suspension test）において無動状態[†4]の減少を示す CS 系統の QTL 遺伝子座をマッピングし，ポジショナルクローニングにより *Ubiquitin-specific peptidase 46*（*Usp46*）遺伝子にリシン（lysine）アミノ酸の欠失をもたらす突然変異を見いだした．彼らは，この正常な *Usp46* 遺伝子を含む Bacterial artificial chromosome（BAC）クローン DNA を遺伝子導入すると表現型がレスキューできることから，*Usp46* が無動減少の原因であることを示した．さらに USP46 タンパクのこの変異により GABA を介した抑制経路に異常が生じることで無動減少などの行動変化をもたらすことを示したのである[11]．このように，QTL 解析から遺伝子座を絞り込み，その原因となる遺伝子を同定するアプローチも成功をおさめてきている．

　多因子により制御される行動形質を，網羅的に遺伝解析する研究も進められている．ここではコンソミック系統[†5]（consomic strain）について紹介する．コンソミック系統とは，異なった 2 系統（A と B）を親系統とし，そのうちの B 系統の染色体 1 本ずつを A 系統の対応する染色体と置換した系統群のことである（図 8.6）．その結果として，遺伝的には B 系統とほぼ同一であるにも関わらず，19 対の常染色体及び XY の性染色体のうち 1 対の染色体のみが A 系統に由来する系統が，理論上は染色体の数だけ樹立されることになる．このような系統群の表現型を解析し，そこで親系統である B 系

■ 8章　マウスの行動遺伝学

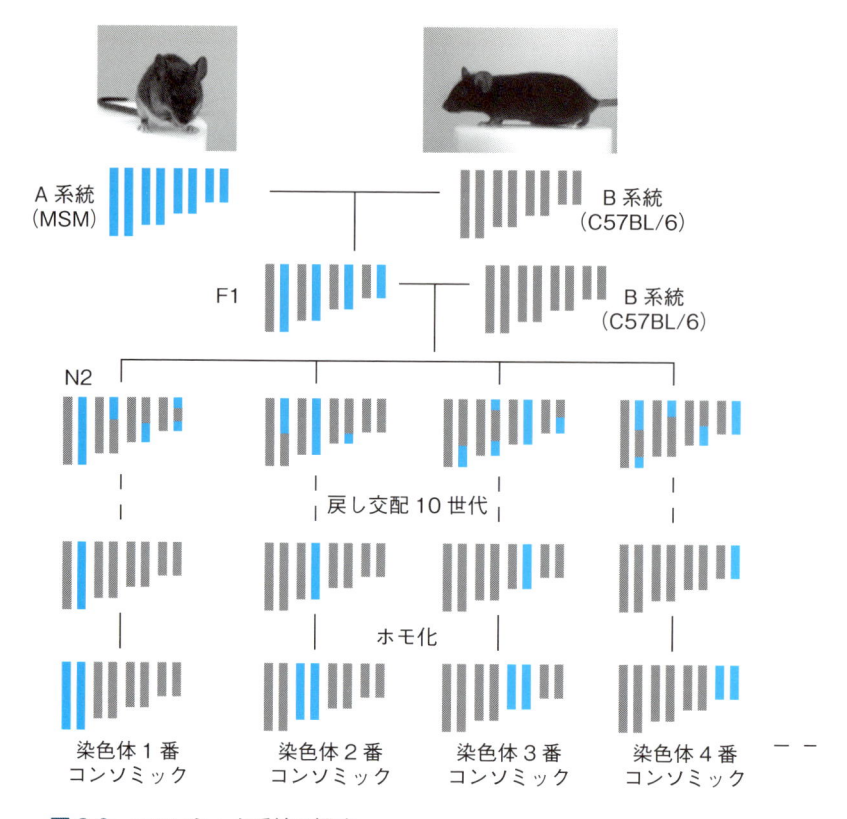

図 8.6　コンソミック系統の概略
それぞれのコンソミック系統の遺伝的背景はB系統とほぼ同一であるが，1対の染色体のみA系統に由来する．カッコ内はC57BL/6とMSM系統から作出されたコンソミック系統の交配例を示す．

統と表現型に違いが見いだされた際には，その違いに関わる原因遺伝子は置換された染色体上に存在していることが即座に判明する．

　このようなコンソミック系統は，すでにA/J系統の染色体をC57BL/6系統に導入したものや[12]，日本産野生マウス由来であるMSM系統の染色体をC57BL/6系統に導入したものなどが作出されており[13]，多数の表現型に関して効率よくQTLマッピングを行うことに成功している[14,15]．このように，コンソミック系統群は，QTLのラフなマッピングが効率よくできることや，

同じ遺伝子型の個体をくり返し解析することが可能なため弱い効果のQTLでも高い精度で検出できるなどの利点がある優れた遺伝学的リソースなのである．

　さて，筆者らの研究室では，このようなMSMとC57BL/6から作製されたコンソミック系統を用いて，様々な行動形質について解析を行った．テストとしては，新奇ケージ活動量テスト（novel-cage activity test），ホームケージ活動量テスト（home-cage activity test），オープンフィールドテスト，明暗箱テスト（light-dark box test），高架式十字迷路テスト（elevated plus maze test），ホットプレートテスト（hot-plate test），テールフリックテスト（tail-flick test），社会行動テストなどを行い，自発的活動量，情動性（emotionality），痛覚感受性（pain sensitivity）や社会行動などについて調べた．その結果，1本の染色体を置換されただけでも，多くの系統は親系統であるC57BL/6系統とは何らかの行動において異なることが明らかになった．例えば，オープンフィールド移動活動量のような行動に関与するQTLは多数あり，少なくとも8つの染色体上に存在することが示された（図8.7）．また，1・6・16・17番染色体はC57BL/6系統よりも活動量を下げる効果を有するのに対し，3・9・13・14番染色体は親系統のMSM系統とは逆に活

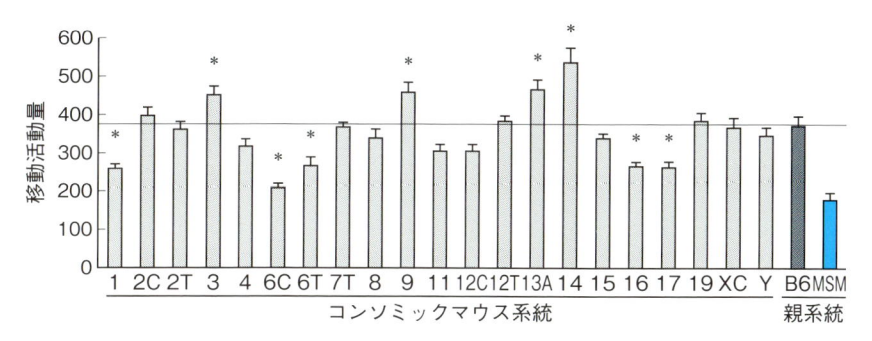

図8.7　コンソミック系統を用いたオープンフィールド移動活動量の解析結果
雌雄のデータをまとめて示している．
2C，2T，6C, 6T，12C，12Tなどは，コンソミック系統樹立の過程で染色体が二つの領域（CとT）に分けられている．＊印は有意差を示す系統を表す．（参考：文献14）

■8章　マウスの行動遺伝学

動量を上げる効果をもつことが明らかになった．一方で，タンパク質をコードする遺伝子をほとんどもたない Y 染色体のコンソミックなどは，ほとんど C57BL/6 との行動の違いを示さず，このような行動の違いは遺伝子の違いに起因していることが示された．このように，MSM 系統と C57BL/6 系統のオープンフィールド活動量の違いは，活動量の抑制に働く複数の遺伝子と促進に働く複数の遺伝子との総合的な効果として決定されていることが示されたのである．

さて，ひとたび染色体レベルにマッピングされた QTL は，その後染色体の組換えにより MSM 由来の領域が狭くなったマウスを各種作製することで，より細かなマッピングを行うことができるのもコンソミック系統の利点である．このようにして，遺伝子の同定を目指したさらなる解析が筆者らの研究室も含めて多数進行している．今後，様々な行動に関与する遺伝子がこうした研究から同定されるものと期待できる．

8-4　マウス行動遺伝学の展望

行動遺伝学の分野においては，個々の遺伝子により影響される突然変異体の解析をさらに推し進めて，網羅的に全遺伝子についてその働きを解析する大型プロジェクトが行われている．その一方で，身近な性格の個人差や多因子に影響される精神疾患モデルなどはこのようなアプローチで理解することは難しく，より複雑な因子により制御される多因子形質の QTL 解析へと研究が発展してきている．QTL 解析は，さまざまなリソースを駆使することで解析の精度を上げつつあり，今後はさまざまな QTL 遺伝子が同定されるようになるだろう．

このようなアプローチにより，個々の QTL 遺伝子の機能について分子遺伝学的に理解が深まり，より身近でより複雑な遺伝形質である性格や多因子性精神疾患の理解に結び付けるような研究が展開されるものと考えられる．今，マウスを通してヒトの性格や行動の遺伝的基盤の理解が進むことが期待されているのである．

[文献]

1) 小出 剛・編. マウス実験の基礎知識, オーム社, 2009.
2) Yerks, R. M. *The dancing mouse,* The MacMillan Company, New York, 1907.
3) Lyon, M. F., Rastan, S. & Brown, S. D. M. eds. *Genetic variants and strains of the laboratory mouse*, Oxford University Press, Oxford, 1996.
4) Di Palma, F., Holme, R. H., Bryda, E. C., Belyantseva, I. A., Pellegrino, R. *et al. Nat. Genet.*, **27**, 103-107 (2001).
5) Antoch, M. P., Song, E-J., Chang, A-M., Vitaterna, M. H., Zhao, Y. *et al. Cell*, **89**, 655-667 (1997).
6) Festing, M. F. W. *Inbred strains of mice and their characteristics.* Mouse Genome Informatics, http://www.informatics.jax.org/external/festing/mouse/INTRO.shtml (1998).
7) Koide, T., Ikeda, K., Ogasawara, M., Shiroishi, T., Moriwaki, K. *et al. Exp. Anim.*, **60**, 347-354 (2011).
8) DeFries, J. C., Gervais, M. C. & Thomas, E. A. *Behav. Genet.*, **8**, 3-13 (1978).
9) Valdar, W., Solberg, L. C., Gauguier, D., Burnett, S., Klenerman, P. *et al. Nat. Genet.*, **38**, 879-887 (2006).
10) Yalcin, B., Willis-Owen, S. A. G., Fullerton, J., Meesaq, A., Deacon, R. M., *et al. Nat. Genet.*, **36**, 1197-1202 (2004).
11) Tomida, S., Mamiya, T., Sakamaki, H., Miura, M., Aosaki, T. *et al. Nat. Genet.*, **41**, 688-695 (2009).
12) Singer, J. B., Hill, A. E., Burrage, L. C., Olszens, K. R., Song, J. *et al. Science*, **304**, 445-448 (2004).
13) Takada, T., Mita, A., Maeno, A., Shitara, H., Kikkawa, Y. *et al. Genome Res.*, **18**, 500-508 (2008).
14) Takahashi, A., Nishi, A., Ishii, A., Shiroishi, T. & Koide, T. *Genes Brain Behav.*, **7**, 849-858 (2008).
15) Takahashi, A., Tomihara, K., Shiroishi, T. & Koide, T. *Behav. Genet.*, **40**, 366-376 (2010).

[用語解説]

†1 **QTL解析**：行動のような定量化される表現型に対して，関与している多数の遺伝的要因を量的形質遺伝子座（QTL）という．このようなQTLについて，統計遺伝学的にゲノムのどこに遺伝子があるのか探索する遺伝的手法をQTL解析という．一般的には，二つの近交系統を交配して得たF1雑種同士をさらに交配しF2集団を作出し，それらを用いて解析することが多い．しかし，近年はアウトブレッド集団などさまざまなリソースを用いて，精度を上げた解析を試みている例も多くなっている．

†2 **野生由来マウス系統**：一般的な実験用マウス系統の多くは，西ヨーロッパ由来の愛玩用マウスコロニーをもとにして作製されており，遺伝的には多様性が低い．一方，野生マウスから樹立された系統は，こうした実験用系統とは遺伝的に異なるため，遺伝学的な解析への利用が期待できる．また，樹立の過程で愛玩化の選択を受けていないため，

■8章　マウスの行動遺伝学

野生マウスに特徴的な俊敏で警戒心旺盛な形質を示す．森脇和郎らが樹立した日本産野生由来マウス系統 MSM/Ms（MSM）などが知られている．

†3　**量的相補性テスト**：相補性テストは対象とする二つの突然変異遺伝子が対立遺伝子か否か調べるために行われる遺伝的試験である．ここで用いている量的相補性テストは，QTL 候補遺伝子アレル（high と low）と既知のノックアウト遺伝子のアレル（+ と KO）とを交配により同一個体中で組合せ，4 種類の遺伝子型（high/+；low/+；high/KO；low/KO）を比較し，QTL アレル（high or low）と KO アレル（KO or +）の間で統計的に交互作用があることから同一遺伝子座であることを示している[10]．

†4　**無動状態**：強制水泳テストや尾懸垂テストにおいてみられる無動状態は，ヒトの三環系抗うつ薬であるイミプラミンをマウスに投与すると減少することが知られている．したがって，こうしたテストでマウスが長い無動状態を示した場合はうつ病の動物モデルになる可能性が考えられる．

†5　**コンソミック系統**：国立遺伝学研究所の城石俊彦と東京都医学総合研究所の米川博通らは，日本産野生マウス系統である MSM の染色体 1 本ずつを代表的な実験用系統として知られる C57BL/6 系統に導入した一連のコンソミック系統を樹立した．このコンソミック系統は染色体の供与系統が野生由来系統であるため，野生マウスに特徴的な行動形質の解析などに有効である．

9. マウス逆遺伝学により明らかになる行動ー神経回路ー遺伝子

岩里 琢治

「マウス逆遺伝学」（ノックアウトマウスなど）の手法が動物行動研究に初めて導入されたのは，1990年代初頭のことである．この画期的な手法は，その後の20年間に質量ともに飛躍的な発展を遂げながら，動物行動の基盤となる「神経回路」とその機能における「遺伝子」の働きの理解を強力に推し進めてきた．本章では，「学習・記憶」の研究を中心に，分野の歴史と現状を紹介する．

9-1 マウスのリバースジェネティクス（逆遺伝学）

 ヒトやマウスのゲノムには2万個以上の遺伝子があるが，動物の体の各パーツや全体が正しく形作られ機能するうえで，それぞれの遺伝子はどのような役割を担っているのであろうか？　特定の遺伝子を破壊することができれば，その動物に現れる異常（表現型）を解析することによって，その遺伝子の本来の働きを知ることができるはずである．そうした「遺伝子から表現型」という方向の研究手法は「逆遺伝学」と呼ばれる．これは，伝統的な「表現型から遺伝子」の研究手法（例えば，ヒトの遺伝病の原因となる遺伝子変異を見つけ出し，それによって，その遺伝子が本来もつ働きを知る研究）が「遺伝学（順遺伝学）」と呼ばれることに対して名づけられたものである．逆遺伝学は，哺乳類ではもっぱらマウスを用いて行われる，比較的新しい学問分野である．

 マウス逆遺伝学が登場するためには，大きく二つの要因が必要であった．一つは分子生物学が進歩して遺伝子のクローニングが可能となったことであり，1980年代頃から爆発的な勢いで新しい遺伝子が同定されるようになってきた．究極的には，21世紀初頭にヒトおよびマウスの全ゲノム（染色体

DNA塩基配列）が解読され，現在では，マウスのすべての遺伝子について，cDNA塩基配列，エクソン－イントロン構造，染色体上の位置など必要な情報を，公共のデータベース（Mouse Genome Resources：http://www.ncbi.nlm.nih.gov/projects/genome/guide/mouse/ など）にて容易に手に入れることができる．もう一つの要因は，2007年ノーベル生理学・医学賞の対象となったいわゆる「ノックアウトマウス」作製技術の開発である．ノックアウトマウスは，体を構成するすべての種類の細胞に分化する能力をもつ「胚性幹（ES）細胞」の開発，ES細胞の染色体で目的の遺伝子を選択的に欠失させる「遺伝子標的法」の開発，そして，そのES細胞から個体を産出する技術の開発が，マウスにおいてなされたことにより可能となり（図9.1），1989年に第1号が産出された．この手法は当初，発生生物学，免疫学，癌研究などの分野を中心に用いられたが，その後，神経科学などその対象分野を爆発的に広げてきた．また，後で述べるように技術的にも長足の進歩を遂げ，生物学に革命的な進歩をもたらし，今日では，あらゆる生命現象に関して，それを遺伝子レベルで理解するための基幹技術として確立している．

図9.1　ノックアウトマウスの作製手順の例
A：①胚盤胞内部細胞塊からの胚性幹（ES）細胞株の樹立．図は，行動解析に適したC57BL/6系統由来のES細胞を用いた場合．ES細胞株は分与や購入によって入手可能であり，通常は次のステップから始める．②ES細胞の増殖と，ES細胞へのターゲティングベクターの導入．③薬剤による組換え体の選択．④DNA解析による相同組換え体の選択．⑤相同組換え体の増殖と，胚盤胞への注入．（ES細胞が由来する系統とは異なった毛色をもつマウス由来の胚盤胞を用いる）⑥仮親（偽妊娠マウス）の子宮への胚盤胞の移植．⑦キメラマウスの誕生．（黒い毛の割合の多いものを選ぶ）⑧キメラマウスからのヘテロ接合体生産．（ES細胞が生殖系列に伝わった場合，黒い毛色の子供が生まれる．その半数がヘテロ接合体）⑨ヘテロ接合体同士の交配によるホモ接合体の生産．（通常25％の確率で手に入る）
B：ゲノム上から欠失させたいエクソン（第1エクソンなど）の5′側（青色）と3′側（灰色）の配列（数kb）を，薬剤耐性遺伝子の5′側，3′側に配置してターゲティングベクターを作製する．2か所の相同組換えによって，ES細胞のゲノム上でエクソンと薬剤耐性遺伝子が置き換わる．現在では，薬剤耐性遺伝子は，あらかじめ2個のFRT配列（またはloxP配列）によって挟んでおき，マウスを作製した後で生殖細胞においてflp（またはCre）組換え酵素を発現するなどの方法により除去する．

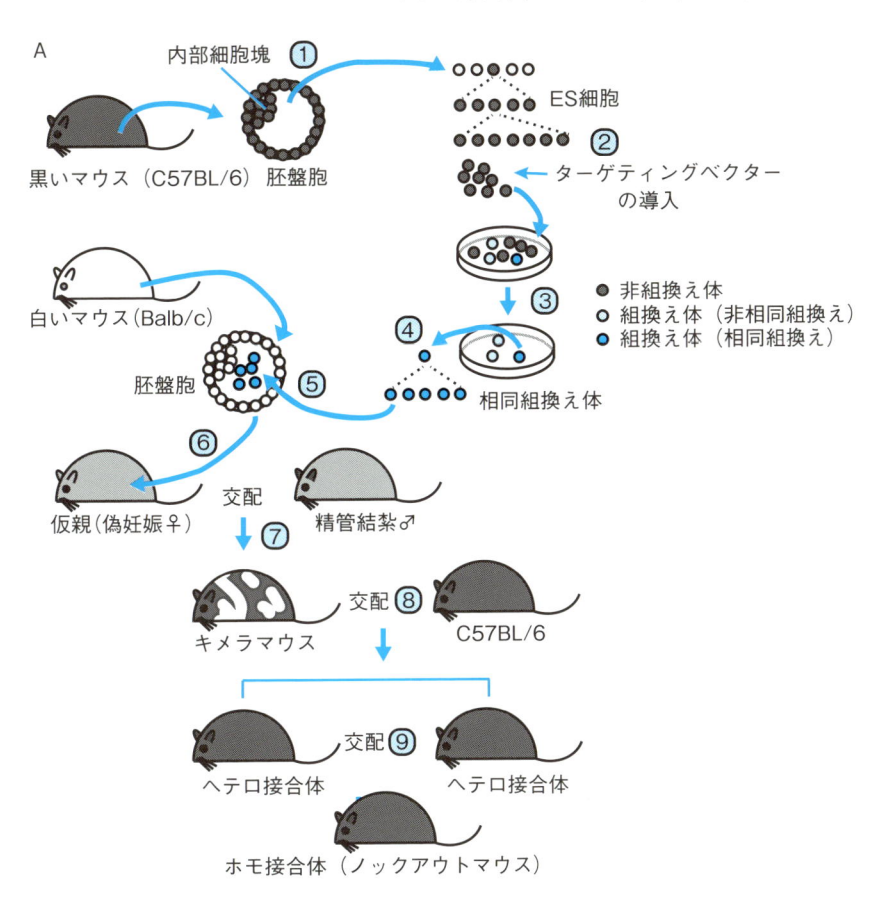

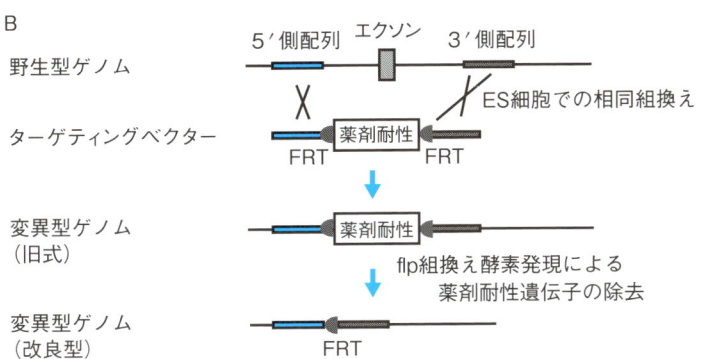

9-1 マウスのリバースジェネティクス（逆遺伝学）

A

- 黒いマウス（C57BL/6） 内部細胞塊① 胚盤胞 → ES細胞
- ②ターゲティングベクターの導入
- ③
- ●非組換え体
- ○組換え体（非相同組換え）
- ●組換え体（相同組換え）
- ④ 相同組換え体
- 白いマウス（Balb/c） 胚盤胞 ⑤
- ⑥ 仮親（偽妊娠♀） 交配 精管結紮♂ ⑦
- キメラマウス 交配⑧ C57BL/6
- ヘテロ接合体 交配⑨ ヘテロ接合体
- ホモ接合体（ノックアウトマウス）

B

野生型ゲノム　5′側配列　エクソン　3′側配列

ターゲティングベクター　FRT　薬剤耐性　FRT　ES細胞での相同組換え

変異型ゲノム（旧式）　薬剤耐性

flp組換え酵素発現による薬剤耐性遺伝子の除去

変異型ゲノム（改良型）　FRT

■9章 マウス逆遺伝学により明らかになる行動−神経回路−遺伝子

9-2 動物行動研究へのマウス逆遺伝学の導入

　ノックアウトマウス技術を，動物行動など脳の高次機能の研究に初めて用いたのは，マサチューセッツ工科大学（MIT）の利根川 進（1987年ノーベル生理学・医学賞受賞）の研究室であった．研究員のシルバ（Alcino Silva）らは，αCaMKII（Ca^{2+}/カルモジュリン依存性タンパク質キナーゼII）[†1]の遺伝子をノックアウトし，そのマウスでは，空間記憶に障害がある（場所が覚えられなくなる）ことを見いだした．また，海馬[†2]でLTP[†3]（Long-term potentiation）と呼ばれるシナプス可塑性が消失することを明らかにし，1992年に発表した[1)2)]．余談だが，筆者は当時，日本学術振興会の特別研究員として免疫細胞の遺伝子研究を行っていたが，動物の行動という複雑な現象を1個の遺伝子のノックアウトによって理解しようというこの大胆な研究に，一発でノックアウトされた．この論文は，利根川研究室が免疫学から神経科学へ華麗な進出を果たした記念すべき第一歩であるとともに，筆者が免疫学から神経科学に分野を変えるきっかけでもあった．

　この革新的アプローチの価値をいち早く見抜いた一人に，コロンビア大学のカンデル（Eric Kandel）（2000年ノーベル生理学・医学賞受賞）があった．カンデル研究室のグラント（Seth Grant）らは，海馬で発現する4種類の非受容体型チロシンキナーゼ（fyn, src, yes, abl）の遺伝子ノックアウトマウスを入手，解析し，fynノックアウトマウスが空間記憶と海馬LTPに異常を示すことを報告した．引き続き，利根川研究室からは1993年から1994年にかけて，タンパク質キナーゼCγ（PKCγ），代謝型グルタミン酸受容体1（mGluR1），ドーパミン受容体D1, D3のノックアウトマウスが次々と作製され，さまざまな行動異常が報告された．その後，世界中の多くの研究室で無数のノックアウトマウスが作製されたが，当初，行動解析は，薬理学や理論など他の先行研究により表現型がある程度予想されたものや，運動異常など明白な表現型があるものを中心に行われた．現在では，多くの種類のノックアウトマウスに対して行動解析を網羅的に行うシステマティックな戦略も広く行われており，行動に関連する遺伝子が次々と明らかになってきている．

さらに，マウスゲノムに存在するすべての遺伝子のノックアウトマウスを作製する大型プロジェクトも着々と進行しており[3]，相乗効果により，近い将来，遺伝子と行動に関して膨大な知見が蓄積されることが期待される．

9-3　マウス逆遺伝学の精密化

9-3-1　Cre/loxP システム

　上述のように遺伝子ノックアウトマウスの導入は，神経科学に新しい大きな潮流を生み出した．しかしながら，従来型のノックアウトマウスは，受精卵の段階から成体にいたるまで全身の全細胞で遺伝子が欠損されているという性格上，動物行動など成体における脳高次機能研究における遺伝子の働きを研究するうえで，少なくとも以下の三点の重要な弱点を内包していた．①標的遺伝子が成体だけでなく発達期でも重要な働きをする場合，ノックアウトマウスが発達期に致死になることがあり，成体での脳機能を解析することができない．②また，ノックアウトマウスが成体まで生きたとしても，発達期での遺伝子欠損による表現型と，成体での欠損による表現型とを区別することが難しい．③さらに，標的遺伝子が脳のさまざまな領域で重要な働きをする場合，ノックアウトマウスの表現型は複雑なものとなり，それぞれの領域における遺伝子の働きを分離して理解することが難しい．

　こうした遺伝学的手法がもつ弱点の解決に向けた大きな一歩は，Cre/loxPシステム[†4]を用いた条件的遺伝子ノックアウト法の導入であり，これもまた，利根川研究室によって世界に先駆けてなされた．Cre/loxPシステムは，P1ファージがもつ部位特異的組換えのシステムを応用したもので，2種類のマウスを必要とする（図9.2）．標的遺伝子の全体あるいは一部をloxP配列2個で挟む「floxed（flanked by loxP）マウス」と，Cre組換え酵素を領域・細胞種特異的に発現する「Creマウス」をそれぞれ作製し，交配することによって，両方の遺伝子をもつマウスを手に入れる．そのマウスでは，Creが発現する脳の領域や細胞では，標的遺伝子がCre組換え酵素によって染色体から切り出され欠失する．一方，それ以外の領域や細胞では標的遺伝子は正常なまま（floxed型）である．

■9章 マウス逆遺伝学により明らかになる行動−神経回路−遺伝子

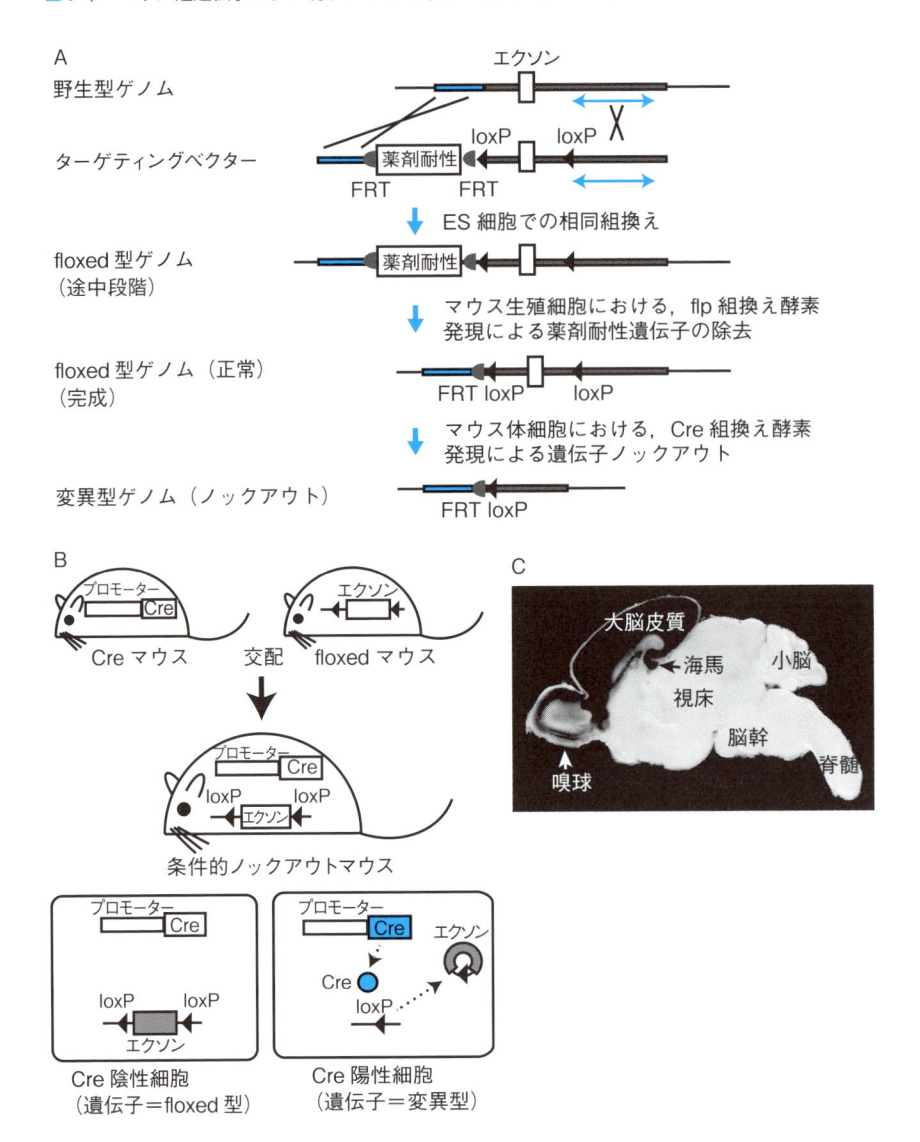

図9.2 Cre/loxP組換えシステムを用いた条件的ノックアウトの例
A：ES細胞での遺伝子標的法を用いたfloxedマウスの作製．B：交配による，条件的遺伝子ノックアウトマウスの作製．C：領域特異的Cre発現マウスの例．レポーターマウスを用いることにより，遺伝子がノックアウトされている領域のみが染色された切片．背側終脳（海馬，大脳皮質など）だけで組換えが起きていることがわかる[12]．

9-3 マウス逆遺伝学の精密化

利根川研究室のチェン（Joe Tsien）らは，αCaMKII プロモーターの制御下に Cre 組換え酵素を発現するトランスジェニック（Tg）マウスを数系統作製した．αCaMKII プロモーターは，動物の生後に前脳（海馬，大脳皮質，視床など）の興奮性神経細胞特異的に働くプロモーターとしてカンデル研究室のメイフォード（Mark Mayford）らによって同定されたものであるが，幸運なことに，作製されたトランスジェニックマウスの中に，Cre 依存的組換えの起きる領域が海馬 CA1 に限局する系統（T29-1）が存在した（図 9.3）[4]．また，同時に，NMDA 型グルタミン酸受容体（NMDA 受容体）[†6] の必須サブユニットである NR1 のエクソンを 2 個の loxP 配列で挟む floxed NR1 マウスも作製され，αCaMKII-Cre（T29-1）マウスと交配された．その結果，生後の海馬 CA1 のみで NR1 遺伝子（すなわち NMDA 受容体）を欠損するマウスが作製された[5]．NR1 は発達期から成体にいたるまで脳の神経細胞に広く発現しており，全身性ノックアウトマウスは飲乳行動の不全と呼吸障害により生後 1 日以内にすべて死亡する．一方，この CA1 特異的 NR1 ノックアウトマウスは正常に成体まで育ち，脳の構造に大きな異常は見られなかった．CA1 特異的 NR1 ノックアウトマウスに対してモーリス水迷路テストを行ったところ，空間記憶および海馬 CA1 の LTP が障害されていることが明らかになった[5]．また，海馬の個々の神経細胞は，動物がある環境（たとえば四角い部屋）に置かれたとき，動物が特定の場所（たとえば右隅）にいるときにのみ発火するという「空間特異性」をもっている（すなわち，神経細胞が動物の空間的な位置をコードしている）が，CA1 特異的 NR1 ノックアウトマウスの CA1 神経細胞では，そうした「空間特異性」が顕著に減少していた[6]．

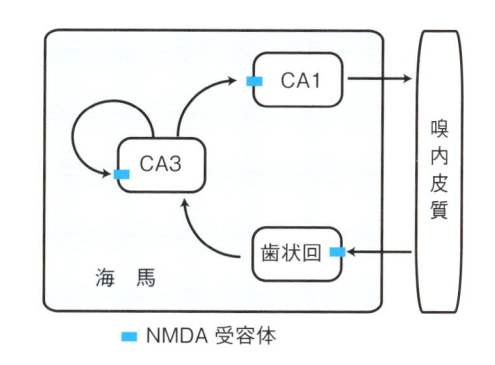

この研究が契機となり，

図 9.3 海馬の主要神経回路と NMDA 受容体の局在

■ 9章　マウス逆遺伝学により明らかになる行動－神経回路－遺伝子

世界中の研究室で多くの Cre マウスおよび floxed マウスが作製され，動物の行動における遺伝子の働きを脳領域や回路のレベルで理解することに貢献してきた．利根川研究室においても引き続き海馬 CA3 特異的 NR1 ノックアウトマウスと海馬歯状回特異的 NR1 ノックアウトマウスが作製された（図 9.3）．正常マウスでは場所を覚えるときに用いた目印の一部だけを提示されてもその場所を思い出せるのに対し，CA3 特異的 NR1 ノックアウトマウスでは手がかりの数が減ると思い出すことができなかった（パターン・コンプリーション[†7]の障害）[7]．一方，歯状回特異的 NR1 ノックアウトマウスでは，恐怖体験をした場所とそれと似ているが異なる場所とを区別することができず，どちらでもフリージング反応（体を硬直させる反応）を示した（パターン・セパレーション[†8]の障害）[8]．このように，海馬における NMDA 受容体の働き一つをとっても，領域によってそれぞれ特徴的な働き方をしていることが，こうした Cre/loxP システムを用いた条件的ノックアウトによって初めて明らかになった．

　現在，2万個以上存在するすべての遺伝子に関して floxed マウスを作る国際プロジェクトや，システマティックにさまざまな脳領域特異性および細胞種特異性をもつ Cre マウスを作製する国内外のプロジェクトがいくつか動いており，これらの相乗効果によってマウス行動遺伝学のための環境は飛躍的に充実しつつある[3]．

9-3-2　Tet-ON/OFF システム

　遺伝子を不可逆的に欠失させるだけでなく，遺伝子の働きを ON ／ OFF することが可能であれば，行動と遺伝子の関係を研究するうえで有用である．ドイツ・ハイデルベルグ大学のブジャード（Hermann Bujard）研究室で開発された Tet-ON と Tet-OFF のシステムが，そうした目的に用いられている．これらは大腸菌のテトラサイクリン耐性オペロンを改良したものであり，テトラサイクリン（Tet）の誘導体であるドキシサイクリン（Dox）が存在しない条件で目的遺伝子が発現し，Dox を与えると発現が止まるのが Tet-OFF システム，逆に Dox 存在下で発現するのが Tet-ON システムである．

　Tet-OFF システムは，1996 年にメイフォードらによって動物行動の研究

9-3 マウス逆遺伝学の精密化

に初めて用いられた．このシステムでは，2種類のマウスが必要となる（図9.4）．一つは tTA（tetracycline transactivator）を領域特異的に発現するマウスであり，もう一つは TRE（tetracycline responsive element）の制御下に目的遺伝子を発現するマウスである．メイフォードらは，このシステムを用いて常時活性型 αCaMKII（αCaMKII-Asp286）の記憶における効果を調べた[9]．正常マウスの平常状態において CaMKII は非活性化型であり，神経が活性化されシナプス後部でカルシウム濃度があがったときのみ CaMKII も活性化されるが，常時活性化型が発現しているとそのような制御がきかない．メイフォードらは，αCaMKII プロモーターの制御下に tTA を発現する Tg マウスと，TRE の制御下に αCaMKII-Asp286 を発現する Tg マウスを作製し互いを交配することにより，Dox 非存在下で αCaMKII-Asp286 を発現し，Dox 投与によって発現を抑制できるダブル Tg マウスを開発した．前脳でαCaMKII-Asp286 を発現するダブル Tg マウスでは空間記憶に障害が見られ

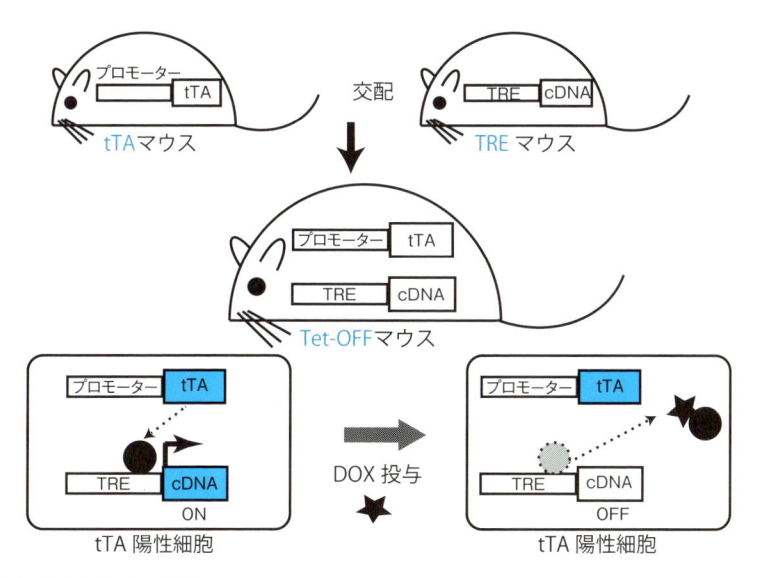

図 9.4　Tet-OFF システム
tTA マウスと TRE マウスを独立に作製し，交配により両方の遺伝子をもつマウスを作製する．そのマウスの tTA 発現細胞では tTA が TRE に結合することにより，cDNA が発現する．一方，DOX 存在下では tTA は TRE との結合能を失い，cDNA の発現が止まる．

るが，Doxを投与してαCaMKII-Asp286の発現を抑制すると記憶は正常に戻る．これらの結果は，ダブルTgマウスでの記憶障害が，αCaMKII-Asp286発現が発達異常を引き起こしたことによる間接的な影響によるものではなく，αCaMKII-Asp286発現が成体シナプスにおいて失われたことによる直接的影響であることを示す．一方，Tet-ONシステムを用いた学習・記憶の研究は，同じくカンデル研究室のマンスイ（Isabella Mansuy）らによって報告されている（図9.5）[10]．ただし，脳には血液脳関門があるため，遺伝子発現の誘導に高濃度のDoxを必要とするTet-ONシステムで正確に遺伝子発現の制御を行うことは容易ではない．Cre/loxPシステムとTet-OFFシステムを組み合わせることにより，遺伝子の働きを空間的，時間的に巧妙に制御した例として，コロンビア大学のヘン（Rene Hen）研究室のグロス（Cornellus Gross）らの研究[11]などがあるが，ここでは詳細は述べない．

9-3-3　関連技術・リソースの進歩

Cre/loxPシステム，Tet-OFFシステム，Tet-ONシステムのいずれにしても，狙った場所や細胞種で目的遺伝子を欠失させたり働かせたりするためには，適切なプロモーターが必須である．1990年代には，こうした目的に使える特異性の高いプロモーターは前述のαCaMKIIプロモーターを含め数個程度しか同定されていなかった．この分野の最近10年余りの進展はめざましく，現在では，多様な特異性をもったプロモーターの使用が可能となっている．その主要な理由として次の二つがあげられる：①大腸菌の中でBAC（バクテリア人工染色体）やPAC（P1ファージ人工染色体）を改変する技術が開発されたことにより，従来不可能であった巨大DNA断片（100〜200kb）をプロモーターとして用いることが可能となった．Tgマウス作製においてプロモーターとして用いるDNA断片に必要な発現制御領域が含まれる確率は，DNA断片の長さに比例して大きくなる．また，DNA断片が大きくなれば，それが挿入される染色体部位近傍に存在するさまざまな転写制御領域の影響を受けにくくなる．数kbのDNA断片を用いる従来法と比較して，BACあるいはPACにクローニングされた巨大DNAをプロモーターとして用いることによって，Cre組換え酵素やtTAなどを目的の場所や細胞に発現させ

9-3 マウス逆遺伝学の精密化

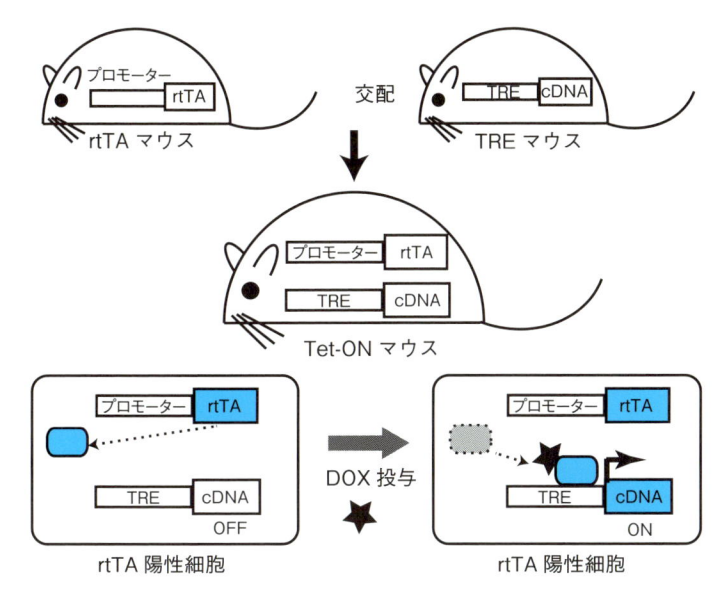

図 9.5 Tet-ON システム
rtTA マウスと TRE マウスを独立に作製し，交配により両方の遺伝子をもつマウスを作製する．rtTA は DOX 存在下でのみ TRE に結合し，下流の遺伝子を発現する．

られる確率が飛躍的にあがった．②次いで，公共データベースの充実がある．プロモーター選択の第一段階は目的とする発現パターンを示す遺伝子を探し出すことであるが，以前は，文献（もちろん紙媒体）をひとつひとつ調べるか，自分自身で実験をして調べる必要があった．現在では，Allen Brain Atlas プロジェクト（http://www.brain-map.org/）や GENSAT プロジェクト（http://www.gensat.org/index.html）などによって，成体脳に関してはすべての遺伝子，発達期脳に関しても多くの遺伝子の発現パターンがすでに調べられており，それらをインターネット上で容易に知ることができる．一時代前は，マウス逆遺伝的アプローチは分子生物学に習熟した一部の専門家にしか用いることのできない高度な技術であったが，上に述べたような近年の関連技術およびリソースの進歩は，さまざまなバックグラウンドをもつ研究者がこの分野に参入するうえでの障壁を低くし，マウス逆遺伝学の今日の隆盛に大きく貢献している．

9-4　マウス行動遺伝学のひろがり

　動物行動の基盤となるのは精緻に構築された神経回路である．上に述べてきたように，従来型および発展型のマウス逆遺伝学は，動物行動―神経回路―遺伝子の関連を明らかにすることに貢献してきた．しかしながら，理解が大きく進展したとはいえ，動物行動と神経回路の間にはいまだに大きなブラックボックスが存在しており，これを明らかにすることが，現在の神経回路研究の最大の目標の一つである．マウス逆遺伝学はその目標に向かって，とくに最近の数年間で大きく様相を変えてきた．すなわち，マウス逆遺伝学は，いまや単なる遺伝子ノックアウトではなく，動物行動と神経回路の間を埋めるためのさまざまな新しい戦略に用いられるようになってきた．①特定の神経回路の活動を操作し行動への影響を見る実験は，従来，電気生理学的手法や薬理学的手法を用いて行われてきた．こうした実験に遺伝学的手法が用いられることにより，格段に精密かつ厳密な操作が可能となった．例えば，シナプス放出を阻害するタンパク質であるテタヌストキシンの遺伝子を，特定の領域の特定の神経細胞に特定の時期に発現させることにより，神経回路特異的に神経活動を抑制することができる．また，チャネルロドプシン，ハロロドプシン[†9]などの遺伝子を同様に発現させ，特定の波長の光を照射することによって，標的神経細胞の活動を自由自在にON／OFFするなどの実験が可能である．②脳の中で神経がどのようにつながっているかという根本的な問題は，従来，トレーサーを用いる組織学的手法や電気生理学的手法で研究されてきたが，マウスなど哺乳類の複雑な脳においては，いまだにほとんど謎のままである．特定の領域の特定の種類の神経細胞を遺伝学的に標識することによって，その軸索や樹状突起がどのような神経細胞とつながっているかを知ることが可能である．③ある神経回路の働きを知りたいとき，その回路を構成する特定の細胞集団を殺すことは有効である．従来は薬剤や物理的な手法で神経細胞を殺していたが，イムノトキシンやジフテリアトキシンといった毒素を遺伝学的に発現させることにより，狙ったタイミングで特定の神経細胞を殺すことができる．いずれの応用編においても，従来法と

比較して，遺伝学的手法は，再現性の高さ，および，領域や細胞種を精密かつ厳密にコントロールできる点で優れている．

一方，遺伝学的手法が高度化するにしたがい，交配などにより長い時間が必要となるという問題点も大きくなってきた．最近，ウイルスや子宮内の胎仔脳への電気穿孔法を用いて神経細胞に遺伝子を導入する手法が発展してきているが，これらは簡単で速いものの，単独では精密性，再現性に課題がある．こうした両方の技術を組み合わせることにより，両者の長所をあわせもつ戦略が可能となる．今後発展する方向性の一つと思われる．

9-5　マウス行動遺伝学の未来への展望

MITの利根川研究室によって動物行動の研究に初めてマウス逆遺伝学が導入されてから，20年弱の年月が経過した．その間，数多くの研究がなされ，また，関連技術の開発やリソースの整備も予想を上回るスピードで進展してきた．動物行動—神経回路—遺伝子という巨大なブラックボックスは，いまだその表層が理解されたに過ぎないが，こうした技術やリソースの進歩によって，われわれはブラックボックスの（ゴールの遠さから考えると少しずつではあるが）奥深くへと分け入ることが可能となってきた．マウスとヒトでは基本的な脳の構造は同じである．マウス逆遺伝学によって，ヒトの行動の基盤である脳の神経回路の仕組み，さらには，さまざまな精神・神経疾患の仕組みの理解や治療法の開発が進むことが期待される．

[文 献]

1) Silva, A.J., Stevens, C.F., Tonegawa, S. & Wang, Y. *Science*, **257**, 201-206 (1992)
2) Silva, A.J., Paylor, R., Wehner, J.M. & Tonegawa, S. *Science*, **257**, 206-211 (1992)
3) Skarnes, W.C., Rosen, B., West, A.P., Koutsourakis, M., Bushell, W. *et al. Nature*, **474**, 337-342 (2011)
4) Tsien, J.Z., Chen, D.F., Gerber, D., Tom, C, Mercer, E.H. *et al. Cell*, **87**, 1317-1326 (1996)
5) Tsien, J.Z., Huerta, P. & Tonegawa, S. *Cell*, **87**, 1327-1338 (1996)
6) McHugh, T.J., Blum, K.I., Tsien, J.Z., Tonegawa, S. & Wilson, M.A. *Cell*, **87**, 1339-1349 (1996)
7) Nakazawa, K., Quirk, M.C., Chitwood, R.A., Watanabe, M., Yeckel, M.F. *et al. Science*, **297**, 211-218 (2002)

8) McHugh, T.J., Jones, M.W., Quinn, J.J., Balthasar, N., Coppari, R. *et al. Science*, **317**, 94-99 (2007)
9) Mayford, M., Bach, M.E., Huang, Y.-Y., Wang, L., Hawkins, R.D. *et al. Science*, **274**, 1678-1683 (1996)
10) Mansui, I.M., Winder, D.G., Moallem, T.M., Osman, M., Mayford, M. *et al. Neuron*, **21**, 257-265 (1998).
11) Gross, C., Zhuang, X., Stark, K., Ramboz, S., Oosting, R. *et al. Nature*, **416**, 396-400 (2002)
12) Iwasato, T., Datwani, A., Wolf, A.M., Nishiyama, H., Taguchi, Y. *et al. Nature*, **406**, 726-731 (2000).

[用語解説]

†1 **Ca^{2+}／カルモジュリン依存性タンパク質キナーゼⅡ（CaMKII）**：前脳（特に海馬）に豊富に発現するセリン・スレオニンキナーゼ．NMDA受容体などから流入したカルシウムによって活性化され，可塑性に重要な役割を担う．

†2 **海馬**（図9.3）：大脳辺縁系の一部．1950年代にてんかん治療のため海馬を切除された男性患者（HM氏）が，手術前のことは覚えているが，手術後に新たに物事を覚えることができなくなったことから，海馬が記憶の中枢であることが知られるようになった．

†3 **長期増強（LTP）**：「くり返し使われるシナプスが強化される」という，記憶の基盤と考えられる現象であり，現在では，海馬を含む，記憶に関係する脳の多くの領域で見つかっている．

†4 **Cre/loxP組換えシステム**：DuPont社のBrian Sauerによって開発された，P1ファージ由来の部位特異的組換えシステム．Cre組換え酵素はloxPと呼ばれる34bpの塩基配列を認識して組換えを起こし，2個のloxPが同方向の場合，挟まれたDNAを染色体から切り出す（図9.2）．

†5 **flp/FRT組換えシステム**：酵母由来の部位特異的組換えシステム．flp組換え酵素はFRTと呼ばれる34bpの塩基配列を認識して組換えを起こし，2個のFRTが同方向の場合，挟まれたDNAを染色体から切り出す（図9.1）．哺乳細胞においては高温（37℃）での安定性を高めた改良型flp（flpe）が用いられる．

†6 **NMDA型グルタミン酸受容体（NMDA受容体）**：イオン透過型グルタミン酸受容体の一つであり，中枢神経系に広く分布する．2個のNR1と2個のNR2サブユニットからなる四量体として主にシナプス後膜に局在し，活性化されるとスパインにカルシウムを流入させ，さまざまな可塑性の起点となる．

†7 **パターン・セパレーション（pattern separation）**：似通った物事や出来事であっても，微妙な違いで区別して別のものとして記憶できる脳の働き．

†8 **パターン・コンプリーション（pattern completion）**：物事を覚えるときに用いた手がかりの一部だけしか提示されなくても，全体の記憶を想起することのできる脳の働き．

†9 **チャネルロドプシンとハロロドプシン（光遺伝学）**：それぞれ藻類，古細菌由来のタンパク質．特定の波長の光をあてることにより，これらのタンパク質を発現する神経細胞を興奮あるいは抑制することができる．こうした技術は「光遺伝学」と呼ばれ，現在の神経科学でもっともホットな分野の一つである．

10. イヌの行動遺伝学

荒田 明香・武内 ゆかり

1万年以上も前からヒトとともに暮らしてきたイヌは，警戒心の強い野生動物であるオオカミが先祖種と考えられているにもかかわらず，ヒトに馴れる性質やヒトが望む性質をもとに選抜繁殖されることにより，多様な形態と豊かな個性をあらわす動物となったことは驚きに値する．本章では，イヌの行動遺伝学的研究について，家畜化の歴史や人間との生活に支障をきたす問題行動に関する研究などにも触れながら紹介する．

10-1 はじめに

イヌは，「人間の最良の友（Man's best friend）」と言われるように，われわれの生活のいろいろな場面に登場する．伴侶動物として愛情の対象としている人もいるだろうし，使役犬[†1]として共に働く人や補助犬として日常生活の支えとしている人もいるだろう．このようにさまざまな役割を担い，それぞれに個性があるからこそ多くの人が魅了されるイヌであるが，ときにはその個性が問題につながることもある．

例えば，番犬としての歴史的役割をもつイヌにとって，家の近くを通る見知らぬ人に対して吠えるのは当然のことである．しかし，そのイヌをマンションで飼っていたらどうだろう？　吠える行動は近所迷惑となり，飼い主にとっても困る問題となる．このようにイヌとしては正常な行動であっても人間との生活に支障をきたす場合や，その行動の多寡が正常範囲を逸脱している場合に，これらは総じて問題行動とみなされる．その要因は多岐にわたるが，興奮しやすさ，攻撃性，不安傾向の強さなどといった行動特性の個体差が関わっていることも少なくない．また，探知犬や盲導犬などの使役犬は育成に多大な投資を必要とするが，使役犬になれる個体は決して多くなく，不適格と判断される主な理由は前述したような行動特性上の問題である．行動

■ 10章　イヌの行動遺伝学

特性の情動的基盤は気質と呼ばれるが，気質およびその個体差の生物学的背景の理解は，脳神経科学の基礎的研究発展に貢献するだけでなく，ヒトとイヌの適正な共存関係を模索していくうえでも意義が大きいと考えられる．こうしたことから筆者らは気質の遺伝的基盤に興味をもち，イヌをモデルとした研究を進めている．

10-2 「イヌ」の誕生と変容

イヌ（*Canis familiaris*）はもっとも古くに家畜化[†2]され，多数の品種（犬種）からなる非常にバラエティーに富んだ動物である．イヌの家畜化の経緯については，考古学的な発見に加え，遺伝学的研究の発展により，近年多くのことが明らかとなってきた．オストランダー（Elaine Ostrander）とウェイン（Robert Wayne）[1]は，イヌ科動物のミトコンドリア DNA の塩基配列を比較することにより，遺伝学的にイヌにもっとも近いのはハイイロオオカミ（*Canis lupus*）であることを明らかにした．家畜化が始まった時期や場所については，現存するイヌおよびオオカミの遺伝的多様性を調べることにより，近年相次いで研究報告がされている．ミトコンドリア DNA をもとにアジア（中国揚子江付近）において 1 万 6 千年前に始まった[2]とする説や，ゲノム DNA をもとに中東で始まった[3]とする説があり，まだ結論には至っていない．

家畜化の初期段階では，イヌは狩猟に協力することで獲物の分け前をもらい，ヒトの周辺で生活し，ときにはヒトの食料になることもあったと言われているが，子犬を抱いた女性の遺骨（イスラエルの Ein Mallaha 遺跡：1 万年以上前のものと推察される）に象徴されるように，当時からすでに愛情の対象となっていたことが想像される．ローマ時代には，狩猟犬，護衛犬，牧羊犬，愛玩犬などといった役割に応じた飼育が始まり，中世になると，貴族による狩猟ゲームの多様化に伴いさらに犬種の開発が進んだとされている．このように，多くは特定の役割を担えるよう行動面の特徴に焦点をあてた選抜繁殖が行われた結果，現代では 300 以上の犬種が存在し，3kg に満たないチワワから 90kg のマスチフまで，またスリムなグレイハウンドから筋肉質

なブルドッグまで，まるで同一種とは思えないほどの形態的多様性が見られる．

　行動面の変化に伴い外見的特徴にも変化が表れるという現象は，イヌ以外の家畜にも共通し，さらには実験的な家畜化モデルの作出プロセスにおいても確認されている．現存する家畜の場合，家畜化の過程を直接目で見ることは難しく，その過程を先祖種（イヌであればオオカミ）との比較や考古学的な知見から推測するしかなかった．そこで，ロシアの遺伝学者ベリャーエフ（Dmitri Belyaev）は，1959年よりギンギツネ（*Vulpes vulpes*）を用いた実験的な家畜化モデルの構築を開始した[4]．毛皮生産のために飼育されていたギンギツネの中から，人間が飼育ケージに接近するという刺激に対して攻撃行動もしくは忌避行動を示すことの少ないキツネを選び交配に用いたところ，選抜繁殖を始めてからわずか6世代で，人懐っこく，イヌのようにヒトとの接触を好む人馴れしたキツネが認められるようになり，同時に，白い斑模様や垂れ耳，巻き尾といった，家畜化動物に共通する外見的特徴も認められるようになったという（図10.1）．行動実験における反応の違いについては，http://cbsu.tc.cornell.edu/ccgr/behaviour/Fox_Behavior.htm を参照されたい．この人馴れしたキツネと攻撃的なキツネ（ヒトに対して攻撃的な反応を示すキツネを用いた選抜繁殖により作出されたキツネ）を交配させて得られた雑種個体は，親個体の中間的な特徴を示し，さらに雑種個体と人馴れしたキツネとの間の戻し交配個体は雑種個体よりヒトに馴れやすいという特徴を示した（図10.2）．この結果から，ヒトに馴れるという家畜化動物に共通した行動学的特徴は遺伝的な要因の影響を強く受けることが証明され，現在ではそれに関連するゲノム領域も絞られつつある[5]．

　さまざまな動物の中で，イヌがヒトとの間にここまで密な共同生活を送ることができるようになった要因として，単に家畜化の歴史が長いということだけではなく，イヌならではの特性が存在するはずであり，その特性として，高い社会性やヒトとのコミュニケーション能力があげられる．イヌの先祖種とされるオオカミは，アルファと呼ばれる優位個体をリーダーとした群れ（パック）で生活し，獲物を捕獲する際には互いに協力し，得られた食料は序列に応じて皆で分け合う．またパックの構成員以外の個体や敵が近づい

■ 10章　イヌの行動遺伝学

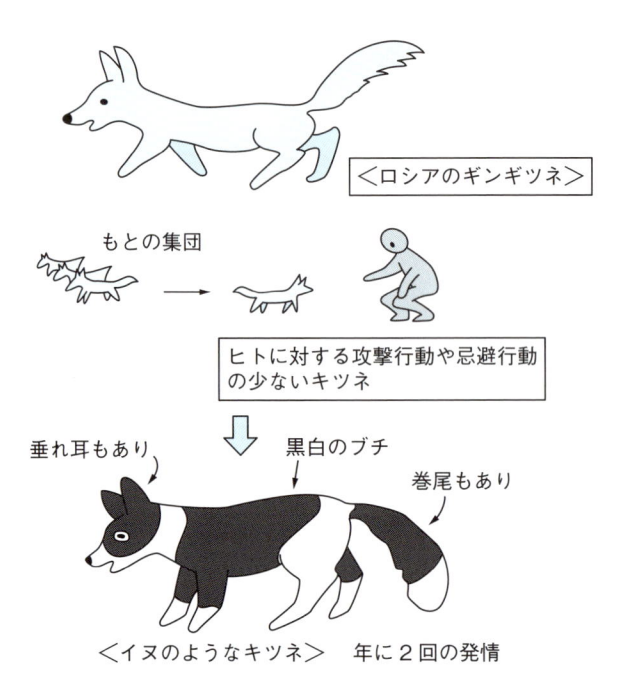

図10.1　ギンギツネの家畜化に伴う外見上の変化
ヒトに対する攻撃行動や忌避行動の少ないキツネを用いた選抜繁殖を行った結果，イヌのような特徴が数多く認められるようになった．（文献4を改変）

てきた際には，警戒し仲間に危険を知らせる．このような習性がイヌにも受け継がれ，他個体との協力行動がヒトの狩猟を助け，仲間を守る警戒行動がヒトに安全をもたらしたと考えられる．一方，ヒトとのコミュニケーション能力は，近年，とくに注目を集めており，イヌの認知能力に焦点をあてた研究が盛んに行われている．例えば，ヒトの幼児が発達過程で獲得する能力の一つである「指さし」というコミュニケーション方法があるが，イヌはこれを正確に理解できるという．その能力は人間に育てられたオオカミでは認められず，さらにはヒトにもっとも近いとされるチンパンジーよりも優れている[6]ことから，これは家畜化の過程で獲得された生得的な能力であり，イヌがヒトの最良のパートナーとなった所以と考えられている．

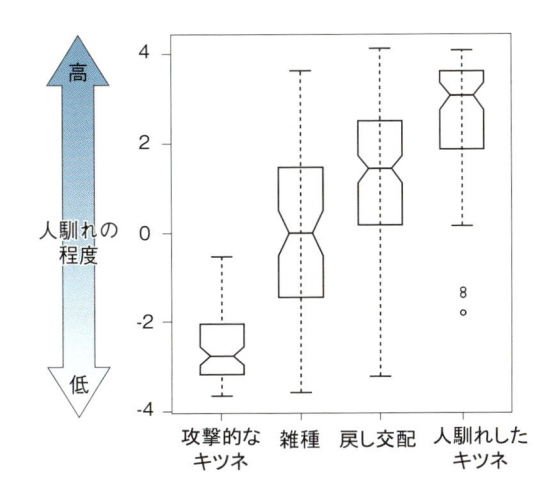

図 10.2 ギンギツネにおける，選抜繁殖による人馴れの程度の違い
人馴れしたキツネと攻撃的なキツネを交配させて得られた雑種個体は，親個体の中間的な特徴を示し，さらに雑種個体と人馴れしたキツネとの間の戻し交配個体は雑種個体よりヒトに馴れやすいという特徴を示した．（文献 5 を改変）

10-3 イヌにおける行動遺伝学の歴史

　メンデルの法則が 1865 年に発表され，20 世紀初頭にその概念が広く受け入れられるようになると，研究者達はこの法則によって説明できる行動傾向について解析を進め始めた．初期の研究では，繁殖が十分に管理された狩猟犬における狩猟姿勢や銃音恐怖，牧羊犬における羊の群れの統率行動などといった客観的に評価しやすい行動傾向が解析項目の中心となっていた[7]．

　イヌの行動傾向と遺伝に関するもっとも有名な研究は，スコット（John Scott）とフラー（John Fuller）によって 1945 年に米国のジャクソンラボラトリーにおいて始まり，13 年以上の研究期間を経て 1965 年に一冊の本としてまとめあげられた[8]．この研究の主な目的は，できるだけ同じような環境で世代を越えて育成した数犬種の行動傾向を解析することで，その犬種に特有の行動傾向の遺伝的寄与率を評価しようというものであった．ここで彼らの膨大な研究結果を紹介することはできないが，彼ら自身もすべての行動を

単純なメンデルの法則で説明することは不可能であること，犬種差に匹敵するほど大きな犬種内個体差が存在することに気づいていたという．また，彼らは子犬の気質に対する母親の影響をも発見した．すなわち，バセンジーとコッカースパニエル（比較的，人間に友好的な犬種）の雑種を比較したところ，母親がコッカースパニエルで父親がバセンジーの場合，子犬は人間に対して友好的になるが，逆の雑種で母親がバセンジーの場合は，子犬は友好的ではなかったという．

その後1970年代より，研究の対象は盲導犬や軍用犬などの使役犬に移っていった．独自の繁殖コロニーが存在するため，各個体の血縁情報が入手可能であるというメリットがあり，さらにそこで得られた情報を繁殖プログラムに活用することで効率の良い使役犬育成を望むことができるからである．各研究間で行動評価方法が一定ではないため，単純な比較はできないが，例えばジャーマンシェパードにおける「活動性」，ラブラドールレトリーバーやその他の犬種における「神経質」では50％を超える遺伝率が報告されており[9]，気質の遺伝的背景を探る研究を進めるうえでの強い裏付けとなっている．

10-4　問題行動にまつわる遺伝学的研究

カリフォルニア大学のハートら（Benjamin Hart と Lynette Hart）[10]は，犬種による行動特性の違いを調査すべく，13の行動特性に着目して，代表的な54犬種の間で各行動特性のポイントを比較した．その結果，ドーベルマンピンシャーやジャーマンシェパードのような番犬に使われる犬種では当然のことながら縄張り防衛や警戒咆哮といった行動傾向が強く，逆にラブラドールレトリーバーやゴールデンレトリーバーのようないわゆる家庭犬では攻撃性や興奮性が全般的に低いなど，行動特性に際立った犬種差のあることが数量化されて示された．こうした研究は英国[11]や日本[12,13]でも追試され（図10.3），類似の結果が得られていることからも，その遺伝的影響は評価者（獣医師などの専門家）や，飼育されている地域の違いを越えて保存されていることが容易に想像される．

10-5 イヌにおける気質関連遺伝子の探索

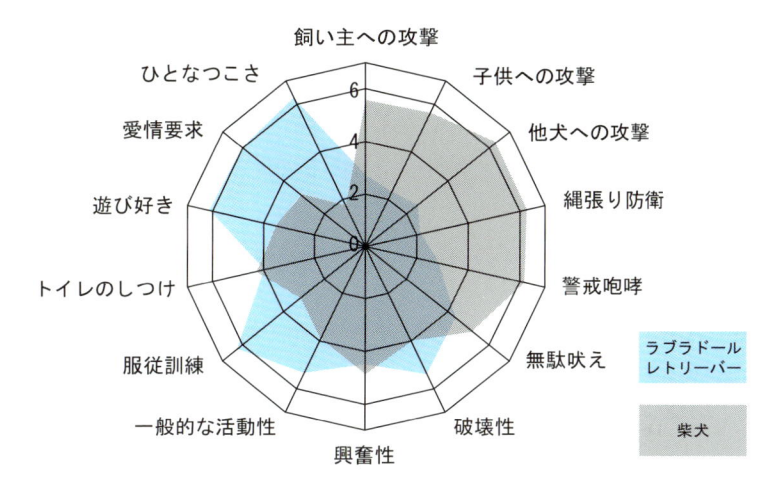

図10.3 わが国における96名の臨床獣医師による犬種別気質評価の一例
ラブラドールレトリーバーと柴犬は，ほぼ正反対の気質と評価された．（はじめてでも失敗しない愛犬の選び方．文献13を改変）

　また，気質に関わる攻撃行動や不安傾向，常同障害[†3]といった問題行動についてもそれぞれの犬種で発現頻度が異なることから，遺伝的な素因との関連が指摘されている．ドッドマン（Nicholas Dodman）ら[14]は常同障害における一つの症状である脇腹吸い（flank sucking）や毛布吸い（blanket sucking）がドーベルマンピンシャーに多く認められることに注目し，疾患群と健常群に対しゲノムワイド関連解析[†4]を行った．その結果，細胞接着因子の一つである *cadherin 2*（*CDH2*）遺伝子上の一塩基多型がこうした症状の発現と強い関連をもつことが示された．イヌにおいてこれまで明らかな遺伝性疾患や犬種特異性の高い医学的疾患に対しては網羅的な原因遺伝子の追求が実施されてきたが，問題行動に対してはこれが初の試みである．今後，この常同障害と *CDH2* 遺伝子がどのように関わっているのか，多型[†5]によるタンパク質の機能や発現量への影響を含めて，研究の進展が期待される．

10-5　イヌにおける気質関連遺伝子の探索

　イヌの気質にどのような遺伝子が関わっているのかという研究は，ヒト

を対象とした研究をきっかけに京都大学の村山らにより始まった．まずヒトの性格に関連する遺伝的要因として初期に着目されたドーパミン4型受容体（*dopamine receptor D4*；*DRD4*）遺伝子の多型性が検討されたところ，イヌでも同部位に類似した多型が存在し，縄張り防衛本能が高いと考えられる柴犬の方がゴールデンレトリーバーよりこの領域が長いことが明らかとなった[15]．さらに23犬種についてこの部位の長さや塩基配列の類似性により遺伝的近縁度を求めて2グループに分類すると，反応性や攻撃性といった気質がこれらの2グループで有意に異なることが示された[16]．同様の観点から，他グループでも多型性の犬種差が調べられ，2009年の時点で100以上の神経伝達物質関連遺伝子における多型が報告されている．しかしながら，こうした関連が，果たして本当に犬種特有の気質を反映しているものなのか，それとも単に犬種の外見や生理学的特性あるいは地理的多様性を反映したものであるのかを厳密に識別していくことが，今後の課題の一つとなっている．

　このような課題を解決するために，単一犬種を対象とし，各個体の気質を評価し，その結果と遺伝子多型との関連を調べる手法がとられている．例えば，筆者の研究グループでは，同一犬種内における気質の個体差の遺伝的背景を探るうえで，2犬種すなわち日本古来の柴犬と使役犬としても名高いラブラドールレトリーバーに着目した．柴犬はイヌの先祖種であるオオカミと遺伝的に近縁である[17]とともに安定した人気犬種であるゆえ遺伝的多様性を保持していることから，またラブラドールレトリーバーは歴史が古く，その行動特性を選抜することで盲導犬，探知犬，狩猟犬，スポーティング犬，家庭犬などさまざまな系統が維持されていることから，それぞれ好個のモデルと考えられる．また，両犬種の気質は大きく異なると予想されることから（図10.3），それぞれの犬種に関する研究が互いに補完しあう可能性も予測される．

　柴犬の研究[18]では，飼い主に対して「気質評価アンケート調査」を実施するとともに，各個体からゲノムを抽出するための血液や被毛を採取した．続いてイヌにおける気質関連遺伝子の候補遺伝子における多型について，遺伝子型を決定した．これらの多型と飼い主が評価した気質との関連を解析

10-5 イヌにおける気質関連遺伝子の探索

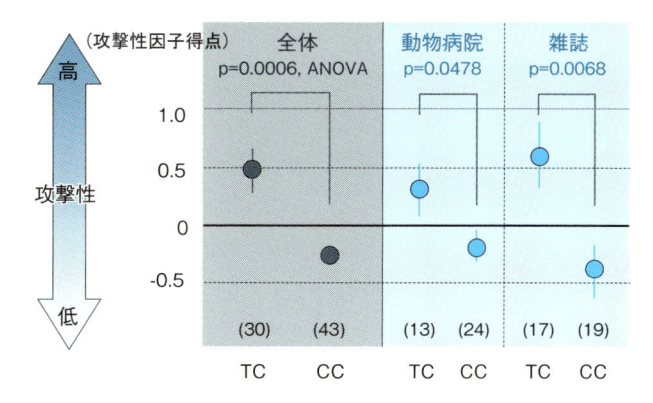

図 10.4　柴犬の SLC1A2 遺伝子多型（471T>C）における遺伝子型と気質評価スコアの関係
SLC1A2 遺伝子に存在する一塩基多型は，柴犬の「攻撃性」と関連すると考えられた．括弧内には例数を表示した．TT 遺伝子型は個体数が少ないために解析から除外された．（文献 18 を改変）

したところ，*solute carrier family 1* (*glial high affinity glutamate transporter*), *member 2*（*SLC1A2*）遺伝子上の一塩基多型（471T>C 多型）と攻撃性因子得点が有意に関連しているということが明らかとなった（図 10.4）．さらにこの関係は，個体群を由来別（動物病院に依頼して回収したサンプルと雑誌を通じて回収したサンプル）に分割した場合でも保持されていた．

続くラブラドールレトリーバーの研究[19]では，盲導犬に焦点を絞りカリフォルニア州盲導犬協会の協力を得て，プロフェッショナルなトレーナーによる訓練記録の気質評価部分と各個体における遺伝子多型との関連を解析したところ，*SLC1A2* 遺伝子の 471T>C 多型および *catecholamine-O-methyltransferase*（*COMT*）遺伝子の 216G>A 多型と活動性因子得点が有意に関連していることが明らかとなった（図 10.5）．

柴犬の研究ではアンケート調査を飼い主に依頼したという点で気質評価が客観性に乏しい点が，一方のラブラドールレトリーバーの研究では盲導犬の繁殖コロニーにおいて遺伝的多様性に乏しい点が，それぞれ今後の検討課題としてあげられるものの，両犬種で *SLC1A2* 遺伝子の 471T>C 多型が気質に

■ 10章　イヌの行動遺伝学

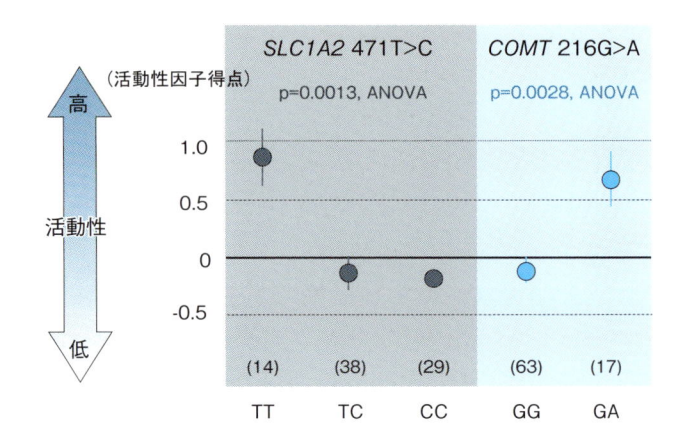

図10.5　盲導犬（ラブラドールレトリーバー）の *SLC1A2* 遺伝子多型（471T>C）と *COMT* 遺伝子多型（216G>A）における遺伝子型と気質評価スコアの関係
両一塩基多型は，盲導犬の「活動性」と関連すると考えられた．括弧内には例数を表示した．*COMT* 遺伝子における AA 遺伝子型は個体数が少ないために解析から除外された．（文献19を改変）

関連していたという結果は興味深い．*SLC1A2* 遺伝子は脳内における神経伝達物質である興奮性アミノ酸の細胞内取り込みを行うトランスポーター遺伝子であり，この遺伝子の多型が興奮性アミノ酸の伝達効率を変化させる可能性のあること，柴犬の攻撃性には反射的要素が大きいこと，盲導犬の訓練士によって活動性が評価される際には衝動性が重要視されること，などから，それぞれの研究における関連性は，犬種の枠を超えて「反射性」や「衝動性」といった気質との関連を反映しているのかもしれない．

10-6　イヌにおける行動遺伝学の展望

前述したように，単一犬種を用いて，詳細な気質と遺伝子多型との関連を調べた報告は最近になって増えてきたが，研究グループによって対象とする気質や遺伝子の種類が異なるため，その結果の比較や統合はまだ困難な段階にある．共通の手法を用いた研究を異なる地域で，あるいは他の犬種を対象として行うことにより，結果を集積していく必要があると考えられる．イヌゲノムのドラフトシークエンスが2004年に公開された[20]ことに伴い，全染

色体にわたる十数万個の一塩基多型について遺伝子型の同定が可能なアレイも開発されるなど，その解析手法の充実はヒトでの研究に迫る勢いである．2008年には，こうしたアレイを利用した，欧州12か国が参加するLUPA (http://www.eurolupa.org/) プロジェクトが始動した．このプロジェクトでは，最新のゲノム解析手法を用いたイヌの疾患原因遺伝子の同定を目的としているが，「Dogs to help cure humans」という課題も掲げているように，イヌでの発見が類似の疾患メカニズムを共有するヒトにも応用可能となることが期待されている．現時点における同プログラムからの報告は，遺伝性が高く表現型が明らかな器質的疾患に関するものだけではあるが，今後，行動学的疾患や気質に由来する精神疾患についても解析が進むことに期待したい．

こうした時代の流れの中で，原点に還ってもっとも大切なことは何かと問えば，「イヌの気質をいかに適切に評価するか」というのが答えである．一般的にイヌの気質を評価する際には，「気質評価行動実験」と「気質評価アンケート調査」が用いられるが，実用性や客観性といった面でそれぞれの方法には長所と短所が存在する[21]．イヌにおける気質の遺伝的背景を探る研究では，多数の個体から情報を得る必要があるという点も考慮に入れながら，「行動実験」と「アンケート調査」を組み合わせた，両者の長所を活かした手法を採択すべきであろう．遺伝学的な情報や解析手法が日進月歩で発展しつつある現代において，行動の表現型を適切かつ正確に評価することこそがわれわれ行動学者を標榜する科学者に課せられた任務なのである．

イヌにおける気質の遺伝的背景が解明されることになれば，極端な気質をもつ個体を作出しないように繁殖個体を選抜することや，成長後の気質を予想しあらかじめ飼い主と相性の良い個体を選び出すこと，生じうる問題行動を予防することなどが可能となるだろう．このような研究成果をもとに，近い将来，ヒトとイヌ，両者の福祉に配慮をした，よりよい共存関係が構築される日の到来を心待ちにしている．

■ 10章　イヌの行動遺伝学

[文　献]

1) Ostrander, E. A. & Wayne, R. K. *Genome Res.*, **15**, 1706-1716 (2005).
2) Pang, J. F., Kluetsch, C., Zou, X. J., Zhang, A. B., Luo, L. Y., *et al. Mol. Biol. Evol.*, **26**, 2849-2864 (2009).
3) Vonholdt, B. M., Pollinger, J. P., Lohmueller, K. E., Han, E., Parker, H. G., *et al. Nature*, **464**, 898-902 (2010).
4) Trut, L., Oskina, I. & Kharlamova, A. *Bioessays*, **31**, 349-360 (2009).
5) Kukekova, A. V., Trut, L. N., Chase, K., Kharlamova, A. V., Johnson, J. L., *et al. Behav. Genet.*, **41**, 593-606 (2011).
6) Hare, B., Brown, M., Williamson, C. & Tomasello, M. *Science*, **298**, 1634-1636 (2002).
7) Mackenzie, S. A., Oltenacu, E. A. B. & Houpt, K. A. *Appl. Anim. Behav. Sci.*, **15**, 365-393 (1986).
8) Scott, J. P. & Fuller, J. L. *Genetics and the Social Behavior of the Dog. The Classic Study*, The University of Chicago Press, Chicago, 1965.
9) Ruefenacht, S., Gebhardt-Henrich, S., Miyake, T. & Gaillard, C. *Appl. Anim. Behav. Sci.*, **79**, 113-132 (2002).
10) Hart, B. L. & Hart, L. A. *The Perfect Puppy*, W. H. Freeman and Company, New York, 1988.
11) Bradshaw, J. W. S., Goodwin, D., Lea, A. M. & Whitehead, S. L. *Vet. Rec.*, **138**, 465-468 (1996).
12) Takeuchi, Y. & Mori, Y. *J. Vet. Med. Sci.*, **68**, 789-796 (2006).
13) 武内ゆかり. はじめてでも失敗しない愛犬の選び方. 幻冬舎, 2007.
14) Dodman, N. H., Karlsson, E. K., Moon-Fanelli, A., Galdzicka, M., Perloski, M., *et al. Mol. Psychiatry*, **15**, 8-10 (2010).
15) Niimi, Y., Inoue-Murayama, M., Murayama, Y., Ito, S. & Iwasaki, T. *J. Vet. Med. Sci.*, **61**, 1281-1286 (1999).
16) Ito, H., Nara, H., Inoue-Murayama, M., Shimada, M. K., Koshimura, A., *et al. J. Vet. Med. Sci.*, **66**, 815-820 (2004).
17) Parker, H. G., Kim, L. V., Sutter, N. B., Carlson, S., Lorentzen, T. D., *et al. Science*, **304**, 1160-1164 (2004).
18) Takeuchi, Y., Kaneko, F., Hashizume, C., Masuda, K., Ogata, N., *et al. Anim. Genet.*, **40**, 616-622 (2009).
19) Takeuchi, Y., Hashizume, C., Arata, S., Inoue-Murayama, M., Maki, T., *et al. Anim. Genet.*, **40**, 217-224 (2009).
20) Lindblad-Toh, K., Wade, C. M., Mikkelsen, T. S., Karlsson, E. K., Jaffe, D. B., *et al. Nature*, **438**, 803-819 (2005).
21) Jones, A. C. & Gosling, S. D. *Appl. Anim. Behav. Sci.*, **95**, 1-53 (2005).

[用語解説]
† 1　**使役犬**：人に貢献するために働くイヌや，人に利用されるイヌの総称．猟犬や牧羊犬，警察犬，探知犬，盲導犬，聴導犬，介助犬などが含まれる．
† 2　**家畜化**：野生動物を飼い馴らし，その繁殖を管理して有用な性質をもつ個体だけを選抜育種すること．家畜化により，目的とした性質以外にも，身体的特徴・行動・繁殖能力などに変化が表れることもある．
† 3　**常同障害**：尾追い，影追い，光追い，空気嚙み，過度の舐め行動など，異常な頻度や持続時間でくり返し生じる強迫的もしくは幻覚的な行動のことを指す．症状や薬物療法といった点で，ヒトの強迫性障害と共通点を多くもち，セロトニンをはじめとする脳内神経伝達物質のバランスが関与していると考えられている．
† 4　**ゲノムワイド関連解析**：疾患罹患群と健常群の間で，ゲノム全域（genome-wide）にわたる多型マーカーの出現頻度を比較検定し，統計学的有意差のある多型を検出する解析方法．近年，イヌゲノムの公開により，一度に多数のマーカーについて遺伝子型決定が可能なアレイが作製され，イヌにおいてもこの解析方法がとられるようになった．
† 5　**多型**：ある生物種集団のうち，DNA配列の異なる個体が存在し，その割合が集団内の1％以上であること，またはその異なるDNA配列のことをいう．多型のうち，ある一箇所の塩基配列が他の塩基に置換したものを一塩基多型（Single nucleotide polymorphism; SNP）と呼ぶ．翻訳されるタンパク質に影響したりしなかったりするが，特徴的な一塩基多型の存在はその機能学的な重要性とは関わりなくマーカーとして利用することができる．

11. 家畜動物の行動遺伝学

桃沢 幸秀・武内 ゆかり

家畜動物は，人間の利用目的に合わせて長きにわたって育種選抜されてきた動物であり，従順な個体が選抜されるなど，家畜化の過程においては行動学的側面も大きな影響を受けてきた．その結果として，それぞれの動物種や品種には固有の行動傾向が存在するため，家畜動物は自然発生モデルとして行動遺伝学の興味深い研究対象であると考えられる．研究の隘路となっていた遺伝情報の不足も，近年の遺伝子解析技術の発達により解消しつつあり，今後大いなる発展が期待される．

11-1 家畜動物の特徴

定義によって家畜動物に含まれる動物種は変わるが，本章ではウシ・ウマ・ブタ・ヒツジ・ヤギなどの哺乳類とニワトリをはじめとする鳥類を対象とする．これらの動物から食料・繊維・労働力などを得るために人間が野生動物を囲い込み食べ物を与え，より人間の利用目的に適う個体を選び繁殖に供し改良してきた．家畜として望ましい形質としては，肉・乳・繊維などの量・品質といった経済形質だけではなく，人間を過度に恐れない，群れとして飼育可能な社会性や繁殖形態をもつなど，行動学的な側面に関係するものも多く含まれている[1]．

家畜動物は，長きにわたる家畜化・育種選抜の過程を経て，現在では人間の利用目的に合わせてさまざまな特徴を有している．品種が固定された以降も，経済形質を高めることが追求され，人工授精の適用により形質変化のスピードは自然界では考えられないほどとなっている．例えば，ニワトリでは産肉量が1965年から30年間で1250gから1900gとおよそ1.5倍になっただけではなく，出荷まで要する日数も59日から44日と25％も短縮している．一方で，感染症に弱い個体の増加，受精率の低下，ストレス抵抗性の低下など，

表 11.1 実験動物・家畜動物・ヒトの比較

	実験動物	家畜動物	ヒト
対象動物	線虫・ショウジョウバエ ゼブラフィッシュ・マウス	イヌ・ウシ・ウマ ブタ・ニワトリ	ヒト
研究者の数	多い	少ない	多い
遺伝子情報	豊富	不足していた	豊富
人為的交配個体の作出	容易	可能ではある	不可能
遺伝子改変動物の作出	容易	可能ではある	不可能

経済形質のみを重要視する育種選抜の「副作用」ともいうべき現象が問題となり，動物福祉の観点からも対処が求められている[2]．そのためには，こうした問題の状況把握と生物学的メカニズムの解明が必要となる．

　品種特異的な形質や育種選抜の「副作用」が生じるのは，遺伝子配列の中にそれを司る遺伝子多型が品種ごとにある程度固定化されたことに由来する．そのため，これらの家畜動物は，長きにわたる家畜化・育種改良を経て生じた自然発生モデルとして有用な研究対象となりうるのである[3]．しかしながら，家畜動物を対象とした遺伝学的研究は一部の経済形質に関わるもの以外はあまり進んでいない．表 11.1 に実験動物・家畜動物・ヒトについて，遺伝学的研究の観点から見た特徴を示した．マウスをはじめとする実験動物は，人為的交配やさまざまな遺伝子改変が可能であり，研究に適した特徴を有している．そのため研究者の数も多く遺伝情報[†1]も集積されている．ヒトは遺伝子改変動物の作出などはできず研究対象としては必ずしも最適ではないが，研究成果がそのまま応用に直結しているため研究が進んでいる．一方で，イヌも含めた家畜動物では，研究成果が獣医界・畜産界に直接寄与するものの，研究対象動物を維持するコストも高く，多くの場合に，家畜動物を所有する人の協力を仰がなければならないこともあって，研究者の数は少なく，遺伝情報が十分に集積されず，家畜の遺伝学的研究の主な研究成果は経済形質に直結するものに留まってしまっているのが現状である．

11-2　家畜動物における行動遺伝学の歴史

　家畜動物を対象にした行動遺伝学的研究としては，10 章で紹介された 30

■11章　家畜動物の行動遺伝学

年以上にもわたるギンギツネの選抜実験が有名である．同様の選抜研究は，他の家畜動物種でも実施されてきたが，コストの問題もあってか長期にわたるものはほとんどない．他には，詳細な遺伝情報を必要とせず記録された家系情報のみを利用して算出できる遺伝率の推定や，形質の品種差について解析する研究があげられる．また，近年になって行動に関わる染色体部位や遺伝子を同定しようとする研究も増加しつつある．

遺伝率[†2]とは，ある形質がどの程度遺伝性をもつかを示したものであり，0から1の間の数値で1に近いほど遺伝性が高いということになる．この数値は，育種選抜の観点からも，またその形質を研究対象とすべきかを判断する上でも重要である．一般的に繁殖に関わる形質（パラメーター）の遺伝率は低い．例えば，ウシの分娩間隔は0.10，ブタの一腹子数は0.05，ニワトリの産卵数は0.10である．一方，発育や泌乳量などに関わる遺伝率は中程度であり，ウシの皮下脂肪厚は0.40，ウシの泌乳量は0.35，ブタの1日当たりの増体量は0.40，ニワトリの32週齢体重は0.55である[4]．それらと比較して，行動に関わるパラメーターは，表11.2のようにばらつきは大きいが，中程度の遺伝率を示すものも存在する．遺伝率はその形質の測定誤差の影響を大きく受けるため，高い精度で測定が可能な体長や体重といったものに比べて，行動に関わるパラメーターの遺伝率は真の遺伝的影響に比べて低めに算出されている可能性もあるだろう．また，ヒトにおける行動傾向の遺伝率は

表11.2　家畜動物における行動学的形質の遺伝率と遺伝性の裏付け

行動	ウシ	ウマ	ブタ	ヒツジ	毛皮用動物	ニワトリ
攻撃性	0.28-0.36	-	0.17-0.46	-	-	あり
社会性	-	-	-	0.02-0.39	-	あり
仲間への攻撃	-	-	0.05	-	0.30	あり, 0.11-0.38
常同行動	-	あり	-	-	あり, 0.30	あり
ヒトへの不安	0.06-0.44	0.23-28	0.03-0.38	0.02-0.39	0.38	0.08-0.34
新奇物への不安	-	-	0.16	-	-	あり, 0.10-0.49
母性行動	0.06-0.09	-	0.01-0.08	0.13	-	-

「あり」という項目は，選抜実験や家系解析により遺伝性が示唆されたものである．それ以外の数値は遺伝率を示す．ウマの常同行動は文献14，ヒトへの不安は文献15よりそれぞれ引用．他の動物は文献16より改変．

0.157〜0.285であり[5]，ヒトに比べて家畜動物の行動傾向に与える環境の影響は低いと考えられるため，家畜動物の遺伝率はそれよりも高いと推定される．これらを総合すると，一般的に育種対象となり研究も多い経済形質と比較しても，家畜の行動学的形質は育種や遺伝学的研究対象として潜在的には十分な遺伝性を有していると考えられる．

　遺伝率のように総合的にどの程度遺伝するかということではなく，実際にどの遺伝子が特定の行動傾向の個体差に影響を与えているかを解明する一つの手段として，Quantitative trait locus（QTL）解析がある．よく用いられる手法としては，両極端の行動傾向をもつ品種同士を交配してF1動物を作り，さらにF1動物同士を交配してできたF2動物について，ゲノム全体にわたる遺伝子マーカーを解析し，行動傾向との関連を調べる手法である．この手法を家畜動物に適用する場合には，大規模な研究施設が必要とされること，同定される染色体領域には数十〜数百個の遺伝子が存在するため原因遺伝子の同定まで至ることは稀であるなどの困難が伴うものの，ゲノム全体を網羅的に解析することができること，マーカーアシスト選抜[†3]のための候補領域を選ぶ手段としては有用であることなどのメリットがある．これまでの研究例は多くないものの，ウシ・ブタ・ニワトリなどについてストレス反応や運動量に関わる報告がされている[6]．

　一方でゲノム全体ではなく，ヒトやマウスなどの研究成果を元に，候補遺伝子（多型）を選択して形質との関連を解析する手法は候補遺伝子解析と称されている．家畜動物を対象として実際に特定の行動傾向と単一遺伝子多型との関連を示したものは，筆者らがウマにおいて行った新奇探求性とドーパミンD4受容体遺伝子多型[7]や，ブタのストレス反応と視床下部 - 下垂体 - 副腎皮質系関連遺伝子多型[8]など，わずかな例しかない．この手法は実験をデザインしやすいためよく用いられているが，2万個以上も存在する遺伝子の中から個体差の原因となるであろう遺伝子を適切に選択することが困難な上，擬陽性が出やすいなどの問題点があるため，今後は，ゲノム全体を網羅的に解析するゲノムワイド関連解析が中心となっていくと考えられる．

■ 11 章　家畜動物の行動遺伝学

11-3　家畜動物における行動遺伝学の研究例

実際の研究例として，ミンクの常同行動およびニワトリの羽つつき行動について紹介する．

11-3-1　ミンクの常同行動（stereotypic behaviour）[9]

ミンクは日本では家畜として馴染みがないが，デンマークをはじめ北欧諸国では毛皮用に多く飼育されている家畜である．ミンクは4月の終わりから5月の始めに生まれて8週間後に離乳され，その年の終わりまでに性成熟を迎え，翌年の3月に交配される．目的や機能の認められない反復行動とされるミンクの常同行動は，性成熟前にはほとんど認められないが，性成熟が近づくと20〜30％の個体に認められるようになる．デンマークの研究グループは，常同行動を示す個体と示さない個体をそれぞれ5年にわたり選抜繁殖して，常同行動の発生頻度の変化，体重やその他の活動量などとの関連について解析した．本研究では，常同行動として，台に昇ったり降りたりをくり返す行動，飲水口の周りで頭をくり返し回転させる行動などを計測した．2001年に568頭の雌について観察し，常同行動を示す60頭，示さない56頭を選抜繁殖に供した．そして，その子供の雄30頭，雌150頭の常同行動について再び観察を行い，過度の近親交配とならないように留意しながら，常同行動を示す個体・示さない個体の選抜をくり返し，高常同行動系統と低常同行動系統を作出した．

図 11.1A のように，研究開始から5年後には高常同行動系統では70％の個体が観察中一度は常同行動を示したのに対し，低常同行動系統では18％に留まった．このことから，常同行動には遺伝的要因が関与していることが示唆される．実際，今回解析に用いた個体について遺伝率を計算した結果，0.3と中程度の遺伝率が算出された．また，高常同行動系統は行動量が多く，逆に巣に滞在する時間は短く，低常同行動系統に比べて平均で10％程度体重が少なかった（図 11.1B）．筆者らは，高常同行動系統は行動量が多くエネルギー消費が大きいことにより体重が少なくなったのであろうと考察している．また，出産個体数（図 11.1C）をはじめとしてその他の形質との関連は

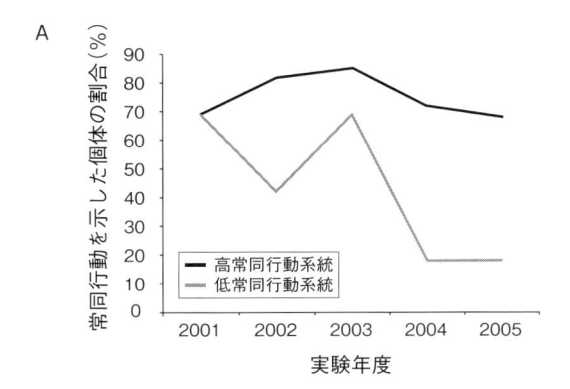

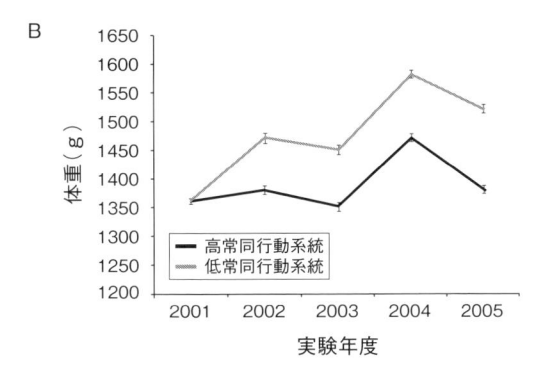

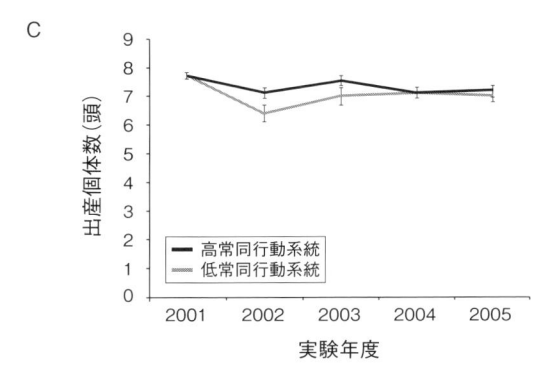

11-3 家畜動物における行動遺伝学の研究例

図 11.1 ミンクの常同行動選抜実験における年度別変化
(A) 常同行動発症個体の割合の変化. (B) 体重の変化.
(C) 出産個体数の変化. データは, 平均±標準誤差を示す. 文献 9 より改変.

■ 11章　家畜動物の行動遺伝学

認められなかった.

このように，遺伝率が 0.3 程度の形質であっても，特定の形質に焦点を当てて選抜すれば，2〜3 世代後には大きな差が生まれる．しかしながら，選抜に用いた形質はその他の形質と密接に関わっているため，予想もしていない「副作用」が生じてしまうことも多く，実際の育種選抜への利用にはさらなる研究が必要である.

11-3-2　ニワトリの羽つつき行動（feather pecking）[10]

同居しているニワトリの羽をつつく行動は，つつかれたニワトリ（図 11.2A）の生産性低下に繋がるだけではなく，動物福祉の観点からも問題となる．スウェーデンの研究グループは，つつかれる回数を指標に QTL 解析を行い，E22C19W28 染色体の premelanosome protein（*PMEL17* または *PMEL*）遺伝子周辺とつつかれた回数の間に有意な関係を見出した．その周辺には多くの遺伝子が存在するが，そのうち *PMEL17* 遺伝子には 9 塩基が挿入する遺伝子多型が存在しており，図 11.2B に示すような羽毛色の違いに関与していることが知られている．羽毛色の遺伝子型とつつかれた回数から想定される遺伝子型が一致することから，彼らはこの遺伝子が原因遺伝子であると考えた．9 塩基挿入を一つでももつ個体は白色（I/I, I/i）になるが，もたない個体はそれ以外の色（i/i）になり，他の個体から羽をつつかれやすくなってしまう．しかしながら，*PMEL17* 遺伝子多型はつつかれる回数の違いの 14.9% しか説明することができず，他にも遺伝的あるいは環境的要因があると考えられた．

そこで筆者らは，この行動は他のニワトリがつつくのを見て，真似をしてつついてしまう社会的伝達（social transmission）が関わっているのではないかと考えた．図 11.2C のように，一緒に飼育するニワトリのうち，羽毛色が白くないニワトリの割合が多いほど，群れ全体で羽つつき行動は増えてしまう．これは，毛色が白くないニワトリの割合が多いほど，自発的に羽つつき行動が生じる回数が増え，それを見た他のニワトリが真似をすることにより，群れ全体として羽つつき行動が増えてしまうと考えられる．その群れにおける羽毛損傷スコアは，羽をつつかれやすい i/i 個体だけではなく，羽を

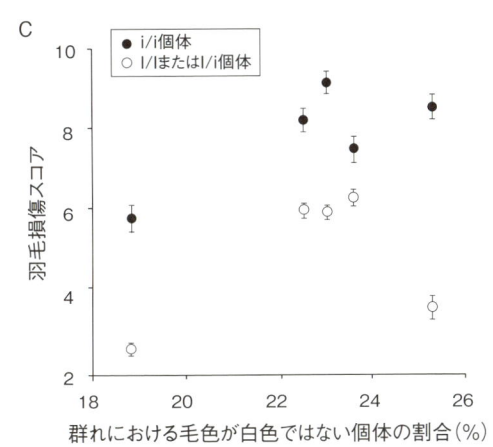

図 11.2 ニワトリの羽つつき実験の結果
（A）羽つつきを受けた個体．（B）左：遺伝子型 i/i をもち，つつかれる回数が多い個体．右：遺伝子型 I/I をもち，つつかれる回数が少ない個体．（C）群れにおける羽毛色が白色ではない個体の割合と，羽毛損傷スコアの関係．●：遺伝子型 i/i をもつ個体の羽毛損傷スコア．○：遺伝子型 I/I または I/i をもつ個体の羽毛損傷スコア．データは，平均±標準誤差を示す（リンショーピン大学 Per Jensen 教授提供）．文献 10 より改変．

■11章　家畜動物の行動遺伝学

つつかれにくい I/I，I/i の個体についても増加したことから，社会的伝達が関わっている可能性がある．また，敷き材である木くずが白いほど，羽毛色とのコントラストが強くなり，羽つつき行動の刺激になっているのではないかと筆者らは考えている．

　本研究成果に基づきニワトリの羽つつき行動を軽減するのであれば，繁殖を行う際，必ず両親のどちらかは I/I の個体を使うことで i/i をもつ個体が生まれなくなり羽つつき行動は減るであろう．しかし，9塩基の挿入をもたない染色体の周辺に有用な形質の遺伝子多型が存在する場合には，このような交配を行うことで子孫からはその有用な形質は失われてしまう．これまでの知見を元に事前にすべての影響について予想することは不可能であるため，実験的な交配を行い，悪影響が現れないかを継続的に観察することが必要である．それ以外の軽減方法としては，一緒の群れとして飼育するニワトリの選別や敷き材の選択に注意を払うことが考えられる．

　本結果から，行動遺伝学を研究する上で三つの重要なポイントを学ぶことができる．まずは，われわれが観察可能な行動の背後にあるメカニズムは想像が困難な点である．一般的にニワトリの羽つつき行動を研究するといえば，つつく側に問題があるのではないか，そしてその原因を脳内に求めるのが普通であろう．しかし，ニワトリの羽つつき行動は，つつかれる側，しかも脳内ではなく羽毛色に原因が存在したのである．実験動物を用いて研究をする際には，他の動物（主にヒト）の行動モデルと考えて研究を進めることが多いが，それが実際にモデルとなっているのか否かについては，単純に行動の類似性からだけで判断するのは不十分であるかもしれない．二つ目は，ゲノム全体を網羅的に解析する手法の重要性である．この手法の大きなメリットは，候補遺伝子解析のように事前の仮説なくゲノム全体を網羅的に解析するため，行動との関連が未知である遺伝子についても同定が可能な点にある．また，遺伝子が存在しない領域との関連が明らかになることも多い．ヒトでは，知見の集積が豊富な糖尿病や腫瘍性疾患などでも，ゲノムワイド関連解析により関連を想定していなかった遺伝子が同定されることも多いことから，知見がより少ない行動学的形質についての研究では，このような手法を

採用する意義は非常に大きいであろう．三つ目は，遺伝学的研究成果が環境要因の解明にも繋がっている点である．遺伝的要因でも環境的要因でも行動に影響を与える確固たる要因が明らかになれば，その要因を利用して研究をさらに推し進めていくことができる．ただし，家畜動物を研究対象とする場合は，実験動物と異なり均一な実験環境の構築が困難であることから，今後はまず遺伝的要因に注目した研究が増加すると思われる．

11-4　家畜動物における行動遺伝学の展望

　家畜動物の育種選抜については，各個体の遺伝情報を利用する方法も採択されはじめており，改良のスピードは倍になると考えられている[11]．これまでも経済形質のみに焦点を当てた育種選抜の「副作用」については指摘されていたが，ますますその弊害は大きくなることが予想される．とくに行動学的形質はその他の形質に比べて顕在化しにくいため，留意する必要がある．幸い，遺伝情報を利用する育種選抜手法には，経済形質以外の情報についても育種選抜に組み込むことが可能である．そのためには，それらの問題の生物学的メカニズムを解明し関連する遺伝子（領域）をあらかじめ明らかにしておく必要がある．

　家畜動物を対象とした遺伝学的研究において長年の問題であった遺伝情報の不足は，各動物の全ゲノム配列解読により解消しつつある．これまでに，ウシ・ウマ・ブタ・ニワトリなどの全ゲノム配列が報告されるとともに，主要な遺伝子多型の情報についても明らかにされた．これにより，家畜動物についてもゲノムワイド関連解析が可能となり，結果が報告されはじめている．これまでのところ，行動に関する報告はないものの，近い将来そのような報告が増えることを期待したい．

　全ゲノム配列の解読によって家畜動物の遺伝情報不足という問題は軽減されたが，払拭されたわけではなかった．遺伝子多型の位置とその頻度に関する情報が依然として他の動物種に比べると不足しており，ゲノムワイド関連解析により明らかにされた関連する遺伝子領域から原因遺伝子や原因遺伝子多型を同定するためには，それらの情報が欠かせない．その情報不足を補う

には，多くの動物について遺伝子解析データを集積しなければならないが，これまでの手法では700塩基を数百配列程度しか1日に解析できなかった．しかし，2010年代に使われるようになった次世代シークエンサーでは，100〜500塩基程度と解読塩基は短いものの数億配列を一度に解析することが可能になった．さらに，バイオインフォマティクス[†4]の進展もあり，得られる遺伝情報の量・精度は劇的に向上している[12]．これにより，遺伝子多型についての詳細な情報もこれまでにないスピードで蓄積できるようになったため，家畜動物の遺伝情報不足は解消していくであろう．

　こうした時代の流れの中で，今後の家畜動物の行動遺伝学的研究の成否は，動物の行動を評価する手法の正確性に依存している[13]．これまで動物における行動の評価には，行動実験や動物の管理者に対するアンケート調査が用いられているが，それらの信頼性と妥当性を向上させることは言うまでもなく重要である．しかし，ヒトやマウスなどで用いられている手法をそのまま家畜動物に適用するだけではなく，家系情報が明確であるとともに百や千という単位の頭数について解析が可能であるといった家畜動物の特徴を活かした行動評価系を開発することも重要となるだろう．

　家畜動物は人間が作り上げた財産であり，これまでも食料や繊維など多くのものを与えてくれてきた．今後は，これに加えモデル動物という側面を強めながら，人間にさらなる知見をもたらしてくれるであろう．そしてそれは，動物福祉の観点も含め適切な育種・管理という形で家畜動物に還元されていくべきものであろう．

［文　献］
1) Hart, B., 森　裕司・翻訳. Dr. ハートの動物行動学入門, チクサン出版社, 1997, p. 11-22.
2) Rauw, W. M., Kanis, E., Noordhuizen-Stassen, E. N. & Grommers, F. J. *Livest. Prod. Sci.*, **56**, 15-33 (1998).
3) Andersson, L. & Georges, M. *Nat. Rev. Genet.*, **5**, 202-212 (2004).
4) 東條英昭, 佐々木義之, 国枝哲夫・編. 応用動物遺伝学, 朝倉書店, 2007, p. 76-82.
5) Pilia, G., Chen, W. M., Scuteri, A., Orrú, M., Albai, G. *et al. PLoS Genet.*, **2**, e132 (2006).
6) Jensen, P., Buitenhuis, B., Kjaer, J., Zanella, A., Mormede, P. *et al. Appl. Anim. Behav. Sci.*, **113**, 383-403 (2008).

7) Momozawa, Y., Takeuchi, Y., Kusunose, R., Kikusui, T. & Mori, Y. *Mamm. Genome.*, **16**, 538-544 (2005).
8) Murani, E., Ponsuksili, S., D'Eath, R. B., Turner, S. P., Kurt, E. *et al. BMC. Genet.*, **11**, 74 (2010).
9) Hansen, B. K., Jeppesen, L. L. & Berg, P. *J. Anim. Breed. Genet.*, **127**, 64-73 (2010).
10) Keeling, L., Andersson, L., Schutz, K. E., Kerje, S., Fredriksson, R. *et al. Nature*, **431**, 645-646 (2004).
11) Goddard, M. E. & Hayes, B. J. *Nat. Rev. Genet.*, **10**, 381-391 (2009).
12) Depristo, M. A., Banks, E., Poplin, R., Garimella, K. V., Maguire, J. R. *et al. Nat. Genet.*, **43**, 491-498 (2011).
13) Turner, S. P., Gibbons, J. M. & Haskell, M. J. In: Inoue-Murayama, M., Kawamura, S. & Weis, A. (eds.) *From Genes to Animal Behavior*, Springer, Tokyo, 2011, p. 201-224.
14) Vecchiotti, G. G. & Galanti, R. *Livest. Prod. Sci.*, **14**, 91-95 (1986).
15) Oki, H., Kusunose, R., Nakaoka, H., Nishiura, A., Miyake, T. *et al. J. Anim. Breed. Genet.*, **124**, 185-191 (2007).
16) D'Eath, R. B., Conington, J., Lawrence, A. B., Olsson, I. A. S. & Sandoe, P. *Anim. Welf.*, **19**, 17-27 (2010).

［用語解説］
†1 **遺伝情報**：家畜動物のゲノムは 25 ～ 30 億塩基から構成されている．研究に必要な遺伝情報は，単なる塩基配列だけではなく，遺伝子が染色体上にどのように配置されているか，遺伝子配列の個体差である遺伝子多型がどこに，集団の中でどのような頻度で存在するかなどである．一般的にそれらの情報は研究者間でデータベースとして共有されている．
†2 **遺伝率**：遺伝率には二つの定義がある．形質に与える影響を遺伝によるものと環境によるものとに分けた場合に，遺伝が関わる割合を広義の遺伝率といい，そのうち親から子供へ伝達される割合を狭義の遺伝率という（正確な定義は引用[4]を参照）．家畜動物では，後者が重要であるため，本章では狭義の遺伝率を使用した．
†3 **マーカーアシスト選抜**：従来，育種選抜には血統情報とその個体が子孫に伝える経済形質の予想値が用いられてきたが，それに加え形質に関わる遺伝情報を用いて育種選抜を行う手法である．これにより，育種選抜効率があがるだけではなく，より多くの形質情報を育種選抜に用いることができる．
†4 **バイオインフォマティクス**：生物情報科学とも呼ばれ，対象とする範囲は多岐にわたる．近年のゲノム研究においては，大量のデータを得ることが容易になったため，そのデータからいかに意義ある結果を導き出すかが重要となってきている．

12. 霊長類の行動遺伝学

村山 美穂

系統的にヒトに近い霊長類からは，マウスなどよく用いられる実験動物とは異なり，人類進化や，「人間らしさ」に関与する行動の遺伝的背景についての知見が期待される．本章では，アカゲザルなどで得られた神経伝達関連遺伝子の個体差と行動の関連を紹介する．さらに，ヒトに近い飼育下類人猿の福祉や繁殖への貢献を目指して，私たちが試みている性格評定と遺伝子の関連解析についても言及する．

12-1 はじめに

動物園で見るチンパンジーやニホンザルの振る舞いには，ヒトを彷彿とさせるような要素が多く含まれている．それは彼らがヒトに系統的に近いからであろう．一方で，彼らの社会や行動には，ヒトとは異なる面も多い．それらはどのように決定されているのだろうか．ヒトについては，行動や性格に関与する神経伝達関連遺伝子の多様性が報告されている．ヒト以外の霊長類で相同領域を分析・比較する意義は，一つにはこれらの遺伝子多型の進化的背景の解明があげられる．ヒトとは何か，について，霊長類の多様な種での比較から何らかの示唆が得られるかもしれない．二つめに，ヒトのモデルとしての意義がある．ヒトでは神経伝達物質関連の遺伝子の多型は，統合失調症や鬱などの精神疾患にも関連がみられる[1]．霊長類で同様な多型や症状が見いだされれば，これら脳機能全般の理解にも役立つかもしれない．三つめに，霊長類の保全や福祉への意義が期待される．国際自然保護連合（IUCN）の報告によると，世界に生息する634種の既知の霊長類の半数近くが絶滅の危機に瀕しており，特にキツネザル，アカコロブス，ゴリラなど25種は絶滅寸前の状態にある（http://www.afpbb.com/article/environment-science-it/environment/2697174/5351412）．

日本の大型類人猿は，チンパンジー332個体，ゴリラ22個体，オランウータン52個体が飼育されている（2011年7月，Great Ape Information Network http://www.shigen.nig.ac.jp/gain/index.jsp）．野生下と同様の飼育環境を実現することが困難なためか，繁殖は難しい．個体差を遺伝子のような客観的指標で推定できれば，飼育環境の工夫や繁殖にも役立つと考えられる．

　霊長類はヒトと系統的に近いため，ヒトと同様の精密な性格評定ができ，相同領域に遺伝子多型が存在するのだろうか？　解析を進めるうち，類人猿が思いのほかヒトと違うこともわかってきた．

　この章では，ヒトの性格関連遺伝子の相同領域の，霊長類での種，群，および個体の間での差違について述べたい．さらに大型類人猿のチンパンジーとゴリラとの性格の種差と，遺伝子多型との関連についても考察する．

12-2　霊長類の行動と遺伝子

　性格や個性（personality）という用語は，personが使われていることからもわかるように，もともとヒトについて用いられてきたが，近年は広い動物種にも用いられるようになった．「個体を表す安定した特徴，認識，振る舞いのこと」と定義され，性格や行動の個体差の背景には遺伝と経験の両方の基盤がある[2]．

　ヒトの個性の遺伝的基盤[†1]は，神経伝達，ホルモン伝達関連のタンパク質の遺伝子多型が伝達効率に影響することによる．ヒトでは，1996年のドーパミン受容体D4（*DRD4*）[†2]の遺伝子型が「新奇性追求」に関与するとの報告以来，神経伝達物質に関わるタンパク質の遺伝子型と性格特性との間の関連が多数報告されている[3]．ヒト以外の動物では，ノックアウトマウスを用いて，ヒトで見つかった候補遺伝子の機能を評価することから始まった[4]．それぞれの種における性格と遺伝子の関連は，ヒトと系統的に近い霊長類や，社会的に身近なイヌ(本書10章)，さらには鳥類[5]まで，広く調べられている．

　ヒト以外の霊長類の行動の個体差と遺伝子の関連は，主にアカゲザル（*Macaca mulatta*）で研究されてきた．アカゲザルではセロトニンを回収す

■ 12章　霊長類の行動遺伝学

るトランスポーター遺伝子（*5HTTLPR*）[†3] のヒトの相同領域に多型があり，短い対立遺伝子をもつ個体は不安を感じやすいという，ヒトと同様の傾向がみられた[6)-8)]．また，モノアミンを分解するオキシダーゼのプロモーター領域（*MAOALPR*）については，発現量の低い対立遺伝子をもつ母に育てられた子供は，より攻撃的だった[9)]．さらに，オピオイド受容体の多型と攻撃性が報告されている[10)]．またミドリザル（*Cercopithecus aethiops*）では，先述の *DRD4* と新奇性追求が関連していた[11)]．

群間の行動の差違にも遺伝子が影響している可能性が，アカゲザルと同属のニホンザル（*Macaca fuscata*）で報告されている．例えば淡路島の群では，採餌場面で上位個体による下位個体への攻撃が少なく，寛容性が高いことが知られている．攻撃性に関与する二つの候補遺伝子，*MAOALPR* とアンドロゲン受容体（*AR*）の対立遺伝子頻度の違いを，8群で比較したところ，淡路島群の対立遺伝子頻度は，他と大きく異なっていた[12)]．ニホンザルは1950年代から個体識別による観察が開始され，長年にわたり血縁関係や行動記録が詳細に記録されているので，遺伝的背景の研究に適した種である（図12.1）．しかし，後述するようにニホンザルでは多型遺伝子が少ないため，関連の解析には，さらに多くの候補遺伝子を検出する必要がある．

図12.1　餌のムギを海水で洗って砂と選別して食べる宮崎県幸島のニホンザル
この行動をする個体としない個体が同じ群れにいる．性格の違いだろうか．

12-3　種間の対立遺伝子の比較

　表12.1では，ヒトで報告されている性格関連遺伝子の，霊長類での相同領域の多型をまとめた．多型の中でも型判定の容易な反復配列数多型（VNTR）に絞って解析した．類人猿とニホンザル（*Macaca fuscata*）で観察された対立遺伝子をみると，ヒトで報告されている遺伝子の相同領域は，他の霊長類種では必ずしも個体差があるわけではなかった．また，ヒト以外の霊長類では，反復多型の範囲は，しばしばヒトの多様性の範囲外にあり，機能も大きく異なる可能性が示唆された．

　ヒトから遠い原猿も含めた広範囲の種間比較から，先述した *DRD4* では，ヒトに近い種では長い対立遺伝子の頻度が増加する傾向があった．他方，*5HTTLPR* は短い対立遺伝子の頻度が増加する傾向があった．これらの対立遺伝子は，ヒトではそれぞれ新奇性追求と不安の感じやすさに関連する．これは，新しい環境を求めて熱帯多雨林を出たヒトの祖先では，好奇心と共に慎重さも必要であったことを示唆するのかもしれない．

　これら異なる塩基配列の，遺伝子発現への影響については，ヒト，チンパンジー，ゴリラの脳内神経伝達を，培養細胞でのレポーター遺伝子発現解析によって比較した（図12.2）[13]．ドーパミンを回収するトランスポーター（*DAT*）の3'非翻訳領域のVNTRは，新奇性追求に関連があることが報告されている．培養細胞での解析で，チンパンジーとゴリラの遺伝子発現はヒトの約2倍であった．一方，ドーパミンを分解する *MAOALPR* のレポーター遺伝子発現は，ヒトと比較してチンパンジーで低くゴリラで高かった．よって，3種のシグナル伝達は，チンパンジーとゴリラでは，脳のドーパミントランスポーターの数は，ヒトのそれより多いと推定され，ドーパミンの回収効率がよいため，シグナル伝達時間は，ヒトより類人猿が短いと推定される．一方で，ドーパミンを分解するオキシダーゼの発現は，チンパンジーで低く，ゴリラで高い．したがって，シグナルの強度は，3種のうちチンパンジーがもっとも強く，ゴリラがもっとも弱いと推定される．このように，これら3種の神経伝達システムは大きく異なると推定された．これらの違いが，行動

■ 12章 霊長類の行動遺伝学

表12.1 霊長類で報告されている性格関連遺伝子

遺伝子	略号	多型領域	反復単位/塩基置換	性格/神経疾患	ヒト文献	霊長類の文献	対立遺伝子数 チンパンジー n=56	ゴリラ n=16	オランウータン n=20	ニホンザル n=30
ドーパミン受容体D4	DRD4	exon3	48塩基(16アミノ酸)	新奇性追求	Benjamin et al., 1996	Inoue-Murayama et al., 1998, 2000b	1	2	3	2
		exon1	12塩基(4アミノ酸)	妄想	Catalano et al., 1993	Seaman et al., 2000	3	1	2	2
		intron	3塩基	?	Shimada et al., 2004	Shimada et al., 2004	1	2	3	1
ドーパミントランスポーター	DAT	3'非翻訳領域	40塩基	新奇性追求	Sabol et al., 1999	Inoue-Murayama et al., 2002	2	1	1	2
セロトニントランスポーター	5-HTTLPR	promoter	20塩基	不安	Lesch et al., 1996	Inoue-Murayama et al., 2000a	1	4	3	1
		intron	18-20塩基	不安	Vormfelde et al., 2006	Inoue-Murayama et al., 2008	2	5	2	2
トリプトファンヒドロキシラーゼ2	TPH2	exon	A(グルタミン)>G(アルギニン)	抑うつ	Zhang et al., 2005	Hong et al., 2007b	2	-	-	-
モノアミンオキシダーゼA	MAOALPR	promoter	30塩基, 18塩基	攻撃性	Alia-Klein et al., 2008	Wendland et al., 2006, Inoue-Murayama et al., 2006	2	4	2	1
		intron	2塩基	躁鬱	Furlong et al., 1999	Hong et al., 2008	2	6	4	1
モノアミンオキシダーゼB	MAOB	intron	2塩基	パーキンソン病	Mellick et al., 2000	Hong et al., 2008	4	6	4	6
アンドロゲン受容体	AR	exon	3塩基(グルタミン), 3塩基(グリシン)	攻撃性神経質	Comings et al., 1999a Westberg et al., 2009	Hong et al., 2006	12	3	1	2
エストロゲン受容体α	ESRa	promoter	2塩基	不安	Comings et al., 1999b	Hong et al., 2007a	4	2	1	-
エストロゲン受容体β	ESRb	intron	2塩基	アルツハイマー病	Forsell et al., 2001	Hong et al., 2007a	8	7	2	-
バソプレシン受容体	AVPR1a	promoter	4塩基	ペア形成	Walum et al., 2008	Rosso et al., 2008, Hong et al., 2009	6	7	5	4

-：未調査

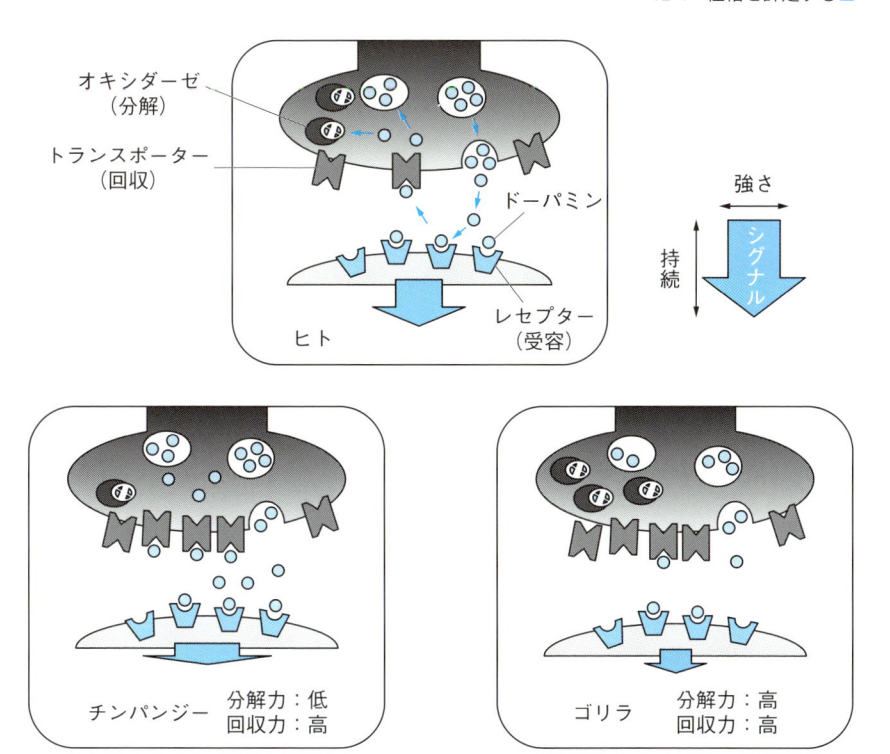

図 12.2 ヒト，チンパンジー，ゴリラの脳内シグナル伝達効率の推定
（村山美穂，渡邊邦夫，竹中晃子（編）：遺伝子の窓から見た動物たち－フィールドと実験室をつないで－．京都大学学術出版会より転載）

の種差の一因かもしれない．

12-4 性格を評定する

ヒト以外の種では，性格をいかに評定するかが問題になる．ウハー（Jana Uher）ら（2008）は，ヒトの方法を応用する「トップダウン」と，行動観察を応用する「ボトムアップ」の両方があると述べている[14]．上記のアカゲザルやミドリザルでの性格評定は，観察（攻撃の生起数）や実験（新奇物質に近寄るまでの時間など）による「ボトムアップ」である．

大型類人猿の個性は，「トップダウン」，すなわちヒトと同様の質問紙法で

155

■ 12 章　霊長類の行動遺伝学

の評価が試みられている．日本で飼育されているチンパンジーとゴリラ，各14個体について，1個体当たり3名の担当者が，54項目の形容詞を7段階で評価し，「支配性」，「外向性」，「誠実性」，「協調性」，「神経質」，「知的欲求性」の6因子を抽出した[15]．

　性別と年齢の影響をなくすため，両種で同じ条件の個体を選んだ．また施設や評価者による差違を消去するために，同じ動物園で同じ飼育者によって評価されたチンパンジー5個体とゴリラ4個体もサブサンプルとして比較した．その結果，チンパンジーと比較して，ゴリラは「誠実性」[†4]が有意に高い傾向がみられた（$P < .05$）[16]．「協調性」はチンパンジーでよりゴリラで高かった．「神経質」と「知的欲求性」はチンパンジーでゴリラより高かった．われわれが漠然と感じる種差は，評価者や施設による誤差は含むものの，このような方法で，ある程度客観的に記述できるかもしれない．性格の種内での個体差（標準偏差）をみると，ゴリラはチンパンジーよりも，「支配性」，「外向性」，「知的欲求性」において，より個体差が大きかった．「協調性」と「神経質」は，チンパンジーのほうが，差が顕著だった．チンパンジーとゴリラで，個性の現れやすい因子は異なっていた．これらの差違が対立遺伝子の種間差や種内での多様性の大きさからも説明できるかどうか，遺伝子数や試料数を増やして検討する必要がある．

12-5　今後の研究進展の可能性

　最近筆者らは，大型類人猿の種内の個性と遺伝子の関連については初めて，チンパンジー57個体でセロトニンの合成酵素トリプトファン・ヒドロキシラーゼ2遺伝子（*TPH2*）の非同義置換 Q468R と「神経質」の関連を報告した．*in vitro* 実験によって，この置換によって酵素活性が約2倍になることが確認されており，脳内セロトニン量の変化が推定される[18]．ヒトにはこの遺伝子の同じ領域に多型は存在しないが，他の領域の多型と認知や感情との関連が見いだされている[19]．

　これまでの研究から，ヒトの性格に関与すると報告されている遺伝子は，異なる霊長類の種でも種間差や個体差が存在し，中には個性への影響が見い

12-5 今後の研究進展の可能性

だされた遺伝子も存在したことは，ヒトの結果の信頼性を裏付けると考えられる．他方，ヒトと類人猿で，同じ遺伝子が同じ性格に関連しているとは限らず，種に特有の何らかの要因の存在が示唆された．

ヒトでは，環境条件の変化によって遺伝子型の差違がより明確になる場合が報告されている．例えば家族を失うような大きなストレスにさらされた場合の反応には，*5HTTLPR* の型は，通常時の性格よりも顕著に影響した[20]．さらに遺伝子の修飾による発現や機能の変化が表現型に及ぼすエピジェネティックな影響もあり得る．アカゲザルでも同様に，母親に育てられたかどうかの環境要因が，*5HTTLPR* 遺伝子型と攻撃性の関連に影響していた[21]．飼育個体の履歴情報も解析に含めることで，性格評定と遺伝子型の関連がより明確に示されると考えられる．

野生下では，飼育下とは異なる環境要因が群構成や社会行動に影響を及ぼし，特定の対立遺伝子の選択に影響する可能性もある．日本で飼育されているチンパンジー4亜種のうち，多くがニシチンパンジー（*Pan troglodytes verus*）である．ゴリラは2種4亜種に分類されているが，日本の動物園にいるゴリラはすべてニシローランドゴリラ（*Gorilla gorilla gorilla*）である（図 12.3）．異なる地域に由来する種や亜種の性格や遺伝子型の比較が進めば，生息環境の影響に関する情報も得られるかもしれない．

また，さまざまな生理的指標が性格と関連すると考えられるので，これらの指標と遺伝子，質問紙の相互の関連づけができれば，より詳細に性格を記述できると考えられる．例えば，アカゲザルの *5HTTLPR* とストレス指標である血中コルチゾール濃度の関連[22]，チンパンジーのコルチゾール濃度と性格「柔軟性」の関連[23]，アカゲザルの性格と免疫活性の関係も示されている[24]．さらに，腸内細菌叢の組成とヒトやチンパンジーの性格との関連も示されている[25]．脳 PET 画像や MRI により，ラベルしたリガンドの結合や脳部位の活性を直接モニターする方法[26]，学習や認知テストのような別角度からの脳機能の個体差の測定[27]，それらの指標と遺伝子型の比較からも情報を得ることができる．例えば，社会関係の影響をみるために高順位個体の写真への反応と *5HTTLPR* の関連が調べられている[28]．

■ 12 章　霊長類の行動遺伝学

図 12.3　ニシローランドゴリラ（東京都恩賜上野動物園）
飼育，野生ともに個体数の減少が危惧されている．

　飼育下の大型類人猿の個体数は少なく，ヒトと同様のマイクロアレイ等を用いたゲノムワイド解析[29]から情報を得ることは困難かもしれないが，ヒトゲノム情報から候補遺伝子を選抜して応用すれば，ストレス感受性などの危険因子を特定して，飼育下類人猿の福祉や繁殖率の向上に役立つ情報を提供することが期待される．

［文　献］
1) D'Souza, U. M., Craig, I. W. *Prog. Brain Res.*, **172**, 73-98 (2008).
2) Gosling, S. D. *Soc. Personality Psychol. Compass*, **2**, 985-1001(2008).
3) Ebstein, R. P. *Mol. Psychiat.*, **11**, 427-445 (2006).
4) Hohoff, C. *J. Neural Transm.*, **116**, 679-687 (2009).
5) Tschirren, B., Bensch, S. *Mol. Ecol.*, **19**, 624-626 (2010).
6) Heinz, A., Higley, J. D., Gorey, J. G.,Saunders, R. C., Jones, D.W. *et al. Am. J. Psychiat.*, **155**, 1023-1028(1998).
7) Barr, C. S., Newman, T. K.,Becker, M. L., Parker, C. C., Champoux, M. *et al. Genes Brain Behav.*, **2**, 336-340 (2003).

8) Rogers, J., Shelton, S. E., Shelledy, W., Garcia, R., Kalin, N. H. *Genes Brain Behav.*, **7**, 463-469 (2008).
9) Newman, T. K., Syagailo, Y. V., Barr, C. S., Wendland, J. R., Champoux, M. *et al. Biol. Psychiat.*, **57**, 167-172 (2005).
10) Miller, G. M., Bendor, J., Tiefenbacher, S., Yang, H., Novak, M. A. *et al. Mol. Psychiat.*, **9**, 99-108 (2004).
11) Bailey, J. N., Breidenthal, S. E., Jorgensen, M. J., McCracken, J. T., Fairbanks, L. A. *Psychiatric Genetics*, **17**, 23-27 (2007).
12) Inoue-Murayama, M., Inoue, E., Watanabe, K., Takenaka, A., Murayma, Y. In: Nakagawa, N., Sugiura, H., Nakamichi, N. (eds.) *The Japanese Macaques*, Springer-Verlag, Tokyo, 2010, p.293-301.
13) Inoue-Murayama, M. *Anim. Sci. J.*, **80**, 113-120 (2009).
14) Uher, J., Asendorpf, J. B., Call, J. *Anim. Behav.*, **75**, 99-112 (2008).
15) Weiss, A., Inoue-Murayama, M., Hong, K-W., Inoue, E., Udono, T. *et al. Am. J. Primatol.*, **71**, 283-292 (2009).
16) Inoue-Murayama, M., Weiss, A., Morimura, N., Tanaka., M, Yamagiwa, J. *et al.* In: Inoue-Murayama, M., Kawamura, S., Weiss, A. (eds.) *From Genes to Animal Behavior*. Springer, Tokyo, 2011, p.239-253.
17) King, J. E., Weiss, A., Sisco, M. S. *J. Comp. Psychol.*, **122**, 418-427 (2008).
18) Hong, K-W., Weiss, A., Morimura, N., Udono, T., Hayasaka, I. *et al. PLoS ONE*, **6**, e22144 (2011).
19) Waider, J., Araragi, N., Gutknecht, L., Lesch, K. -P. Psychoneuroendocrinology, **36**, 393-405 (2011).
20) Caspi, A., Sugden, K., Moffitt, T. E., Taylor, A., Craig, I. W. *et al. Science*, **301**, 386-389 (2003).
21) Spinelli, S., Schwandt, M. L., Lindell, S. G., Newman, T. K., Heilig, M. *et al. Dev. Psychopathol.*, **19**, 977-987 (2007).
22) Jarrell, H., Hoffman, J. B., Kaplan, J. R., Berga, S., Kinkead, B. *et al. Physiol. Behav.*, **93**, 807-819 (2008).
23) Anestis, S. F., Bribiescas, R. G., Hasselschwert, D. L. *Physiol. Behav.*, **89**, 287-294 (2006).
24) Capitanio, J. P., Abel, K., Mendoza, S. P., Blozis, S. A., McChesney, M. B. *et al. Brain Behav. Immun.*, **22**, 676-689 (2008).
25) Irbis, C., Garriga, R., Kabasawa, A., Ushida, K. *J. Gen. Appl. Microbiol.*, 54, 409-413 (2008).
26) Yokoyama, C., Onoe, H. In: Inoue-Murayama, M., Kawamura, S., Weiss, A. (eds.) *From Genes to Animal Behavior*. Springer, Tokyo, 2011, p.239-253.
27) Deary, I. J., Johnson, W., Houlihan, L. M. *Hum. Genet.*, **126**, 215-232 (2009).
28) Watson, K. K., Ghodasra, J. H., Platt, M. L. *PLoS ONE,* **4**, e4156 (2009).
29) Terracciano, A., Sanna, S., Uda, M., Deiana, B., Usala, G. *et al. Mol. Psychiat.*, **15**, 647-656 (2008).
30) Benjamin, J., Li, L., Patterson, C., Greenberg, B. D., Murphy, D. L. *et al. Nat. Genet.*, **12**, 81–84 (1996).

31) Lesch, K. P., Bengel, D., Heils, A., Sabol, S. Z., Greenberg, B. D. *et al. Science*, **274**, 1527–1531 (1996).

[用語解説]
†1　**ヒトの個性の遺伝的基盤**：神経細胞同士のシグナル伝達において，モノアミン神経伝達物質（ドーパミンやセロトニンなど）が，シナプス間隙に分泌され，受容体と結合してシグナルを伝達した後，トランスポーターに回収され，モノアミンオキシダーゼによって分解されるか，再利用される．これら受容体，トランスポーター，オキシダーゼなどのタンパク質の遺伝子に存在する，縦列反復多型，挿入欠失，一塩基多型（SNP）などが，遺伝子の発現量や機能に影響し，シグナル伝達の効率の変化を通して個性に影響を及ぼすと考えられている．
†2　**ドーパミン受容体D4遺伝子**：第3エクソンには，48塩基単位の反復領域が存在し，反復数が多いと「新奇性追求」の傾向が強い[30]．
†3　**セロトニントランスポーター遺伝子**：プロモーターに存在する約20塩基の反復領域には，反復数14回と16回の対立遺伝子がみられ，短い対立遺伝子をもつとトランスポーターの数が少なく不安を感じやすい[31]．
†4　**「誠実性」**：因子分析で正の貢献がある項目（形容詞）は「予想しやすい」であり，負の貢献がある項目は，「衝動的」，「挑戦的」，「向こうみず」，「不規則」，「いらつき」，「攻撃的」，「嫉妬深い」，「無秩序」，「軽率」，「破壊的」，「飽きやすい」，「不器用」であった[15]．

13. ヒト双生児における性格と遺伝

山形 伸二・安藤 寿康

人間行動遺伝学の代表的な研究法である双生児法は，一卵性双生児と二卵性双生児のきょうだいの類似度の比較を行う．これにより，性格などヒトのさまざまな形質の個人差に遺伝の影響が見られることが明らかにされてきた．最近では，個々の遺伝子の効果を調べる研究や，遺伝と環境の交互作用についての研究が進んでいる．

13-1　はじめに

　1940年，アメリカ，オハイオ州．ある家庭で生まれた一卵性双生児[†1]のきょうだいが，生後4週間で，Lewis家とSpringer家という別々の家庭に預けられ，偶然二人ともJimと名付けられた．Lewis家とSpringer家は70キロメートル離れた距離にあった．二人のJimは双生児のきょうだいがいることは知らされていたものの，互いの所在を知る機会のないまま成長した．39歳の時，二人のJimは初めてお互いに出会う機会を得た．彼らの姿かたちは驚くほどよく似ており，身長は180センチ，体重は80キログラムだった．しかし，似ていたのはそれだけではなかった[1]．

　二人はともに二度結婚し，一人目の妻の名はともにLinda，二人目の妻の名はともにBettyといった．Jim LewisにはJames Alanという名の息子がおり，Jim SpringerにはJames Allanという名の息子がいた．二人はともにToyという名の犬を飼っていた．二人はともにSalemというタバコを吸い，ビールはMiller Liteを飲んだ．どちらも片頭痛持ちで，爪を噛むくせがあった．どちらもロマンチストで，家の中に妻への愛のメッセージを書きつけるくせがあった．そして，二人に知能検査やパーソナリティ検査を受けさせてみたところ，その結果は同一人物が二度続けて同じ検査を受けた場合と同程度に似ていた．．．．

■ 13章 ヒト双生児における性格と遺伝

　他の動物と異なり，ヒトにおいては，遺伝子や配偶行動を操作することはできない．しかし，養子や双生児など特殊な集団における個人差を観察すれば，ヒトにおける遺伝と環境の影響について間接的に知ることができる．これを行うのがヒトの行動遺伝学，人間行動遺伝学である．

　本章では，まず人間行動遺伝学の代表的手法である双生児法について解説する．次に，今までの双生児研究により何が明らかになったかを概観する．最後に，最近の研究動向に触れる．

13-2　双生児法

　一卵性双生児のきょうだいは，一つの受精卵がふたつに別れて育った結果生まれる．このため，きょうだいのゲノム情報は原則として100％等しい．冒頭の別々に育てられた一卵性双生児きょうだいの類似性は，生育環境をほとんど共有していないため遺伝の影響による類似性と考えられる．一方，ふたりの「非類似性」は，遺伝的には全く等しいのであるから，ふたりが独自に経験した環境の影響によると考えることができる．

　このように，別々に育てられた一卵性双生児きょうだいのみに注目しても，遺伝と環境の影響について知ることはできる．しかし，別々に育てられた一卵性双生児きょうだいは圧倒的に数が少なく，統計的な分析ができない．このため，冒頭の例のように逸話としては面白くても，「ではヒトの性格に与える遺伝の影響はどの程度か」といった問いになると答えられない．

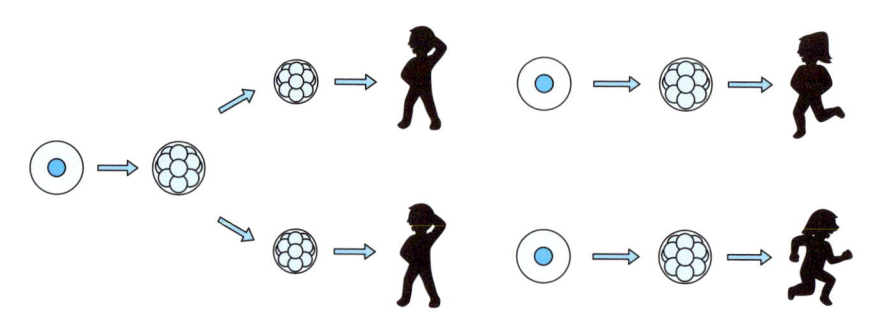

図 13.1　一卵性双生児（左）と二卵性双生児（右）

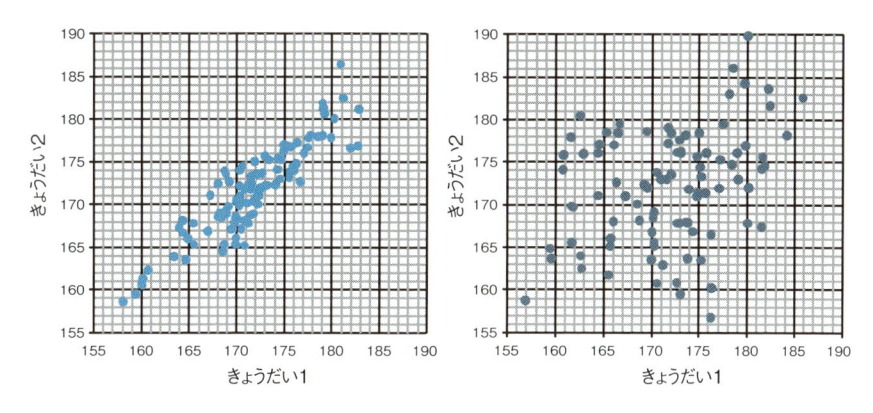

図 13.2　一卵性（左）と二卵性（右）きょうだいの身長についての仮想データ

そこで，同じ家庭において育てられた一卵性のきょうだいと二卵性のきょうだいを多数集め，その類似性を統計的に比較する手法が有効となる．二卵性双生児[2]のきょうだいは，一卵性の場合と異なり，二つの別の卵が同時に受精して育った結果生まれる．いわば同時に生まれたきょうだいであり，親由来の遺伝情報を平均的に50％共有する（図13.1）．では，具体的に一卵性と二卵性の類似性をどのように比較するか．今，同じ家庭で育てられた一卵性と二卵性のきょうだいを各100組ずつ集め，身長を測定したとする．すると，図13.2のようなデータが得られるであろう．横軸がきょうだいの一方の身長，縦軸が他方の身長である．図から，一卵性のきょうだいでは，一方の身長が高いと他方の身長も高い確率が高く，一方の身長が低ければ他方の身長も低い確率が高いことがわかる．一方，二卵性のきょうだいでは，同様の傾向が見られるものの一卵性ほどはっきりした傾向があるわけではない．この図に示されるような関係を相関関係といい，相関係数[3]という－1.0から1.0の値をとる指標によって関係の強さを表すことができる．相関係数が0の場合，縦軸と横軸の変数（この例ではきょうだいの一方と他方の身長）には全く関係がない．相関係数が1.0の場合，縦軸と横軸の変数は一方の値がわかれば他方を完全に言い当てることができ，その向きは右上がりである（一方の変数が大きいほど他方の変数も大きい）．相関係数が－1.0の場合も，

13章 ヒト双生児における性格と遺伝

縦軸と横軸の変数は一方から他方を完全に言い当てることができるが，その向きは右下がりとなる（図13.3）．図13.2は仮想のデータだが，一卵性の相関係数は0.9，二卵性の相関係数は0.5の場合を示している．

では，この一卵性と二卵性のきょうだいの相関係数の違いから何がわかるだろうか．まず，一卵性のきょうだいの類似性は，遺伝子を100％共有することの効果と，同一の家庭に育ったことの効果の合計であると考えられる．今，遺伝の効果をA，同一家庭に育つことの効果をCとすると，

$$0.9 = A + C \tag{1}$$

となる．一方，二卵性のきょうだいの類似性は，遺伝子を50％共有することの効果と同一の家庭に育ったことの効果の合計であると考えられる．つまり，

$$0.5 = 0.5A + C \tag{2}$$

となる．最後に，一卵性のきょうだいの非類似性は，きょうだいのひとりひとりが独自に経験した環境の効果であると考えられる．この効果をEとすると，

$$1.0 - 0.9 = E \tag{3}$$

となる．すると，変数が3つ，方程式が3であるから，A，C，Eそれぞれの値を求めることができる．この場合，A = 0.8，C = 0.1，E = 0.1となる．A，C，Eは，人間行動遺伝学の用語でそれぞれ相加的遺伝，共有環境，非共有環境の影響という．「相加的」というのは，一つ一つは小さい効果をもった遺伝

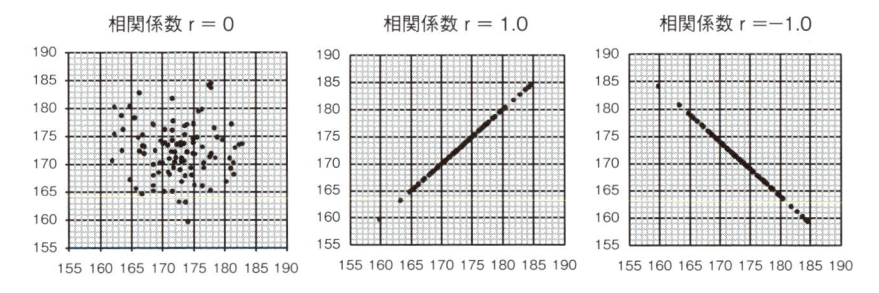

図13.3 さまざまな相関係数

子の足し合わせたもの，という意味である．また，共有，非共有とは同一家庭のきょうだいで共有されているかいないか，という意味である（註1, 2）．

　ここで，よくある誤解に触れておきたい．それは，「遺伝と環境は常に相互作用しているから，遺伝と環境のそれぞれの影響力の強さなどわかるはずがない」というものである．この指摘はある意味では本質を突いている．例えば，私たちは言語を話す．このことには，遺伝子が正常に機能して脳を発達させることも必要だが，生まれてきた赤ん坊が，周囲で話される言語に触れることも必要である．この時，「私たちが言語を話すのは遺伝と環境のどちらの影響か」，「遺伝と環境の影響のどちらが強いか」と問うことは無意味である．しかし，個人差を考える場合には話は違ってくる．言語能力には個人差があり，ある人は母国語の語彙が他の人より多かったり少なかったりする．この「個人差」には，生まれつきの言語能力に関連する脳機能の個人差も影響しているだろうし，どのような言語環境で育ったか（例えば，親に絵本の読み聞かせをどれくらいしてもらったか）という環境条件の違いも影響しているだろう．この時，遺伝と環境の影響の相対的な強さはどの程度か，と問うことには意味がある．このように，人間行動遺伝学は，個人差についての遺伝と環境の影響について扱う学問である．

13-3　人間行動遺伝学から得られた知見

　それでは，今までの人間行動遺伝学の研究により，どんなことがわかっただろうか．図13.4は，日本においてさまざまな特徴について遺伝，共有環境，非共有環境の効果の大きさを調べた結果である．見ると，まず（1）身長，体重といった身体的特徴のみならず，知能や性格，自尊心や抑うつ感情など心理・行動的特徴にもある程度の遺伝の影響があることがわかる．また，(2) 共有環境の影響は概して小さいこと，そして（3）心理・行動的特徴では非共有環境の影響が大きいこともわかる．これらの結果は，およそ100年の歴史をもつ人間行動遺伝学の研究において，多少の差はあれ，時代や国・地域を越えて一貫して認められる．最近では，「○○に遺伝と非共有環境の影響が見られました」では論文にならないほどである．アメリカの人間行動

■ 13章 ヒト双生児における性格と遺伝

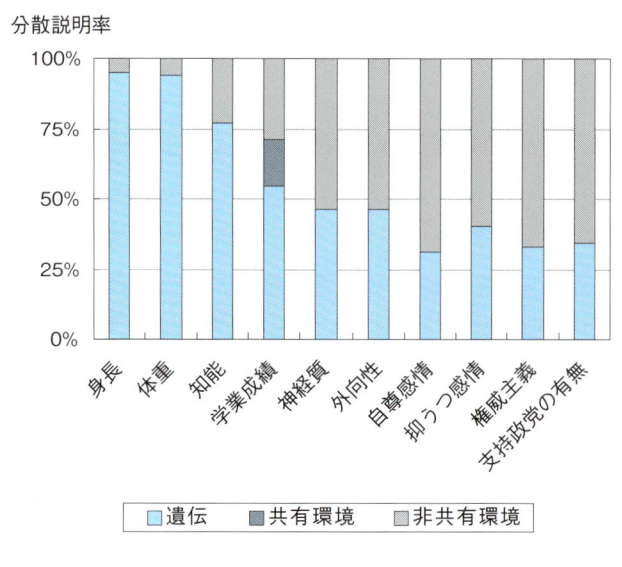

図 13.4 さまざまな形質における遺伝と環境の影響

遺伝学者タークハイマー（Eric Turkheimer）は，この3つの傾向を指して「行動遺伝学の三法則」と呼んでいる[2].

上記のような知見の蓄積を受けて，人間行動遺伝学は，相対的な遺伝と環境の重要性についての研究から，「具体的にどの遺伝子，環境要因がヒトの行動に影響を与えるのか」という，「遺伝子探し」「環境探し」の研究に移っている.

「遺伝子探し」の研究は必ずしも双生児を対象とする必要はない．もっともよく行われているのは，一般人の血液や毛髪から分子生物学の手法を用いて直接遺伝子多型を調べ，それと性格質問紙[†4]の得点との関連を調べる研究である．1996年，脳内の重要な神経伝達物質であるドーパミン受容体の遺伝子多型と衝動的で新奇さを好む性格との関連が初めて報告された[3)4)]．また，同じ年には，同じく重要な神経伝達物質であるセロトニンのトランスポーターの遺伝子多型と不安を感じやすい性格との関連も報告された[5]．以来，分子生物学的手法が徐々に安価になったこともあり，性格の遺伝子探し

の研究が多数行われた．しかし，その結果はあまり一貫せず，関連性に否定的な研究と肯定的な研究の両方を数多く生み出した．それらの結果をメタ分析[†5]という手法を用いて統計的に総合した研究では，上記のドーパミン受容体遺伝子と衝動性との間には関連性がなく[6]，セロトニン・トランスポーター遺伝子と不安傾向との間には関連性が見られるものの，その効果の大きさは全体の個人差の1％程度を説明するに過ぎないことが明らかになった[7]．すなわち，遺伝子は性格に影響を与えているものの，それはとても小さい効果をもつ遺伝子が多数足し合わさった結果による，ということである．

　一方，環境探しも同様の困難に直面している．きょうだいに共有された環境の影響がほとんどない，という人間行動遺伝学の知見を受けて，古くから発達心理学者が注目してきた家庭における子育ての仕方や親子間の愛着の影響だけでなく，もっと家庭外の環境（学校での経験や友人の影響）に注目すべきであるとの提案がなされた[8]．しかし，家庭外の環境を含むさまざまな環境要因の性格への影響についてまとめたメタ分析では，個々の環境要因の効果は非常に小さく，やはり個人差の1％程度しか説明しないことが明らかになった[9]．遺伝子と同じように，環境も，非常に多くの要因が足し合わさって，性格の個人差を生み出していると考えられる．

13-4　人間行動遺伝学の最近の方向性

　これらの研究を受けて，最近の人間行動遺伝学はどのような方向に進展しているか．ここでは，遺伝・環境交互作用の研究について取り上げる．遺伝と環境の交互作用について，古くから知られているのはフェニルケトン尿症の例である．これは，アミノ酸の一つであるフェニルアラニンの代謝に必要な酵素を先天的にもたない結果，異常な代謝産物が脳内に蓄積されるために知能の低下を引き起こす遺伝病である．しかし，この知能低下は，主に乳幼児期にフェニルアラニンの量を制限する食餌療法を施すことによって未然に防ぐことができる．このように，フェニルケトン尿症の遺伝子型をもつからといって必ず知能低下を起こすわけではなく，また通常の遺伝子型をもつ人がフェニルアラニンを含む食事をとったからといって知能低下を起こすわけ

13章 ヒト双生児における性格と遺伝

でもない．フェニルケトン尿症の遺伝子型をもった人が通常の食事をとることによって初めて知能の低下が起こる，という意味で，このような現象を遺伝・環境交互作用と呼ぶ．

　この遺伝・環境交互作用は，より複雑な性格や行動の個人差においても生じているのだろうか．生じている，という証拠を示す研究が行われている．カスピ（Avshalom Caspi）らは，ニュージーランドの30年以上におよぶ縦断的研究において，子ども時代の虐待経験と，MAOA（モノアミンオキシダーゼA）という，神経伝達物質の代謝に関わる酵素の遺伝子多型とを調べた[10]．そして，両者が男性の反社会的行動に与える影響を検討したところ，家庭での虐待経験は反社会的行動を発達させる確率を高めるが，MAOA活性の高い対立遺伝子をもっている場合，この効果は大幅に減じられることが明らかになった．また，カスピらの研究は，同じサンプルを用いて，上述のセロトニン・トランスポーター遺伝子多型と生活上のストレス経験が大うつ病の罹患に与える影響を検討した[11]．その結果，生活上のストレス経験は大うつ病に罹患する確率を高めるが，セロトニンの再取り込みの効率がよい対立遺伝子をもっている場合，この効果は大幅に減じられることが明らかになった．カスピらの研究は，特定の候補遺伝子一つと環境の交互作用を検討しているが，最近では知能など複雑な形質について，全遺伝子との関連性を検討する genome-wide association study（GWAS）が行われるようになっており[12]，今後はGWASに環境要因との交互作用を組み込んだ研究が行われることが予想される．

　一方で，双生児法を用いた遺伝・環境交互作用の研究も増えている．双生児法では，特定の遺伝子の環境との交互作用を調べることができない代わりに，ヒトの行動への遺伝子全体としての影響が，どのような環境でより強まったり弱まったりするのかという点について検討することができる．例えば，ローズ（Richard J. Rose）らは，都会か田舎かという居住地域の違いによって，青年期の飲酒量への遺伝の影響の強さが異なることを報告している[13]．具体的には，都会では相対的に遺伝の影響が強いのに対して，田舎では共有環境の影響が強い．都会という環境がヒトの行動への制約の弱い状況であり，

田舎よりも本人が元からもっている遺伝的な違い（個性と言ってもよい）を発揮しやすいからだと考えられる．また，私たちとドイツ，カナダの研究チームのもつ性格についてのデータを比較した研究では，性格への遺伝の影響は日本でもっとも弱いことが明らかになった[14]．日本における集団主義的な文化が，本人のもつ遺伝的な行動傾向を抑制しやすいためだと考えられる．このような双生児法による遺伝・環境交互作用の研究は，どのような環境でより遺伝の効果が発揮されやすいかを明らかにすることを通じて，上述の分子生物学的な手法を補完する役割を果たしていくと予想される．また環境の効果についても，私たちの研究チームは，通常はほとんど観察されない共有環境の効果が，凝集性が高い家庭（よく家族みなで行動する，物事を家族に相談することが多い，など）では見られることを明らかにしている[15]．このようないわば環境・環境交互作用も，今後の心理学や社会学に重要な貢献をしていくものと予想される．

　以上，簡単に人間行動遺伝学の方法と最近の研究動向について概観した．人間行動遺伝学についてさらに知りたい方は，安藤（1999）[16]，プロミン（1994）[17]，ラター（2009）[18]，Plomin ら（2008）[19]，Boomsma ら（2002）[20]などを参照されたい．また，本章で取り上げることのできなかった，一卵性双生児を対象としたエピジェネティクスの研究については，Haque ら（2009）[21]，Petronis（2006）[22]を参照されたい．

註1) 実際には，相関係数では共分散行列を扱い，構造方程式モデルという統計手法を用いてそれぞれの効果の大きさを推定する．構造方程式モデルの詳細は豊田（1998）[23]を参照されたい．

註2) この他，二つの対立遺伝子の交互作用である非相加的遺伝の効果も分析することができる．この効果は，一卵性では完全に同一，二卵性では 0.25 共有されている[24]．

[文 献]
1) Segal, N. *Entwined Lives: Twins and What They Tell Us about Human Behavior*, Plume, New York, 2000.
2) Turkheimer, E. *Curr. Dir. Psychol. Sci.*, **9**, 160-164 (2000).
3) Ebstein, R. P., Novick, O., Umansky, R., Priel, B., Osher, Y. *et al. Nat. Genet.*, **12**, 78-80 (1996).

4) Benjamin, J., Li, L., Patterson, C., Greenberg, B. D., Murphy, D. L. *et al. Nat. Genet.*, **12**, 81-84 (1996).
5) Lesch, K. P., Bengel, D., Heils, A., Sabol, S. Z., Greenberg, B. D. *et al. Science*, **274**, 1527-1531 (1996).
6) Schinka, J. A., Letsch, E. A. & Crawford, F. C. *Am. J. Med. Genet.*, **114**, 643-648 (2002).
7) Schinka, J. A., Busch, R. M. & Robichaux-Keene, N. *Mol. Psychiatry*, **9**, 197-202 (2004).
8) ハリス，R. 子育ての大誤解 ―子どもの性格を決定するものは何か，早川書房，2000.
9) Turkheimer, E. & Waldron, M. *Psychol. Bull.*, **126**, 78-108 (2000).
10) Caspi, A., McClay, J. & Moffitt, T. *Science*, **297**, 851-854 (2002).
11) Caspi, A., Sugden, K., Moffitt, T. E., Taylor, A., Craig, I. W. *et al. Science*, **301**, 386-389 (2003).
12) Butcher, L. M., Davis, O. S., Craig, I. W. & Plomin, R. *Genes Brain Behav.*, **7**, 435-446 (2008).
13) Rose, R. J., Dick, D. M., Viken, R. J. & Kaprio, J. *Alcohol. Clin. Exp. Res.*, **25**, 637-643 (2001).
14) Yamagata, S., Ando, J., Ostendorf, F., Angleitner, A., Riemann, R. *et al*. Cross-cultural differences in heritability of personality traits: Using behavioral genetics to study culture. A paper presented at the 4th CEFOM/21 International Symposium "Cultural and Adaptive Bases of Human Sociality", Tokyo, Japan, September 9-10 (2006).
15) 敷島千鶴, 安藤寿康. 社会的態度の家族内伝達 ―行動遺伝学的アプローチを用いて―, 家族社会学研究，**16**，12-20 (2004).
16) 安藤寿康. 心はどのように遺伝するか，講談社ブルーバックス，1999.
17) プロミン，R.（安藤寿康・大木秀一訳）遺伝と環境 ―人間行動遺伝学入門，培風館，1994.
18) ラター，M.（安藤寿康訳）遺伝子は行動をいかに語るか，培風館，2009.
19) Plomin, R., Defries, J. C., McClearn, G.E., McGuffin, P. *Behavioral Genetics* (5th edition), Worth Publishers, New York, 2008.
20) Boomsma, D., Busjahn, A. & Peltonen, L. *Nat. Rev. Genet.*, **3**, 872-882 (2002).
21) Haque, F. N., Gottesman, I. I. & Wong, A. H. C. *Am. J. Med. Genet.*, **151C**, 136-141 (2009).
22) Petronis, A. *Trends Genet.*, **22**, 347-350 (2006).
23) 豊田秀樹. 共分散構造分析 入門編，朝倉書店，1998. 807-819 (2008).
24) Neale, M. C. & Maes, H. H. M. *Methodology for genetic studies of twins and families*, Kluwer Academic Publishers, Dordrecht, 2002.

[用語解説]

†1 **一卵性双生児**：一つの卵が受精後，およそ5日間のうちに何らかの理由で二つに分かれ，別々の個体に成長したもの．きょうだいは原則として遺伝的に同一．民族や地域に関わらず，1000分娩におよそ4組の頻度で出生する．

†2 **二卵性双生児**：二つの卵が別個に受精したために生じる．日本では元来1000分娩に2組程度と比較的数が少なかったが，最近では不妊治療の際の排卵誘発剤の使用によ

り，一卵性よりも数が多くなっている．
†3　**相関係数**：二変数間の関連性の指標．−1〜1の値をとる．0の場合関連性なし，1または−1の場合完全な関連性（一方から他方を完全に予測できる）があり，1の場合一方が大きいほど他方も大きく，−1の場合一方が大きいほど他方が小さい．
†4　**性格**：通常，普段の考え方や行動を問う複数のアンケート項目への回答により測定される．人間行動遺伝学で用いる性格尺度は，通常，信頼性（同じ人が複数回回答しても同じ結果が得られる），妥当性（実際の行動などを予測できる）が確認されている．
†5　**メタ分析**：心理学など人間の行動を扱う分野では，厳密に統制された実験ができず，研究によって結果が一貫しないことがよくある．この時，複数の研究の統計量を各研究の標本数により重み付けして要約し，その効果の大きさを調べる分析をメタ分析という．

14. 遺伝子変異により生じる行動異常疾患

井ノ上 逸朗

　脳科学は21世紀の科学といわれ，さまざまな方面から研究されている．生化学，分子生物学などからの解析は機能と直結するが，脳機能には不明なことが多く手法的に限界がある．遺伝学の強みは機能と無関係に原因を探ることができる点である．本章で述べるポジショナルクローニングは典型的な例で，病態とは無関係に病気の原因遺伝子が同定できる．ハンチントン病はポジショナルクローニングで原因遺伝子が同定された疾患であり，原因同定が病態理解に役立った好例であろう．

14-1　遺伝子異常による行動関連疾患研究の歴史

　遺伝子が関与している行動関連疾患としてどのような病気をあげればいいのだろうか．本章のメイントピックとなっているハンチントン病やアルツハイマー病，その他にも自閉症，統合失調症，注意欠陥多動症，アスペルガー症候群などをあげることができるだろう．いずれも脳に関連する疾患なので，脳機能の分子メカニズムが完全に理解されていない現状では，分子機能から原因遺伝子の推測は困難である．

　ギャロー（Archibald Garrod, 1857-1936）は遺伝生化学の父といわれる．1904年のアルカプトン尿症の報告以来，シスチン尿症，ペントース尿症，そしてアルビニズムといった先天代謝異常症を見いだし，それらを新たな疾患概念として1923年『Inborn Errors of Metabolism』としてまとめた．これら先天代謝異常疾患の存在は生化学の進展を加速し，代謝に関連する酵素が続々と同定され代謝マップができあがった．病気の発見が学問体系の構築に至った典型例であろう．代表的な先天代謝異常症であるフェニルケトン尿症では，病気の名のとおりフェニルケトンが尿にでており，血中においてフェ

ニルアラニン上昇が認められる．そうするとフェニルアラニンの代謝経路に異常があることが予測できる．実際，フェニルアラニンヒドロキシラーゼに異常がある．代謝マップや関与する酵素が明らかになっていたので，どこの経路の異常かが想定できると，原因遺伝子予測が可能であり，その遺伝子で変異同定がなされた．このように病態から候補遺伝子が予想される病気の原因遺伝子同定法を機能クローニングという．一方，ハンチントン病のような神経変性疾患では，候補となる代謝パスウェイがまったく予測つかない．このような病気では，ポジショナルクローニング[†1]（図14.1）が用いられる．この手法による原因遺伝子同定はまず家系収集が鍵となる．ゲノムでの位置がわかっている多型性を有する遺伝マーカーを用い，そのマーカーと家系メンバーの罹患状態との関連から染色体上の原因遺伝子の場所（遺伝子座）を

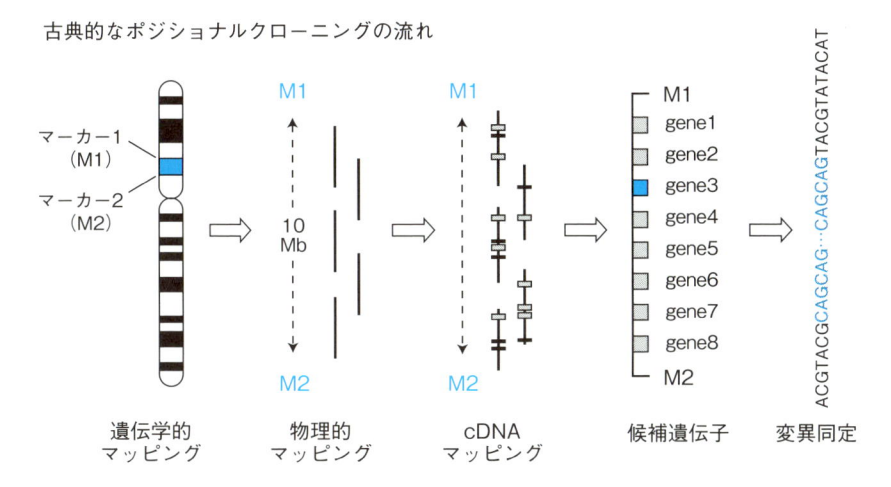

図14.1 ポジショナルクローニングの手法

病気の原因を予測できない遺伝性疾患ではポジショナルクローニングにより原因遺伝子同定がなされる．ここではヒトゲノム解読以前の作業について説明する．まずは家系収集し，遺伝マーカーを用い連鎖解析を行い，マッピングを行う．次に領域にどのような遺伝子が存在するか，YAC，BACクローン等でコンティグを作成しつつ検討する．発現しているcDNAをマッピングし，遺伝子を確認する．そして領域の候補遺伝子を検索する．それぞれについて変異スクリーニングを行う．ハンチントン病の場合，未知遺伝子にCAGリピートが存在していた．多くの患者で調べることでハンチンチン遺伝子が特定できた．

■ 14 章　遺伝子変異により生じる行動異常疾患

特定する連鎖解析[†2]をまず行う．連鎖領域，遺伝子座が特定できると，その領域のスクリーニングにより原因遺伝子同定を試みる．機能にたよらない手法であり，遺伝子座からの同定を目指すので，ポジショナルクローニングといわれる次第である．ポジショナルクローニングの手法は常染色体優性遺伝を示すハンチントン病と常染色体劣性遺伝を示す嚢胞性線維症（cystic fibrosis）の解析を通じて進展かつ確立されたといっていい．

14-2　ハンチントン病研究と遺伝子解明

　ハンチントン病（Huntington disease）は慢性進行性の舞踏病様不随意運動と痴呆を主徴とする遺伝性疾患である．以前はハンチントン舞踏病といわれていたが，不随意運動のみが症状ではないため現在はハンチントン病が使われる．不随意運動とは自分の意志と関係なく現れる症状である．ハンチントン病では全身的に比較的速い不規則な動きがあり舞踏様運動（chorea）と呼ばれる．患者の3分の1は精神症状を示し，3分の2は認知機能障害と運動症状の両方を呈する．西ヨーロッパでは10万人あたり3〜7人，日本では10万人あたり0.1から0.38と少なく，集団により頻度に差がある．遺伝型としては常染色体優性遺伝を示す．ハンチントン病は1872年にジョージ・ハンチントンという医師によって舞踏様運動を特徴とする病気として報告された．実は彼が子供のときからみていたロングアイランドの患者であった．この病気が一躍知られるようになったのは，1967年アメリカの当時国民的フォークシンガーのウッディ・ガスリー（Woody Guthrie）がこの病気で亡くなってからである．ウッディが15歳のとき，彼の母親も同じ病気で亡くなっている．残された妻が「ハンチントン舞踏病と闘う会」を結成した．そこに関与したのが自分の妻とその兄弟がハンチントン病にかかっていた医師のミルトン・ウェクスラー（Milton Wexler）であった．実際にはミルトンの娘のナンシー（Nancy Wexler）が研究をリードした．その時点で彼女本人に発症の可能性があるかどうかわからなかった，優性遺伝なので50％という確率だけはわかっていた．ハンチントン病の悲惨なところは，まったく正常に過ごしていても，あるとき突発的な不随意運動が起こるようになるこ

とであり，進行性で最後は死に至る．典型的な常染色体優性遺伝を示し，発症平均年齢は37歳である．

先述のように，ポジショナルクローニングの手法はハンチントン病と囊胞性線維症の解析を通じて進展かつ確立されたといってよく，新たな疾患解析法を開拓した研究となった．とはいっても，ナンシーがこの病気に取り掛かったときには，このような遺伝病の解析手法はまったくの暗中模索であった．積み上げられた干し草の中から針を見つけるような仕事というたとえ話がよく使われるが，この時点ではアメリカ全土の干し草から針を探すような途方もない作業であったことだろう．ただ，すでにベネズエラにハンチントン病の大家系がいることが報告されていた．そこでナンシーはハンチントン病患者が多数いるというマラカイボ湖のほとりにある村へ出向き，検体収集とハンチントン病家系情報収集に奔走した．一夏で500人以上を採血したそうだ．そして血液はボストンのガゼラ（Jim Gusella）の研究室に送られDNAとされ解析を待った．

14-3 ポジショナルクローニングの始まり

ハンチントン病は連鎖解析により遺伝病の遺伝子座が特定された最初の疾患である．ガゼラらはハンチントン病が4番染色体の短腕の端にマップされたことをNatureに発表した．1983年のことだった[1]．ゲノム全域で遺伝マーカーが網羅されている時代はまだまだ先のことで，当時，見つけられていた遺伝マーカーはごくわずかで，ガゼラが有していたたった12個のうちから連鎖しているマーカーが検出された．そしてそれは当たりであった．まったく幸運としかいいようがないが，遺伝病解明への道が拓けた歴史的な瞬間である．その論文ではナンシーも2番目の著者となっている．問題の遺伝子が4番染色体短腕領域に存在することはわかったものの，4メガ（400万）塩基の範囲に及び，どのような遺伝子がそこに存在するかの見当もつかなかった．まだまだ干し草の山は大きかった．かつ一つ一つを見分ける手段もなかった時代であった．そこで原因遺伝子同定のためのコンソーシアムが形成された．結果的に150人の研究者からなる国際チームが原因遺伝子同定ま

で10年を費やすこととなった．そしてついに1993年，原因遺伝子同定に至ることとなる[2]．ちなみに嚢胞性線維症の原因遺伝子は1989年に同定され，その後ポジショナルクローニングの報告が相次いでいる．遺伝子産物はハンチンチン（Hungtintin）と名づけられ，すべての細胞に存在するタンパク質だった．ハンチンチン遺伝子のエクソン1にCAGリピート配列が観察された．正常人ではリピート数は9～35であるが，患者ではリピート数が40を超え，平均46程度である．CAGはアミノ酸としてグルタミンをコードしており，グルタミンのリピートが存在することとなる．グルタミンリピート数の異常によりハンチンチンが変性タンパク質として結合し脳内に蓄積することで発症する．線条体の萎縮が著明である．このことで，染色体二つのうち一つの遺伝子の異常があれば発症すること（優性遺伝），かつ通常30歳を過ぎて発症することをよく説明できる．家族性アミロイドーシスでも示されるよう，異常タンパクが細胞内に蓄積し最終的には細胞死に至る．

ハンチントン病は最初に連鎖解析で遺伝子座が特定された疾患なので，ポジショナルクローニングの例としては遅きに失した感は否めないものの，トリプレットリピート病という新たな病気のエンティティを示した意義のある成果となった．

14-4　トリプレットリピート病と表現促進

ハンチントン病から得られた新たな疾患エンティティとは3塩基リピートによる疾患発症メカニズムである．ハンチントン病での発見を契機に多くの疾患で3塩基リピートの異常が見つかってきた．脊髄小脳変性症には多くのタイプがあり，ハンチントン病同様グルタミンリピートを示すタイプが多い．Kennedy's diseaseとして知られる球脊髄筋委縮症でも同様である．グルタミンリピートを示さないトリプレットリピート病も知られている．脆弱X症候群（Fragile X syndrome）は多動症や自閉症症状を示し，精神遅滞を伴う．X染色体に存在する*FMR1*遺伝子の5′非翻訳領域のCGG反復配列により発症する．特徴的なパターンを表14.1にまとめた．

3塩基伸長は次の世代にコピーされる際，間違いを起こすため起こる．そ

表 14.1　不安定反復配列伸長疾患の代表的な4例

疾患	遺伝様式	リピート	責任遺伝子	遺伝子での位置	アミノ酸変異	リピート数 正常	リピート数 中間	リピート数 罹患
ハンチントン病	常染色体優性	CAG	*HD*	コード領域	グルタミンリピート	<36	36〜39 通常罹患する	>40
脆弱X症候群	X連鎖	CGG	*FMR1*	5′非翻訳領域	なし	<60	60〜200 通常罹患しない*	>200
筋強直性ジストロフィー	常染色体優性	CTG	*DMPK*	3′非翻訳領域	なし	<30	50〜80 軽度に罹患することもある	80〜2,000
Friedreich失調症	常染色体劣性	AAG	*FRDA*	イントロン	なし	<34	36〜100	>100

*振戦-失調症候群もしくは早発卵巣機能不全をもつかもしれない．（文献6より）

うすると次の世代にコピーされる際にさらに長さを増しやすいという傾向を示す．実際にハンチントン病において患者が子供をもうけた場合，子供の方が重篤であったり早く発症する傾向は知られており，表現促進（Anticipation）といわれる（図14.2）．体細胞においても細胞分裂するに従い，リピートが長くなる．一方細胞分裂のない細胞では伸長はみられない．生殖細胞でも同様の現象がみられ，年齢とともに精子を作る細胞でもリピート伸長がみられる．父親の年齢との間にある相関関係もこの伸長現象によって説明できる．すなわち子をもうけたときの年齢が高ければ高いほど，重症度が増し，より低い年齢で発症する傾向がある．一方，卵子の場合，細胞分裂は思春期前に終わっているので，母親からはそのような傾向はない．

14-5　ハンチントン病の遺伝リスク

　まったく原因遺伝子の手掛かりがない状態で始まったハンチントン病研究であるが，遺伝子同定ができ，疾患メカニズムは早晩解明されるであろう．現時点で，治療法が存在しないことも事実である．そのような状況で未発症の家族に遺伝子検査を行い，結果を知らせるべきであろうか．個人のゲノム情報は個人に属するという観点からは，当然被験者には知る権利があるはずだ．ただし，問題はもし将来罹患することを知ったとしても，現時点ではどうにもならないということである．ハンチントン病の予防法も治療法もまったく開発されていない．このようなケースではどうあるべきなのだろうか．

■ 14章　遺伝子変異により生じる行動異常疾患

ハンチントン病家系例

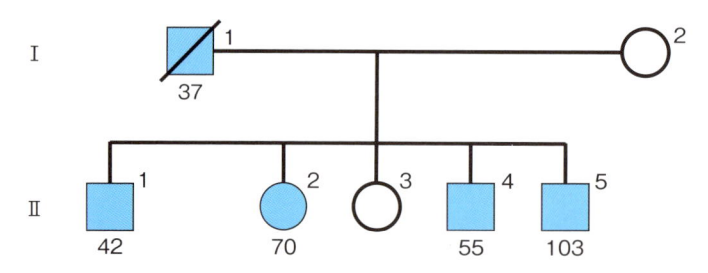

図14.2　ハンチントン病家系での CAG リピート数
　まずはハンチントン病家系を示す．2世代の家系であるが，常染色体優性遺伝が考えられる．次に CAG リピート数をサザーンブロットにより検討している．罹患している長男ではリピート数は 42 であった．三男は 103 ということで増えている．精子形成の段階でリピート複製エラーが起こり，父親の加齢に伴いエラーが大きくなる．この現象を表現型促進という．（文献 6 を参考に作図）

実際のところ正解はないのだろう．患者，主治医，遺伝カウンセラーの信頼関係のもとでの話し合いの中で解決点を見いだすしかないようだ．

14-6　アルツハイマー病

　アルツハイマー病（Alzheimer disease）は多くの老人に記憶喪失や人格崩壊をもたらしている．老人の夜間徘徊などの異常行動は家族にとって大きな負担となり，入院先でも困難な対応を迫られている．また稀に比較的若い世代にもみられ，それらは通常遺伝性を示す．アルツハイマー病の脳組織にはアミロイド沈着が特徴的で，アミロイド（アミロイド β）が蓄積することにより脳細胞にダメージを与えている．患者の 5％は 40〜50 代で発症する早

発型アルツハイマーである．この場合，遺伝性が強いことが知られている．残りの95％は65歳以降に発症する遅発型で遺伝要因の関与は認められるがはっきりしないところもある．

14-7　遅発性アルツハイマー病の感受性遺伝子同定

　多くの痴呆は老人においてみられ，遅発性アルツハイマー病が多い．ローゼス（Allan Roses）の研究チームは遅発性アルツハイマー病の原因遺伝子同定に取り組んでいた．遅発性アルツハイマー病はありふれた疾患（common disease）に属し，多くの遺伝要因と環境要因が複合的に疾患発症に関わっていると考えられる．遅発性疾患であるので，患者の親世代は死亡している可能性が高く，子供世代はまだ疾患年齢に達していない．そうすると大家系収集は困難となる．ただし，頻度の高い疾患であるので，罹患した同胞は多く認められる（罹患同胞対）．罹患同胞は病気に関連する遺伝子を共有している可能性が高い．そこで，このような疾患で用いられる解析が，罹患同胞対連鎖解析である．同胞間では確率的に一つのアレルを共有しうる．多くの同胞対を収集し，統計的に共有するアレル数が1を超えるときに連鎖があると判定する．なんらかのアレルをより高い確率で共有していたということで，罹患同胞なので病気との関連の可能性が高いということとなる．この手法で解析したところ，19番染色体に連鎖を認めた[3]．この手法の難点は連鎖領域が広範に及ぶことと，連鎖の不確実さである．いずれにせよ，連鎖領域での候補遺伝子解析を行うこととなる．アルツハイマー病は神経細胞の外に存在する老人斑が特徴的で，そこには変性したタンパク質からなるアミロイドの沈着があった．ただ，老人斑に存在していたのはアミロイドだけではなかった．日本人の研究者が老人斑をアポリポタンパク質の抗体で免疫染色したところ，アポEが存在することをすでに報告していた[4]．アポEは19番染色体の連鎖領域に存在する遺伝子にコードされている．そこで，アポE遺伝子をスクリーニングしたところ，E4タイプとアルツハイマー病が強く関連していた[5]．アポEはVLDLを構成するタンパク質成分で高脂血症に関連する遺伝子として知られていた．E4タイプをもっていると，アルツハイマー

■ 14章　遺伝子変異により生じる行動異常疾患

病のリスクが高くなり，発症年齢も若くなる．また女性でより強いリスクをもつ．西欧人において E4 アレルをもたない人でもアルツハイマー病の発症率は 10％程度で平均発症年齢は 84 歳である．E4 アレルをヘテロ接合体でもつと 47％に発症率が上昇し，平均発症年齢は 75 歳にさがった．E4 アレルをホモ接合体で有すると 91％かつ 68 歳となる．遅発性アルツハイマー病はその名のとおり，加齢に伴い発症するが，このような疾患で遺伝要因が大きなリスクとなっていることは驚きである．

チンパンジーはアポ E4 を有しており，E4 タイプが祖先型と考えられる(図 14.3)．E4 タイプは高脂血症やアルツハイマー病と強く関連しており，あまりいいことはないようであるが，進化的にはなにか意味があったのだろう．少なくとも石器時代にはコレステロールたっぷりの食事はしていないし，ア

アポリポタンパク質E遺伝子多型と臨床表現型

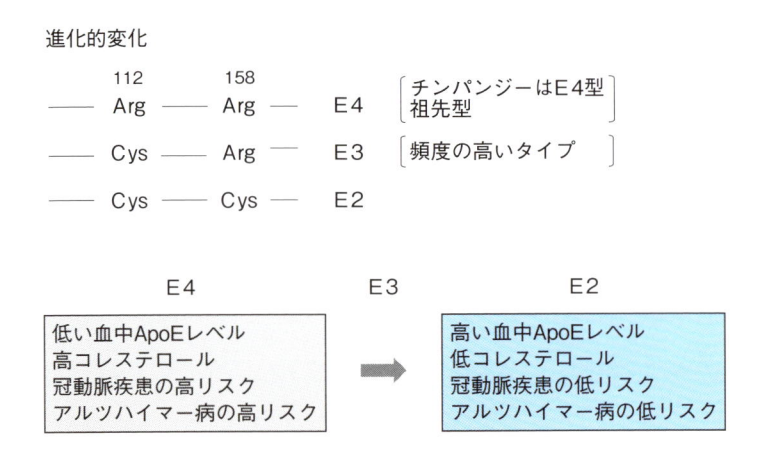

進化的変化

112	158		
Arg	Arg	E4	チンパンジーはE4型 祖先型
Cys	Arg	E3	頻度の高いタイプ
Cys	Cys	E2	

E4
低い血中ApoEレベル
高コレステロール
冠動脈疾患の高リスク
アルツハイマー病の高リスク

→

E3　E2
高い血中ApoEレベル
低コレステロール
冠動脈疾患の低リスク
アルツハイマー病の低リスク

図 14.3　アポ E 多型と臨床表現型
　アポリポタンパク質 E において 112 番目のアミノ酸がアルギニンで 158 番目がアルギニンのタイプが E4 である．このタイプはチンパンジーが有しているので祖先型とされる．E4 の 112 番目のアルギニンがシステインに変化して E3 となる．そして E3 の 158 番目のアルギニンがシステインに変化すると E2 となる．
　E4 タイプは高脂血症と関連しており，アルツハイマー病のみでなく冠動脈疾患のリスクとなる．E2 タイプはアルツハイマー病や冠動脈疾患になりにくいタイプである．E3 タイプはその中間とされる．

ルツハイマー病にかかるほど長生きもしなかった．

遅発性アルツハイマー病は多因子疾患であるので，アポEのみが原因ではない．ゲノム全域に及ぶSNP解析でいくつもの遺伝要因が明らかにされていることを追記しておく．

14-8　家族性アルツハイマー病の原因遺伝子

家系でアルツハイマー病を発症する症例が見つかっていた．これらは単一遺伝病であり優性遺伝を示していた．それらの家系で連鎖解析が行われ，21番染色体に連鎖を認めた家系，そして14番染色体の異なる領域に連鎖を示す2家系が検出された．21番染色体からはβアミロイド前駆体タンパク質（APP），14番染色体からは，プレセニリン1（PSEN1），プレセニリン2（PSEN2）の変異が同定された．現在では，家族性にアルツハイマー病を発症し，それらの平均年齢が65歳以下であること，そして上記の三つの遺伝子のどれかに変異を認めると，若年性家族性アルツハイマー病と診断される．APPの異常は病態と直結している．なにしろ，老人斑の主要構成タンパク質であるβアミロイドの前駆体であり，変異タンパク質は分解径路に異常が起こることが知られている．家族性アルツハイマー病は稀なタイプであるが，疾患メカニズムを考慮する上で有用で，これらの解析を通じて，遅発性アルツハイマー病の治療法開発に結びつく可能性もある．

14-9　将来展望

先天代謝異常症が生化学の進展に果たした役割は大きく，代謝関連酵素の同定，代謝マップの完成など相互に発展してきた．脳科学においても同様のことが期待されていいだろう．人間の脳でどのようなことが起こっているか，脳内の数百億のニューロン，それをつなぐ無数のシナプスの機能を解き明かすにはまだ時間がかかるだろう．かつ分子レベルでの理解となるとさらにまだ先のことである．ところが，行動異常をきたす疾患の遺伝要因について，ゲノム科学進展に伴う遺伝学の威力により原因遺伝子が特定できるようになった．当然，タンパク機能との関連も少しずつ明らかにされている．こ

■ 14章　遺伝子変異により生じる行動異常疾患

れらの知見が脳科学の発展に果たす役割は大きいだろう．例えば，意識とはなにか，といった問いに対しても分子レベルでの答えることができるようになるかもしれない．医学的には，行動異常をきたす疾患について遺伝子レベルで解明されることにより，病気の発症メカニズムが明らかにされ，将来的には治療法開発に結びつくことが期待される．なにより，現在では疾患分類さえ不確定なところがあり，近い将来分子レベルで分類し直されるに違いない．

[文献]

1) Gusella, J. F., Wexler, N. S., Conneally, P. M., Naylor, S. L., Anderson, M. A. et al. *Nature*, **306**, 234-238 (1983).
2) MacDonald, M. E., Ambrose, C. M., Duyao, M. P., Myers, R. H., Lin, C. et al. *Cell*, **72**, 971-983 (1993).
3) Namba, Y., Tomonaga, M., Kawasaki, H., Otomo, E. & Ikeda, K. *Brain Res.*, **541**, 163-166 (1991).
4) Pericak-Vance, M. A., Bebout, J. L., Gaskell, P. C. Jr, Yamaoka, L. H., Hung, W. Y. et al. *Am. J. Hum. Genet.*, **48**, 1034-1050 (1991).
5) Corder, E. H., Saunders, A. M., Strittmatter, W. J., Schmechel, D. E., Gaskell, P. C. et al. *Science*, **261**, 921-923 (1993).
6) ナスバウム, R. L., マキネス, R. R., ウィラード, H. F. 編（福嶋義光監訳）．トンプソン&トンプソン遺伝医学，メディカル・サイエンス・インターナショナル，2009．

[用語解説]

†1　**ポジショナルクローニング**：遺伝性疾患の原因遺伝子同定法の一つ．病態から候補遺伝子を推定できない疾患において，家系による連鎖解析を行い，疾患遺伝子座を特定し，その領域から原因遺伝子を同定する手法．ヒトゲノム計画により遺伝子が染色体上に網羅するにつれて多くの疾患原因遺伝子が同定されることとなる．また，疾患遺伝子遺伝子同定がヒトゲノム計画の推進力ともなった．

†2　**連鎖解析**：遺伝性疾患において家系情報から疾患原因遺伝子の場所（遺伝子座）を特定する手法．患者を有する家系とゲノムを網羅する位置情報を伴う多型性遺伝マーカーが必要である．疾患遺伝子座と遺伝マーカーが近いとき，両者は同様に家系内で遺伝し，連鎖するという．また，収集された家系において，組換えが連鎖マーカーと疾患表現型との間に生じると，遺伝子座をより狭い領域に絞り込むことが可能となる．

15. 精神疾患の行動遺伝学

治徳 大介・吉川 武男

精神疾患の発症には遺伝的要因の関与が強く示唆されるものの，発症には非常に多くの疾患脆弱性遺伝子に遺伝子発現の個人差や環境因子などが複雑に絡み合って関与している．さらには診断の生物学的基準の欠如が加わり，研究には多くの困難が生じている．そのような中で，精神疾患の遺伝子研究の現状がどのようになっているのかを紹介する．

15-1 精神疾患と遺伝

精神疾患は，生涯罹患率が比較的高い慢性疾患群で，統合失調症・双極性障害はそれぞれ約1％，自閉症は約0.8％といわれている．厚労省の報告によると，疾病負担の総合的な指標であるDALY（障害調整生命年）の上位10疾患中3疾患を精神疾患が占め，これは全体の約20％にあたる．さらに日本の医療費の7％以上を精神疾患が占めている．そのため，がんや生活習慣病と並んで解明が急がれるが，特定の生物学的基盤の解明には至っていない．

遺伝子が心理・行動にどのように関与しているかについては，すでに19世紀のクレペリン（Emil Kraepelin）の時代から言及されていた．精神疾患における行動遺伝学は1930年代からの双生児研究や養子研究で確立され，主要な精神疾患すべてにおける遺伝的関与が明らかとなっている（表15.1）[1]．例えば，統合失調症や双極性障害の遺伝率は約60〜85％，自閉症にいたっては遺伝率が約90％と非常に高い．メンデル型遺伝疾患のような単一遺伝子疾患と異なり，精神疾患の発症には非常に多くの疾患脆弱性遺伝子が関与しており，さらに環境要因などが加わった複雑な機構が存在する複雑遺伝疾患と考えられている（表15.2）．また，有病率の高さから「ありふれた疾患（common disease）」とも呼ばれ，効果は弱いが頻度

15章 精神疾患の行動遺伝学

表 15.1　代表的な精神疾患の疫学

診断	罹患率	双生児一致率	遺伝率
統合失調症	1%	MZ：40〜50%，DZ：14%	70〜85%
双極性障害	1%	MZ：70%，DZ：19%	60〜85%
うつ病	＜17%	MZ：46%，DZ：20%	40%
自閉症	0.8%	MZ：36〜82%，DZ：6%	90%
ADHD（注意欠陥多動性障害）	8%	MZ：＜60%，DZ：21%	60〜90%
パニック障害	1.5〜3.5%	MZ：23〜73%，DZ：0〜17%	40〜50%
強迫性障害	1.6%	MZ：50〜80%，DZ：20〜40%	60〜70%

MZ：一卵性双生児，DZ：二卵性双生児．（文献1より改変）

が高い変異（common variant）を多くもつことで発症リスクが高まるという CDCV（common disease-common variant）仮説が合うと推測されている．一方，家系研究からは，複雑遺伝疾患が比較的強い効果を持つまれな変異（rare variant）で起こるとする CDRV（common disease-rare variant）仮説が提唱されている．実際には，両者は相反するものではなく，それぞれに起因して発症に至る場合や両者の組み合わせによって発症に至る場合など遺伝的異種性があると考えられ，同じ複雑遺伝疾患である高脂血症の最近の研究でもそのことが明らかとなっている[2]．

精神疾患の疾患脆弱性遺伝子を探す遺伝学的アプローチとして，罹患者で有意に多く共有されている遺伝子変異を探す手法が主にとられ，非血縁

表 15.2　メンデル遺伝疾患と複雑遺伝疾患の比較

	メンデル遺伝疾患	複雑遺伝疾患
頻度	稀	多い
責任遺伝子	単一	複数
浸透率*	高い	低い
遺伝子間相互作用	（−）	（＋）
環境要因（生活習慣）	（−）	（＋）
表現型**	質的	量的
社会的コスト	＋	＋＋＋

＊：疾患発症に対する遺伝子変異の効果．
＊＊：今の場合，「疾患」と同義と考えてよい．「質的」とは全か無かの悉無律に従うものであり，「量的」とは正常から疾患が重篤な場合まで明確な境界線がない状況である．

の集団で見たときには関連，家系で見たときには連鎖となる．以前は連鎖解析が主に行われていたが，たかだか3世代内のゲノムの組み換えを利用しているため解像度が低く，特定の遺伝子変異までたどり着けないことから現在は関連解析が主流となっている．対象となる遺伝子変異には，一塩基多型（single nucleotide polymorphisms：SNPs）[†1]・コピー数多型（copy number variant：CNV）[†2]・くり返し配列の数の多型，などがある．一方，精神疾患の遺伝子研究のアプローチとして，従来は一つ一つの候補遺伝子に絞っての検討が行われてきたが，最近の技術の進歩とコストの低下に伴い，パスウェイ解析（同じ細胞内シグナル系に関与する複数の遺伝子の同時解析）が行われるようになり，数年前から一度に50～100万の遺伝子変異を調べることのできる全ゲノム関連研究（Genome-wide Association Study：GWAS）が世界中で始まり，これまで注目されなかった遺伝子や関連するシグナルパスウェイが見つかっている．

15-2　精神疾患の遺伝学の現状

精神疾患の遺伝学では，以下のようなさまざまなアプローチが試みられている．

15-2-1　全ゲノム関連研究（GWAS）

精神疾患のように多くの遺伝子変異が関与する複雑遺伝疾患に対して，GWASは非常に有用と考えられる．CDCV仮説に依拠したGWASはSNPsを用いるのに対して，CDRV仮説に依拠したGWASはCNVに着目する．いずれの手法も検出力を上げるために非常に多くのサンプルを必要とするが，これを目的とした複数のコンソーシアムが立ち上がり，また複数の研究結果に基づくメタ解析が行われている．これまでに得られた主な結果としては以下のようなものがある．

(1) SNPsを用いたGWASでは，双極性障害でANK3やCACNA1Cなどのイオンチャネルに関わる遺伝子の関連[3)4)]，統合失調症で4座位（ZNF804A, MHC領域, NRGN, TCF4）の関連[5)～8)]，自閉症でCDH9, CDH10といった細胞接着分子の関連[9)]などを認めたが，個々のSNPsの影響力はごく

わずかなものであった．
(2) 統合失調症では頻度は稀であるが，効果の大きな CNV が複数見つかった[10]〜[12]．
(3) 統合失調症の多くの関連 CNV の中で，染色体 1q21.1（欠失），15q13.3（欠失），22q11.2（欠失）の関連が強く再現されており，それぞれのオッズ比は 10 以上と高かったが，患者群の約 1%しかこれらの CNV をもっていなかった[10][13]．
(4) 統合失調症と双極性障害に共通する関連 SNPs の存在[5]や，統合失調症と自閉症に共通する関連 CNV の存在[14]（図 15.1）から精神疾患に共通する生物学的基盤が存在する可能性が示唆された．一方，双極性障害と CNV の関連は否定的で[15][16]，統合失調症に比べて双極性障害では大きな CNV（欠失）が有意に少ないことから，精神病の表現型に大きな CNV（欠失）が関与している可能性が考えられた[16]．
(5) 統合失調症の発症に数千の common variant が関わっており，この疾患の 30%以上が common variant の集積によって説明できることが報告された[7]．

GWAS によって新たな知見が得られたのは確かだが，個々の関連 SNPs の影響力は小さく，オッズ比は 1.1 から 1.5 程度と考えるのが共通見解となりつつある．今後このような変異の同定を行っていこうとすれば数万人規模のサンプルを用意する必要があると考えられる．さらに，統合失調症の GWAS における MHC 領域の関連 SNPs[6]〜[8]は日本人にはほとんどないことからも民族差があると考えられ，日本人の精神疾患のリスク変異を調べるためには日本人を調べるほかない．一方，CNV の影響は大きいものの，ごく一部の患者の疾患脆弱性しか説明できず，CNV の中のどの領域のどのような機能的障害が精神疾患発症に寄与しているのかは解明が困難であり，また CNV 検出法はまだ完璧なものではないため，今後の技術の進歩も課題である．

15-2-2 パスウェイによるアプローチ

精神疾患には多くの病態仮説がある．代表的なものとして，統合失調症のドーパミン過剰仮説・グルタミン酸機能低下説や，うつ病のモノアミン

15-2 精神疾患の遺伝学の現状

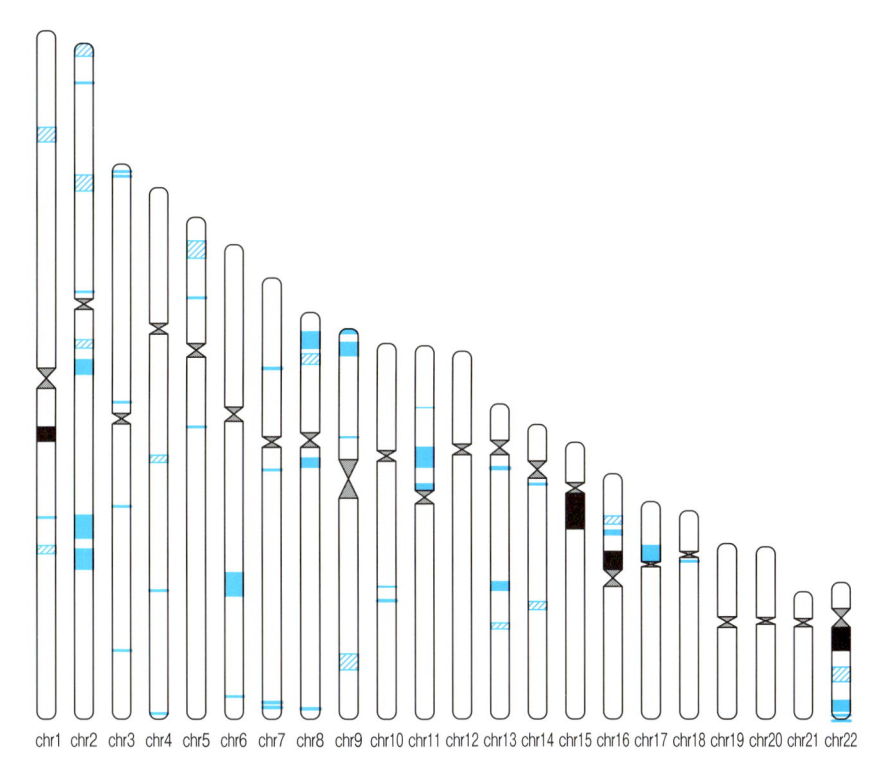

図 15.1　統合失調症と自閉症の関連 CNV
　青で塗りつぶしたところは自閉症の関連 CNV，青の斜線は統合失調症の関連 CNV，黒は両疾患に共通の関連 CNV を示してある．（文献 14 より改変）

低下仮説・視床下部－下垂体－副腎機能障害仮説などがあり，これらに関連した情報伝達経路に注目した遺伝子研究が行われてきた．筆者らのグループも，ドーパミン神経伝達系とグルタミン酸神経伝達系の双方に関わるカルシニューリン関連遺伝子群と統合失調症との関連を報告した[17]．

　最近，GWAS の結果に基づいた新たな関連パスウェイが次々と報告されるようになり，自閉症と GTPase/Ras シグナル系との関連[18]や，統合失調症・双極性障害と CAM（cell adhesion molecule：細胞接着分子）シグナル系との関連[19]などが報告されている．とくに CAM シグナル系については，自閉症の GWAS[9]で関連が報告された遺伝子もこのパスウェイ上にあり，自

■ 15章　精神疾患の行動遺伝学

閉症・統合失調症・双極性障害がすべて共通の生物学的基盤をもつ可能性が示唆される．

このように，個々の遺伝子リスクが弱くとも，情報伝達系としてのリスクが証明できれば，発症メカニズムの包括的な解明や治療の新たなアプローチにつながることが期待できるため，精神疾患のような複雑遺伝疾患には有用なアプローチといえる．

15-2-3　候補遺伝子研究

これまで行われた多くの精神疾患の研究から非常に多くの遺伝子が注目されてきた．表 15.3 はその中の一部である．以下に代表的な例をあげた．

DISC1 遺伝子は，統合失調症や双極性障害などの精神疾患が多発するスコットランドの大家系の染色体均衡転座から同定された統合失調症の候補遺伝子である．この遺伝子はニューロンの移動や軸索の伸長，神経新生などに関与し，統合失調症の発症原因の一つである神経発達障害仮説との関連が推測される．この遺伝子内のリスク SNP が，統合失調症患者に見られる作業記憶の低下や前頭前野皮質の体積減少に関連していると報告された[20)21)]．

ZNF804A 遺伝子は，統合失調症の GWAS によって初めて注目され[5)]，その後の追試でも関連が報告されている[7)22)～25)]．この遺伝子がコードするタンパク質は zinc finger タンパクで，機能的には転写因子であると予測されるが，病態生理学的にどのように関与するかは明らかでない．しかし，最近の研究で，海馬と背外側前頭前野との活動の相関性[26)]やエピソード記憶・作業記憶[27)]とこの遺伝子内のリスク SNP との関連が指摘されており，この遺伝子が脳内の連絡や認知機能に影響を与えている可能性が考えられる．

SLC6A4 遺伝子は，シナプス間隙のセロトニン再取り込みに関与するうつ病の候補遺伝子である．カスピ（Avshalom Caspi）らは，この遺伝子のプロモーター領域の遺伝子多型を 2 種類に分け（L 型と S 型），ストレスとの相互作用について報告し，S/S ＞ S/L ＞ L/L の順で，ライフイベントが増えるにつれてうつ病症状を呈しやすくなるとした[28)]．その後の追試では否定的な論文が多い[29)30)]が，この多型は実際には 14 種類もあるため，今後より詳細な検討を行う必要がある．

15-2 精神疾患の遺伝学の現状

表 15.3　主要精神疾患の代表的な候補遺伝子

遺伝子		疾患		
MTHFR	Methylenetetrahydrofolate reductase	統合失調症	双極性障害	うつ病
DAOA	D-amino-oxidase activator	統合失調症	双極性障害	
ZNF804A	Zinc finger protein 804A	統合失調症	双極性障害	
SLC6A4	Solute carrier family 6, member 4	統合失調症	うつ病	パニック障害
NRXN1	Neurexin 1	統合失調症	自閉症	
COMT	Catechol-O-methyltransferase	統合失調症	パニック障害	
DRD4	Dopamine receptor 4	統合失調症	ADHD	
AKT1	V-akt murine thymoma viral oncogene homolog 1	統合失調症		
CHRNA7	Cholinergic receptor, nicotinic, alpha 7	統合失調症		
DISC1	Disrupted in schizophrenia 1	統合失調症		
DTNBP1	Dystrobrevin binding protein 1	統合失調症		
NRG1	Neuregulin 1	統合失調症		
NRGN	Neurogranin	統合失調症		
PDE4B	Phosphodiesterase 4B	統合失調症		
RGS4	Regulator of G-protein signalling 4	統合失調症		
TCF4	Transcription factor 4	統合失調症		
P2RX7	Purinergic receptor P2X, ligand-gated ion channel 7	双極性障害		
ANK3	Ankryin 3, node of Ranvier	双極性障害		
CACNA1C	Calcium channel, voltage-dependent, L type, alpha 1c, subunit	双極性障害		
DGKH	Diacylglycerol kinase, eta	双極性障害		
CDH9, 10	Cadherin 9, 10	自閉症		
CNTNAP2	Contactin associated protein-like 2	自閉症		
NLGN1, 3, 4	Neuroligin 1, 3, 4	自閉症		
SHANK3	SH3 and multiple ankyrin repeat domains 3	自閉症		
BDNF	Brain derived neurotrophic factor	うつ病		
SLC6A3	Solute carrier family 6, member 3	うつ病	ADHD	
CCKAR	Cholecystokinin A receptor	パニック障害	統合失調症	
TPH2	Tryptophan hydroxylase 2	ADHD	うつ病	双極性障害

ADHD：attention-deficit hyperactivity disorder/ 注意欠陥多動性障害

189

■ 15 章　精神疾患の行動遺伝学

　このように候補遺伝子研究は，個々の遺伝子変異を対象とするため，多くの遺伝子変異が関わっている精神疾患の研究としてはあまり効率的とは言えないという課題はあるものの，疾患脆弱性遺伝子の同定やその機能を調べるうえで意義がある．

15-2-4　中間表現型によるアプローチ

　精神疾患の研究に特有の問題として，診断の問題がある．現在の診断基準には客観的な生物学的指標がなく，診断と生物学的基盤が必ずしも一致しない．それは上述の精神疾患のオーバーラップでも明らかである．精神疾患の客観的な指標として，プレパルス抑制（Prepulse Inhibition: PPI）[†3]，P50事象関連電位，眼球運動，神経認知課題などの中間表現型（エンドフェノタイプ）[†4] が用いられ，これらに注目した研究も進んでいる．筆者らのグループは，PPIの値に差がある2系統のマウスの量的遺伝子座（quantitative trait locus：QTL）解析[†5] を行い（図15.2），PPI関連遺伝子として *FABP7* 遺伝子を同定した[31]．さらにヒト統合失調症患者死後脳の前頭葉での発現の上昇を認め，SNPによるFABP7タンパク質の脂肪酸親和性の強さの違いが疾患感受性に影響を与える可能性を示した．その後，筆者らは，*FABP7* 遺伝子が双極性障害にも遺伝的に関連があることを報告した[32]．この他にもfMRI（機能的磁気共鳴画像法）などの神経画像に基づいた中間表現型の研究が盛んに行われており，*COMT*，*BDNF*，*DISC1*，*ZNF804A* などと統合失調症の脳の形態・機能変化との関連などが報告されている．

　中間表現型からの遺伝子探索は有用であり，前述のようにPPIは動物でも計測可能という大きな利点があるが，いくつかの課題もある．例えば，中間表現型の遺伝率は低く，統合失調症の遺伝率が70〜85％，双極性障害の遺伝率が60〜85％といわれるのに対して，いずれの中間表現型も30〜50％程度の遺伝率しかない[33]．統合失調症や双極性障害に特異的な中間表現型は現時点では見つかっていないこともこの手法の難しいところである．

15-2-5　動物モデルによるアプローチ

　ヒト精神疾患と類似性のある行動異常は動物にも存在する．さまざまな仮説に基づき薬剤投与モデルや遺伝子改変動物を用いた研究も盛んに行わ

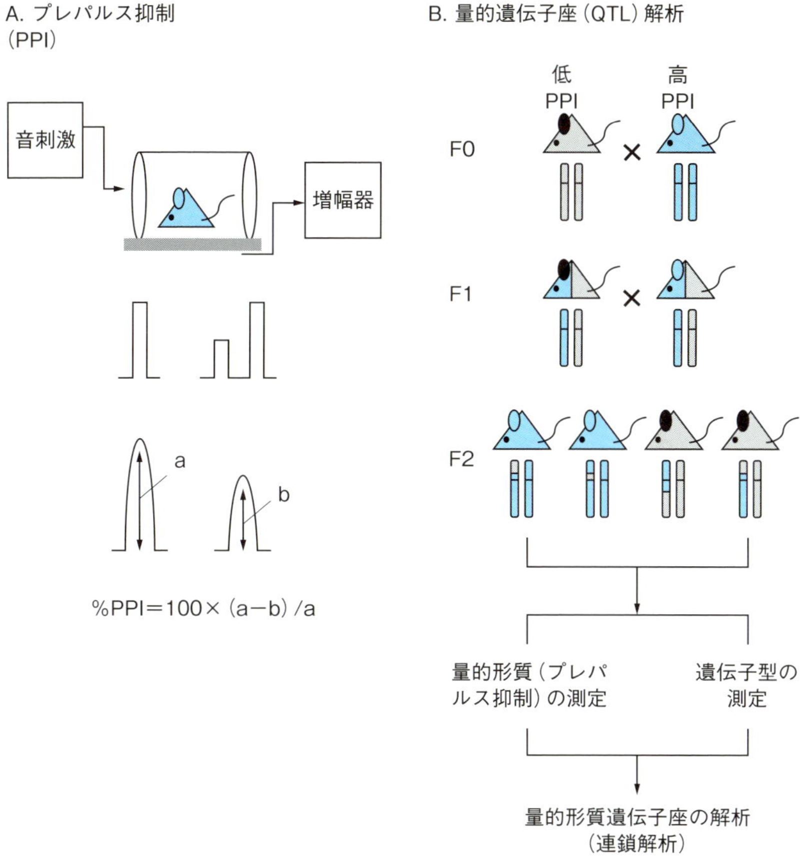

15-2 精神疾患の遺伝学の現状

A. プレパルス抑制（PPI）

B. 量的遺伝子座（QTL）解析

%PPI＝100×（a−b）/a

図 15.2　プレパルス抑制（PPI）制御遺伝子の同定

A：突然の音刺激に対する驚愕反応は，その直前に同様の弱い刺激を与えることで抑制され，この現象をプレパルス抑制（PPI）と呼ぶ．統合失調症などでは，PPIが減弱するため，中間表現型と考えられている．

B：量的遺伝子座（QTL）解析の手順としては，最初に標的表現型に関してなるべく両極端の性質を示す系統(F0世代)を選択する．それらの系統を掛け合わせると，F1世代ではF0世代の両系統の遺伝情報を受け継ぎ，すべての個体で遺伝子型が同一となる．F1世代の兄妹交配によりF2世代を作製すると，各個体でF0世代の二つの系統から受け継ぐ遺伝情報の割合にばらつきが生じる．そこで，F2世代について，表現型の計測と遺伝子型の決定を行い，両者を対応させて連鎖解析を行うことにより，表現系を制御している遺伝子座を求めることができる．

■ 15章　精神疾患の行動遺伝学

れている．例えば，統合失調症の候補遺伝子 *DISC1* の変異マウスは脳の形態異常やワーキングメモリと PPI の低下を示すことが複数報告されている[34]〜[36]．西川　徹らのグループは，統合失調症が思春期以後に発症することに着目し，NMDA（*N*-methy-D-aspartate）受容体遮断薬である PCP（phencyclidine）を投与した統合失調症モデル動物において，臨界期以降に PCP に反応して発現の変化を示す *Lmod2* 遺伝子を報告した[37]．

　動物モデルからの知見は非常に重要であるが，ヒト以外の動物から得られた行動異常とヒトの精神症状が同じものなのかは最終的に評価が難しい．しかし，動物モデルの解析から見出された遺伝子と，ヒトサンプル遺伝子との遺伝的関連が証明されれば有効なアプローチと言える．

15-3　今後の展望

　一般に複雑遺伝疾患である精神疾患の場合，遺伝的異質性や表現模写，浸透率の低さなどの理由から遺伝統計学的な検出力が低下するため，疾患脆弱遺伝子の同定が困難である．また，疾患特異的かつ客観的な生物学的指標がなく，現在の診断基準と生物学的基盤が必ずしも一致しないことが，さらに精神疾患の研究を困難にしている．

　一つ一つの遺伝子を調べる手法から GWAS の時代になり，これまで注目されていなかった関連遺伝子やパスウェイが報告されるようになったが，他の研究と同様に精神疾患研究のブレークスルーとなるような報告は現時点では得られていない．

　今後サンプル数を増やすことにより，新たな関連遺伝子変異が見つかると考えられ，この方向で世界中の研究機関が動いている．海外ではすでにうつ病・統合失調症・双極性障害・自閉症・ADHD の五つの精神疾患からなる 8 万サンプル以上の大規模コンソーシアムも存在している[38]．その一方で日本人サンプルの収集も不可欠である．日本人は白人よりも民族的に均一であり，より交絡因子が少ない．また，疾患脆弱性遺伝子が人種ごとに異なる可能性もある．このような考えのもと，JIRAS（Japanese Genetics Initiative for Replicating Association of Schizophrenia）などのコンソーシアムが立ち上が

り，日本人サンプルの GWAS も報告されるようになった．筆者らのグループも日本人サンプルで最初となる双極性障害の GWAS を報告した[39]．

また，次世代高速シーケンサーの登場により，数年後には大規模サンプルでのゲノムの全塩基配列の解読が実用化される．大きく期待されてはいるものの，はたしてコストに見合う結果をもたらすかどうか楽観はできない．たとえすべての疾患脆弱性遺伝子が見つかったとしても，それはスタート地点でしかない．精神疾患の遺伝子研究の最終的な目的が精神疾患の予防・診断・治療につながることである以上，疾患特異的な客観的指標の開発や前向き研究も不可欠である．そのためには，今回紹介した遺伝子研究だけでなく，脳画像研究や死後脳研究，エピジェネティクス研究などさまざまな分野の研究が有機的につながっていく必要がある．今後も複雑なジグソーパズルの一つ一つを埋めていく地道な努力が必要である．

[文 献]

1) Burmeister, M., McInnis, M. G. & Zollner, S. *Nat. Rev. Genet.*, **9**, 527-540 (2008).
2) Johansen, C. T., Wang, J., Lanktree, M. B., Cao, H., McIntyre, A. D. *et al. Nat. Genet.*, **42**, 684-687 (2010).
3) Ferreira, M. A., O'Donovan, M. C., Meng, Y. A., Jones, I. R., Ruderfer, D. M. *et al. Nat. Genet.*, **40**, 1056-1058 (2008).
4) Scott, L. J., Muglia, P., Kong, X. Q., Guan, W., Flickinger, M. *et al. Proc. Natl. Acad. Sci. USA.*, **106**, 7501-7506 (2009).
5) O'Donovan, M. C., Craddock, N., Norton, N., Williams, H., Peirce, T. *et al. Nat. Genet*, **40**, 1053-1055 (2008).
6) Stefansson, H., Ophoff, R. A., Steinberg, S., Andreassen, O. A., Cichon, S. *et al. Nature*, **460**, 744-747 (2009).
7) Purcell, S. M., Wray, N. R., Stone, J. L., Visscher, P. M., O'Donovan, M. C. *et al. Nature*, **460**, 748-752 (2009).
8) Shi, J., Levinson, D. F., Duan, J., Sanders, A. R., Zheng, Y. *et al. Nature*, **460**, 753-757 (2009).
9) Wang, K., Zhang, H., Ma, D., Bucan, M., Glessner, J. T. *et al. Nature*, **459**, 528-533 (2009).
10) International Schizophrenia Consortium. *Nature*, **455**, 237-241 (2008).
11) Walsh, T., McClellan, J. M., McCarthy, S. E., Addington, A. M., Pierce, S. B. *et al. Science*, **320**, 539-543 (2008).
12) Xu, B., Roos, J. L., Levy, S., van Rensburg, E. J., Gogos, J. A. *et al. Nat. Genet.*, **40**, 880-885 (2008).
13) Stefansson, H., Rujescu, D., Cichon, S., Pietilainen, O. P., Ingason, A. *et al. Nature*, **455**,

232-236 (2008).
14) Merikangas, A. K., Corvin, A. P. & Gallagher, L. *Trends Genet.*, **25**, 536-544 (2009).
15) Zhang, D., Cheng, L., Qian, Y., Alliey-Rodriguez, N., Kelsoe, J. R. *et al. Mol. Psychiatr.*, **14**, 376-380 (2009).
16) Grozeva, D., Kirov, G., Ivanov, D., Jones, I. R., Jones, L. *et al. Arch. Gen. Psychiatry*, **67**, 318-327 (2010).
17) Yamada, K., Gerber, D. J., Iwayama, Y., Ohnishi, T., Ohba, H. *et al. Proc. Natl. Acad. Sci. USA*, **104**, 2815-2820 (2007).
18) Pinto, D., Pagnamenta, A. T., Klei, L., Anney, R., Merico, D. *et al. Nature*, **466**, 368-372 (2010).
19) O'Dushlaine, C., Kenny, E., Heron, E., Donohoe, G., Gill, M. *et al. Mol. Psychiatry*, doi:10.1038/mp.2010.7 (2010).
20) Callicott, J. H., Straub, R. E., Pezawas, L., Egan, M. F., Mattay, V. S. *et al. Proc. Natl. Acad. Sci. USA*, **102**, 8627-8632 (2005).
21) Hennah, W., Tuulio-Henriksson, A., Paunio, T., Ekelund, J., Varilo, T. *et al. Mol. Psychiatry*, **10**, 1097-1103 (2005).
22) Zhang, R., Lu, S. M., Qiu, C., Liu, X. G., Gao, C. G. *et al. Mol. Psychiatry.* (2010).
23) Riley, B., Thiselton, D., Maher, B. S., Bigdeli, T., Wormley, B. *et al. Mol. Psychiatry*, **15**, 29-37 (2010).
24) Steinberg, S., Mors, O., Borglum, A. D., Gustafsson, O., Werge, T. *et al. Mol. Psychiatry*, (2010).
25) Williams, H. J., Norton, N., Dwyer, S., Moskvina, V., Nikolov, I. *et al. Mol. Psychiatry*, doi:10.1038/mp.2010.36 (2010).
26) Esslinger, C., Walter, H., Kirsch, P., Erk, S., Schnell, K. *et al. Science*, **324**, 605 (2009).
27) Walters, J. T., Corvin, A., Owen, M. J., Williams, H., Dragovic, M. *et al. Arch. Gen. Psychiatry*, **67**, 692-700 (2010).
28) Caspi, A., Sugden, K., Moffitt, T. E., Taylor, A., Craig, I. W. *et al. Science*, **301**, 386-389 (2003).
29) Risch, N., Herrell, R., Lehner, T., Liang, K. Y., Eaves, L. *et al. JAMA*, **301**, 2462-2471 (2009).
30) Surtees, P. G., Wainwright, N. W., Willis-Owen, S. A., Luben, R., Day, N. E. *et al. Biol. Psychiatry*, **59**, 224-229 (2006).
31) Watanabe, A., Toyota, T., Owada, Y., Hayashi, T., Iwayama, Y. *et al. PLoS. Biol.*, **5**, e297 (2007).
32) Iwayama, Y., Hattori, E., Maekawa, M., Yamada, K., Toyota, T. *et al. Am. J. Med. Genet. B.*, **153B**, 484-493 (2010).
33) Greenwood, T. A., Braff, D. L., Light, G. A., Cadenhead, K. S., Calkins, M. E. *et al. Arch. Gen. Psychiatry*, **64**, 1242-1250 (2007).
34) Hikida, T., Jaaro-Peled, H., Seshadri, S., Oishi, K., Hookway, C. *et al. Proc. Natl. Acad. Sci. USA*, **104**, 14501-14506 (2007).
35) Li, W., Zhou, Y., Jentsch, J. D., Brown, R. A. M., Tian, X. *et al. Proc. Natl. Acad. Sci. USA*, **104**, 18280-18285 (2007).

36) Pletnikov, M. V., Ayhan, Y., Nikolskaia, O., Xu, Y., Ovanesov, M. V. *et al. Mol. Psychiatr.*, **13**, 173-186 (2008).
37) Takebayashi, H., Yamamoto, N., Umino, A. & Nishikawa, T. *Int. J. Neuropsychopharmacol.*, **12**, 1111-1126 (2009).
38) Craddock, N., Kendler, K., Neale, M., Nurnberger, J., Purcell, S. *et al. Br. J. Psychiatry*, **195**, 97-99 (2009).
39) Hattori, E., Toyota, T., Ishitsuka, Y., Iwayama, Y., Yamada, K. *et al. Am. J. Med. Genet. B.*, **150B**, 1110-1117 (2009).

[用語解説]

†1 **一塩基多型**（single nucleotide polymorphism）：ヒトの染色体は約30億の塩基対から成り立っているが，100-1000塩基ごとに一塩基の割合で多様性があり，個人間で異なっている．これを一塩基多型と呼び，比較的簡単に検出できるため，マーカーとしてさまざまな遺伝子研究に用いられている．

†2 **コピー数多型**（copy number variant）：通常2コピー（父と母から由来する各遺伝子の対）の遺伝子が1コピーあるいは3コピーになるなどの数の多型のうち，1000塩基対以上の長さのものをコピー数多型と呼ぶ．ゲノムの12%以上の領域で見つかっており，コピー数が多いものを重複，少ないものを欠失と呼ぶ．

†3 **プレパルス抑制**（prepulse inhibition）：強い知覚刺激の前に弱い知覚刺激を与えておくと，強い知覚刺激に対する驚愕反応が抑制される現象．統合失調症をはじめとした精神疾患患者ではプレパルス抑制の減弱を認めるが，これは情報処理障害を反映していると考えられている．

†4 **中間表現型**（endophenotype, intermediate phenotype）：精神疾患に関連した神経生理・神経心理的な障害の指標のこと．いずれも遺伝性や家族内相関性があり，量的な計測が可能であるため，精神疾患の客観的な指標としてよく研究に用いられる．

†5 **量的遺伝子座解析**（quantitative trait loci analysis）：疾患の有無などの質的形質と対比されるのが身長や体重など連続した値で示される量的形質である．この量的形質について関与している遺伝子座位を同定する手法のことを量的遺伝子座解析と呼ぶ．

16. 行動遺伝学の新たな展開

山元 大輔

遺伝子からニューロン，そして行動へと個体の内的な機構を探る研究で，遺伝学的手法は大いに役立ってきた．しかしその先にさらに大きな問題が横たわっている．それは，あるとき偶然に生じた行動を変化させる突然変異が，どのような仕組みで集団に広がり維持されていくのか，という問題である．行動の進化につながるこの問題を最後の章のテーマとしたい．

16-1 一般性から多様性の理解へ

　行動の特徴が遺伝するのか否か，遺伝するのであれば，行動という形質を決定づける因子は何なのか，という疑問に発した行動遺伝学は，いまやこの初期の問に対する解答を着々と提示するまでに発展し，さらに次の段階へと向かいつつある．その流れの一つは，個体の内的機構に照準を当て，「行動を作り出す生体システム＝神経」の構造と機能を遺伝子はどのように制御しているのか，そこに関与する多くの遺伝子が全体として協調のとれた仕方で働くことができるのはなぜなのか，を追求しようとしている．またもう一つの流れは，行動形質がどのように集団に維持され，また変化して多様化へと向かうのか，という行動進化の集団遺伝学である．

　第一の流れでは，行動の一般機構の解明が目標であり，精密で詳細な解析を可能にするモデル生物での研究が主流となるのは当然である．一方，第二の流れは多様性の理解を目指すことから，モデル生物ではない多くの種を扱い，行動の変遷を遺伝子とゲノムのダイナミクスとしてとらえる必要が生まれる．操作性に長けたモデル生物での知見から出発しつつ，「その外側」へと理解の網を広げていくことになる．

　本章ではまとめにかえて，こうしたモデル生物からの外挿による行動の多

様性進化へのアプローチを紹介し，将来への展望としたい．

16-2 C. elegans の摂食行動に見られる系統差の遺伝的基盤

16-2-1 「会食型」と「孤食型」

線虫 C. elegans には，集団で餌を食べる「会食（social feeding）型」と，個体ごとにばらばらに食べる「孤食（solitary feeding）型」の二つがあり，この二型は自然集団中にもともと存在している[1,2]．この行動的二型を生み出す一因は，npr-1 遺伝子座のアレル（allele）の違いであることが知られている．npr-1 遺伝子は哺乳類の神経ペプチド，ニューロペプチド Y（neuropeptide Y）の受容体ホモログである[3,4]．ニューロペプチド Y は哺乳類で摂食制御に関わっており，その類縁ペプチドの FMRF amide ホモログ

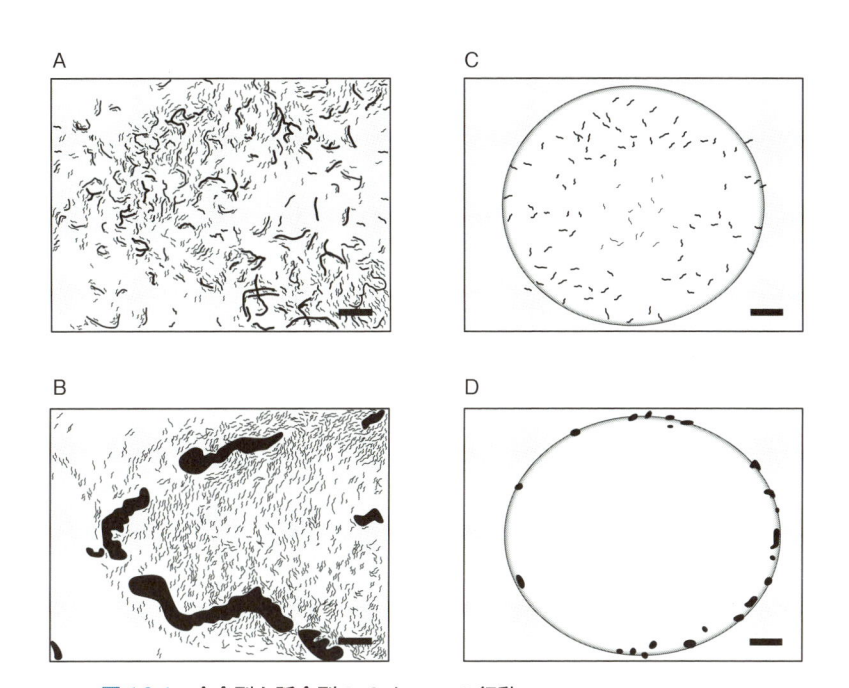

図 16.1 会食型と孤食型の C.elegans の行動
孤食型は餌の上で広がり（A と C），会食型は餌のエッジに集合する（B と D）．スケールは，(A) と (B) では 2.5mm．（文献 24 より）

がNPR-1のリガンドと考えられている[5)6)]．共通のペプチド系が線虫でも摂食行動に関与すること自体，興味深い事実である．

16-2-2　*npr-1*遺伝子多型と摂食行動

野外で採集された22集団について調べた結果，会食型と孤食型ではNPR-1受容体タンパク質の215番目のアミノ酸残基が異なっていた．孤食型の12の系統ではバリン（V）であるのに対し，会食型の10系統ではフェニルアラニン（F）となっていた．NPR-1はGタンパク質共役型の7回膜貫通受容体で，アミノ酸215はその3回目の細胞質ループに位置する．このループは，7回膜貫通受容体がGタンパク質と結合する際に必要な部分であることから，215番目のアミノ酸がVとなるかFとなるかによって，シグナル伝達の強度が変化することが考えられる[4)]．*npr-1*の機能を完全に失った人為誘発変異体（null変異体）は「会食型」の表現型を示すことから，215番目のアミノ酸がフェニルアラニンとなっているアレル（*npr-1 215F*）は，バリンのアレル（*npr-1 215V*）よりも受容体の活性が低いと思われる．実際，null変異体に*npr-1 215V*を強制発現させると，会食型の行動が抑制される．異なる10系統もの会食型自然集団がいずれも215番目のアミノ酸に同一のアミノ酸置換，V－Fを有していることから，独立に生じたこの置換が正の淘汰によってそれぞれの集団に維持されてきたと推察される．また，受容体の完全な機能喪失が多種多様な変異によって起こりうるにもかかわらず，自然集団の会食型がすべて同一の残基の点突然変異であったことは，V－Fの置換が単純な機能喪失ではなく機能低下をもたらす可能性を示唆している[3)4)]．孤食型系統の*npr-1*遺伝子を失活させると表現型は会食型に変わるので，*npr-1*遺伝子はもともと集合して餌をとるという行動様式を抑制する働きを担っているともいえる．

16-2-3　摂食行動型と感覚入力

次に，会食型と孤食型という摂食行動型を制御する神経機構を見てみよう．線虫ではレーザー照射によって標的の細胞を焼き殺し，それによってどのような行動の変化が起こるかを見るのが，個々のニューロンの役割を解明する際に使われる常套手段である．この手法によって，摂食行動に関与する主要

なニューロンとして，体の前部にある ASH と呼ばれるニューロン群と ADL と呼ばれるニューロン群とが同定されている．ASH は機械刺激と化学的刺激の受容に関わり，ADL は回避行動に関与することが知られている．つまり ASH や ADL は侵害刺激を感知する機能をもっており，おそらく集団中の個体の密度が上昇すると活性化されるのであろう．通常，個体密度の上昇は会食を促進するが，あらかじめ上記のニューロンを除去しておくと，密集した状況になっても線虫は会食をしない．ASH や ADL ニューロン群は個体密度の増大や食料の減少などの不快刺激をたとえば「痛み」として受容して，摂食行動のパターンの切り替えに寄与するということも考えられる[5]．

この可能性を支持する結果が，会食型を孤食型に変える突然変異，*osm-9* と *ocr-2* の研究で得られている[5]．これらの突然変異原因遺伝子は，ともに TRP ファミリーに属するイオンチャネルのサブユニットであった[7,8]．TRP ファミリーは唐辛子の辛み成分であるカプサイシンの受容体（バニロイド受容体）とも似ており，熱（高温）や寒冷，痛みなどの侵害刺激の受容に関与するものが多い[9,10]．*osm-9* や *ocr-2* の変異体ではこうした侵害刺激の受容がなされないため，混み合った条件下でも孤食型の摂食行動をし続けるものと考えられる．

16-2-4 摂食行動型を決定するニューロン群

ASH や ADL は摂食行動型の切り替えを起こす感覚刺激の受容に関与するニューロンと思われるが，*npr-1* はこれとは別のニューログループで，行動型の決定により本質的な働きをしている[11]．それは，AQR，PQR，URX の三つのニューロン群である．会食型の *npr-1(ad)* 系統に *npr-1 215V* を導入し，ヒートショックプロモーターの作用下で熱ショックにより全身に強制発現させると，孤食型への転換が起こる．上記の3つの細胞集団に限定して発現を引き起こす *gcy-32* プロモーターを使って同様の強制発現を行ったところ，会食型の行動をとらなくなったことから，これら3グループの重要性が明らかになった．さらに *flp-8* プロモーターを用いて，AQR，PQR，URX に加えこれらのシナプス後ニューロンにあたる AUA にも *npr-1 215V* を強制発現させたところ，一段と強い会食行動の抑制が引き起こされた．こうして

npr-1 の作用の場がこれらのニューロングループであることがわかった.

16-2-5　ニューロペプチドYホモログの作用様式

次の疑問は，*npr-1* がこれらの細胞でどのように働いているのかという問題である．はたして *npr-1* は，AQR, PQR, URX の促進を通じて「孤食」に導くのか，それともこれらのニューロンの抑制によって「会食」を引き起こすのであろうか．この問に答えるため，これらのニューロンの活動を人為的に抑制した時に，摂食行動がどのように変化するかが調べられている[11]．

Egl2-gf という変異型カリウムチャネルは，通常よりもマイナスの膜電位で開口するため，ニューロンの興奮を抑制する．この手法で AQR, PQR, URX のニューロン群の活動を抑制すると，会食型の *npr-1(ad)* 系統が集合性を示さなくなった．したがって，AQR, PQR, URX ニューロン群は会食型の行動を促進する働きをしていること，そして *npr-1* はその機能を抑制する役割をもっていることがわかる．

16-2-6　摂食多型と cGMP

AQR, PQR, URX のニューロン群は，cGMP 依存性陽イオンチャネルを発現している．その α サブユニットは *tax-4* 遺伝子，β サブユニットは *tax-2* 遺伝子にコードされている[13)14)]．*npr-1(ad)* 系統でこれら二つの遺伝子のいずれかの機能が失われると，会食型の形質が失われ，正常型遺伝子を強制発現させれば会食型の行動が回復した．cGMP 依存性陽イオンチャネルを介した伝達系は AQR, PQR, URX において会食型を取らせるように働き，*npr-1* はそれを抑制して孤食型を実現するシステムを担っていると理解できる．

16-2-7　酸素応答と摂食行動多型

会食型の行動にブレーキをかける信号分子は FMRFamide ホモログであることが分かっているが，アクセルとなって cGMP 依存性チャネルの活性化をもたらす信号分子は何であろうか．cGMP はグアニル酸シクラーゼ（GC）によって合成される．すでに AQR, PQR, URX ニューロンに導入遺伝子を発現させるためのプロモーターとして本章にたびたび登場している *gcy-32* は，線虫に七つある可溶性 GC（GCY-31 から CGY-37）の一つをコードする遺伝子に由来する．線虫の酸素応答を研究したバーグマン（Cornelia

Bargmann) ら[15]は，酸素勾配におかれた線虫が2％以下の低酸素を回避するばかりでなく，12％以上の酸素濃度をも回避することを見いだした．そして*gcy-35*突然変異体が低酸素を回避するものの高酸素に対しては回避を示さなくなっていることを発見した．

一般のGCはそのヘム結合ドメイン (haem binding domain) に一酸化窒素 (NO) が結合すると活性化される．それに対してGCY-35ではO_2の結合することが，紫外／可視分光分析 (UV/visible spectroscopy) によって明らかになった．つまり，高酸素条件におかれるとGCY-35が活性化されてcGMPが合成される．cGMPが上昇すればAQR，PQR，URXのニューロン群が活性化されるため会食型の行動が引き起こされると期待される．逆に低酸素となってcGMPの合成が低下すると，会食型の行動が抑制されるはずである．実際，会食型の行動をとる*npr-1(ad)*系統を低酸素条件に置くと会食が見られなくなり，再び高酸素にすると会食型の行動が回復する．これらの結果から，会食型の行動をとらせるようにAQR，PQR，URXニューロンに働きかける信号分子は，O_2であると考えられる[15]．会食型の行動をとる線虫は，餌となる細菌の層が最も厚いボーダーに集まる．ボーダーの部分は細菌の酸素消費が高いのでO_2濃度が他より低い．そのため，O_2感受性をもつ線虫はAQR，PQR，URXニューロン群の活性化を介してボーダーに集まり，会食型の行動が現れる．*npr-1*伝達系はAQR，PQR，URXニューロンの抑制を介してこれに拮抗し，孤食型の行動に導く[15]．

16-2-8 摂食行動多型とグロビン遺伝子変異

ボーダーに集合するのは，O_2濃度が高いところを回避してO_2濃度が低いところに定着するためと考えれば説明がつく．高酸素で活性化されるGCY-35は，ここでO_2回避行動の引き金を引く役目をしていると理解できる．では，低酸素の場所に定着させる働きを担っているのは何なのだろうか．すでに述べたように，天然の*C. elegans*に見いだされる会食型と孤食型の二型の多くは，*npr-1*遺伝子の二型に対応し，この行動を左右する外的刺激は酸素濃度である．たとえばCB4856 Hawaii系統など*Npr-1 215F*アレルをもつものは会食型となり，N2 Bristolなど*npr-1 215V*アレルをもつものは孤食型

となる．*Npr-1 215V* アレルをもつ CB4856 Hawaii は O_2 濃度が高い（21％）ときには移動速度が速く，濃度が少し下がる（19.2％に低下）だけで動きが遅くなる[16]．Npr-1 215F をもつ N2 Bristol はこれに対してどちらの酸素濃度の時も動きは遅い．ところが，AX613 という系統は *npr-1 215F* アレルをもっているにもかかわらず，N2 Bristol の遺伝的背景におくと，酸素濃度の如何にかかわらずのろのろと移動した．このことから，N2 Bristol の遺伝的背景には *npr-1* 以外に酸素感受性を低下させる遺伝子の変異が含まれると推察される．

その本体は解析の結果，グロビンと相同性のあるタンパク質をコードする *glb-5* 遺伝子であることがわかった[16]．吸光スペクトルの測定などから，GLB-5 タンパク質が O_2 を可逆的に結合する 6 配位型グロビン（hexacoordinated globin）であることが判明した．野外採集集団の比較を通じて，*glb-5* 遺伝子のイントロン配列の重複が，高酸素を回避する行動の喪失と相関することが明らかとなった．イントロン配列の重複によってスプライシングが異常になり，GLB-5 タンパク質が減少したものと推論される．N2 Bristol がもつアレル，*glb-5[Bri]* では，イントロン配列の重複により *glb-5* 遺伝子の機能が低下している．そのため N2 Bristol 系統では O_2 感受性が減退して高酸素条件でも移動運動が遅く，餌の上に集団を形成しやすくなって会食型になると考えられる[16]．一方，*glb-5* 遺伝子が正常に働く *glb-5[Haw]* アレルをもつ CB4856 Hawaii 系統では高酸素で移動速度は速く，分散して孤食型となるのだろう．CB4856 Hawaii 系統は酸素濃度の低下にも敏感に反応して移動速度の低下を示す[16]．

さらに最近の研究によって，*npr-1* を制御する上流因子としてチラミン（オクトパミンとともに，脊椎動物のノルアドレナリンに相当する働きを担うとされるカテコールアミン）が浮上してきた[17]．餌場をすぐに立ち去る CB4856 Hawaii 系統と餌に長くとどまる N2 系統を掛け合わせ，そこから確立した 91 の系統（N2 Bristol-CB4856 Hawaii 系統の組換え染色体をもつ系統）について量的遺伝子座 (QTL) 解析を行った結果，高い対数オッズ (LOD) スコアを示す二つの領域が見いだされ，うち一方が *npr-1*，もう一方がチラミ

ン受容体遺伝子 *tyra-3* に対応していたのである[17].

デュ・ボノ（M. de Bono）ら[16]は *glb-5* 遺伝子のイントロン配列を *C. brenneri*, *C. briggsae*, *C. remanei* の3種についても比較し，このすべてが重複をもたないことを見いだした．つまり，イントロン配列の重複は *C. elegans* で独自に生じた現象で，*glb-5[Bri]* は *glb-5[Haw]* から派生した進化的に新しいアレルと考えられる．さらに *C. elegans* の98の自然集団について，*glb-5* と *npr-1* の二つの遺伝子座のアレルの組み合わせを調べた結果，90集団が CB4856 Hawaii 系統と同じ組み合わせ（*glb-5[Haw]* と *npr-1 215F* の対），7系統が N2 Bristol 系統と同じ組み合わせ（*glb-5[Bri]* と *npr-1 215V*），そして最後の1系統が *glb-5[Bri]* と *npr-1 215F* の組み合わせであった．*Glb-5[Haw]* と *npr-1 215F* というパターンは見いだされなかった．*glb-5* と *npr-1* は別の染色体に乗っているにもかかわらず，CB4856 Hawaii 型の組み合わせと N2 Bristol 型の組み合わせの二通りが大半であることは，この二つがセットで淘汰を受けているか，または両集団の遺伝子交流がほとんどないか，のいずれかによると思われる．

この二つの遺伝子は，摂食行動と酸素応答を介して個体の生息場所の選好性に大きな影響を与えると予想される．環境条件の変化に伴って有利となる生息場所は異なり，異なるアレルが安定的に集団に維持されることが，集団の存続につながると推察される．つまり，平衡淘汰によって，二つのアレルが自然集団中に保持されている可能性がある．

16-3　ショウジョウバエ自然集団の摂食行動二型を支える遺伝子機構

16-3-1　*foraging* 遺伝子の発見

摂食行動の二型性はキイロショウジョウバエでも知られている[1) 18) 19)]．幼虫が餌にたどり着いたとき，ある集団はそこに居ついて食べ続ける．これを sitter という．別の集団の幼虫は，餌に行き当たってもその場にとどまらずさらに探索を続ける．これを Rover と呼ぶ．ソコロウスキー（Marla Sokolowski）の研究[10]により，この二型は *foraging* (*for*) と彼女が命名した単一の遺伝子座の二つのアレルによって作り出されることが示された．*for*

■16章 行動遺伝学の新たな展開

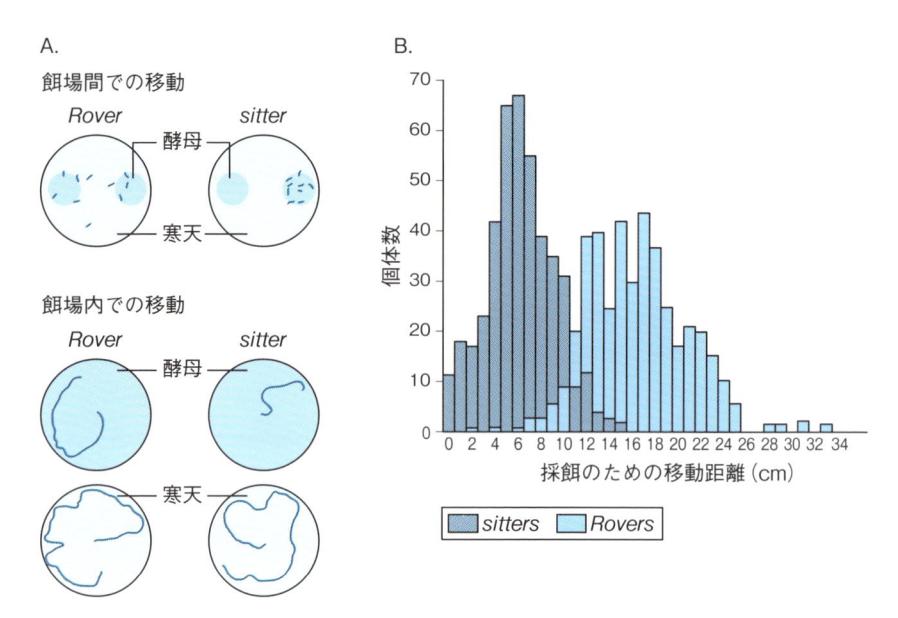

図 16.2
A. 餌のパッチ間テスト（Between-patch foraging）：寒天培地上の離れた2点に餌の酵母（yeast）をはやし，幼虫を放すと，Rover はその2か所に広がるが，sitter は一方に留まる傾向を示す．餌のパッチ内テスト（Within-patch foraging）：餌を全面にはやした条件で移動の軌跡を見ると，Rover は sitter より長い距離を動いていることがわかる（上段）．餌のない条件では両者の移動距離に差はない（下段）．
B. 摂食行動時の移動距離（横軸：cm）の頻度分布（縦軸；個体数）を Rover と sitter で比較したグラフ．（文献19より）

遺伝子座は cGMP 依存性プロテインキナーゼをコードする[20]．線虫の会食型―孤食型の二型形成と同様に，ここでも cGMP が摂食行動の二型形成に関わっているのである．Rover アレルは高い酵素活性を示し，sitter では低い．この違いは酵素タンパク質の発現レベルの差に対応している．正常な酵素を作るトランスジーンを sitter 系統に導入して強制発現させると，その個体の行動は Rover 型に転換される[20]．

16-3-2 負の平衡淘汰による多型の維持

では，自然集団に Rover と sitter の二型が存在している意味は何なのだろうか．ソコロウスキー[21]は生活環境の個体密度と関係があるのではないか

と考えた．そこで，286世代にわたって低密度環境で飼育されてきたr系統と，逆に高密度環境で飼育されてきたK系統を入手して*Rover*と*sitter*の遺伝子頻度を比較してみた．そして，K系統で*Rover*の頻度が高くr系統で*sitter*の頻度が高いという明瞭な結果を得た．高密度環境下では*Rover*型の行動が適応的，低密度環境下では*sitter*が適応的，ということを意味していると思われる．

　しかしここで疑問が浮かぶ．長らく極端な個体密度に置かれていても，一方のアレルが失われることなく集団中に維持されているのはなぜなのか，という疑問である．ソコロウスキーはこの謎に答えようと以下のような実験を行った[22]．個体密度は一定にして，集団中の*Rover*と*sitter*の比率をかえ，栄養状態の悪い条件（酵母と糖の濃度を通常の25％にまで減ずる），または非常に悪い条件（15％にまで減ずる）で飼育する．そのとき，蛹にまで発達する個体の割合をもって適応度とし，*Rover*と*sitter*の遺伝子頻度とそれぞれのアレルをホモにもつ個体の適応度との間にどのような関係があるかを調べた．栄養状態が「まし」な条件では集団中の*Rover*と*sitter*の比率にかかわらず*Rover*の適応度が高かったが，注目すべきことに栄養状態が「非常に悪い」条件では遺伝子頻度によって適応度が変化したのである[22]．*Rover*が集団中でより稀な遺伝子型の場合，*Rover*の適応度が高く，*sitter*のほうが稀な遺伝子型の場合には逆に*sitter*の適応度が*Rover*よりも高くなった．この結果は，同じ行動戦略（採餌戦略）を取る個体が多くその遺伝子型の個体間の競争が激しいときには，「人と違う」ことをする者が有利になる，ということを意味しているように思われる．そのため，あるレベル以下に一方のアレルの頻度が低下するとそちらのアレルがそれまでとは逆に有利となるため，その頻度は上昇に転じる．このように，*for*座の二つのアレルは負の頻度依存的淘汰によって集団中に失われることなく維持されているのである．こうして，自然集団中での行動多型の生成と維持機構の一端が，モデル生物での行動遺伝学的解析を土台として明らかにされた．

16-4　モデル生物の枠を超えて

　ミツバチの働きバチは，日齢に応じて違う仕事につく．羽化直後から1週間程度の間は巣にとどまって幼虫の世話などをする内勤バチ（nurse bees），さらに歳を取ると蜜や花粉を集める外勤バチ（forager）となる．この切り換えは集団のニーズによって柔軟に執り行われる．"近場にとどまること"と"遠くに採餌に出かける"ことの違いが，Rover と sitter の違いに対比できると考えたロビンソン（Gene Robinson）は，セイヨウミツバチの for 遺伝子が働きバチの分業に一役買っているとの仮説に沿って実験を組み立てた[23]．モデル生物の知見に照らして関与の期待できそうな遺伝子に白羽の矢を立て，解析するといういわゆる候補遺伝子戦術（Candidate gene approach）である．その結果，外勤バチの for 遺伝子発現は内勤バチに比べて有意に高く，人為的に役割交代を早めると，それに見合った for 発現上昇の早期化が生じることが明らかになった．

16-5　行動遺伝学のこれから

　本書の各章で述べられている通り，特定の行動の制御において中心的な役割を担う遺伝子が，モデル生物を用いた人為的な変異誘発と網羅的スクリーニング（単一遺伝子変異解析）とによって次々に同定されている．一方，自然集団に見られる行動多型，近縁種間での行動の相違を生み出す遺伝子の同定は，行動の違いを規定するゲノム領域を，染色体マーカー（SNPs など）を用いて狭めていく手法（QTL 解析）で進められている．QTL によって主要な行動制御遺伝子が含まれることが示唆された領域に，単一遺伝子変異解析で同定された遺伝子が存在する事例はますます増加しており，二つのアプローチの相互補完性は明白である．このことは，QTL 解析によって狭められた染色体領域を対象に候補遺伝子解析を行うことによって，行動を制御する"本命"の遺伝子を突き止めることが可能であることを意味する．さらに，単一遺伝子変異解析によって同定された行動制御遺伝子について，異なる自然個体群でのアレル頻度解析や近縁種間での比較を行えば，行動多型の進化

をもたらした遺伝子機構へと研究は広がるであろう．

"動物の行動は，小さな効果をもった多数の遺伝子によって形作られる特殊な形質である"という見方が研究者を臆病にさせ，行動に関与する遺伝子を特定する試みに二の足を踏ませる傾向があった．しかし今日，"行動"が"形態"となんら変わることのない"普通の"形質であること，したがって遺伝学の定石に従った解析によって，行動制御の遺伝子機構は確実に解明できることが，当然のことと認識されるに至っている．行動の遺伝的基盤の解明が形態形成の理解よりもいくらか困難であるとしたら，それは行動を生み出す神経ネットワークの複雑さに起因する．今われわれが目の当たりにしているニューロン操作技術の急速な発展は，この困難の多くを短期間に解決していくであろう．そして，遺伝子―ニューロンネットワーク―行動とつながる因果的連関の全貌が明らかとなる日が来るに違いない．その日に向けて，多くの若い学徒がこの学問分野に参入し，その革命の実行者となることを期待して筆をおきたい．

[文 献]

1) Sokolowski, M. B. *Neuron*, **65**, 780-794 (2010).
2) Hodgkin, J. & Doniach, T. *Genetics*, **146**, 149-164 (1997).
3) de Bono, M., Tobin, D. M., Davis, M. W., Avery, L. & Bargmann, C. I. *Nature*, **419**, 899-903 (2002).
4) Mitchell, A. *Nature*, **395**, 327 (1998).
5) Coates, J. & de Bono, M. *Nature*, **419**, 925-929 (2002).
6) Rogers, C., Reale, V., Kim, K., Chatwin, H., Li, C. et al. *Nat. Neurosci.*, **6**, 1178-1185 (2003).
7) Colbert, H. A., Smith, T. L. & Bargmann, C. I. *J. Neurosci.*, **17**, 8259-8269 (1997).
8) Tobin, D. M., Madsen, D. M., Kahn-Kirby, A., Peckol, E., Moulder, G. et al. *Neuron*, **35**, 307-318 (2002).
9) Caterina, M. J., Schumacher, M. A., Tominaga, M., Rosen, T. A., Levine, J. D. et al. *Nature*, **389**, 816-824 (1997).
10) Liedtke, W., Choe, Y., Marti-Renom, M. A., Bell, A. M, Denis, C. S., et al. *Cell*, **103**, 525-535 (2000).
11) Coates, J. C. & de Bono, M. *Nature*, **419**, 925-929 (2002).
12) Coburn, C. M. & Bargmann, C. I. *Neuron*, **17**, 695-706 (1996).
13) Komatsu, H., Mori, I., Rhee, J. S., Akaike, N. & Ohshima, Y. *Neuron*, **17**, 707-718 (1996).
14) Komatsu, H., Jin, Y. H., L'Etoile, N., Mori, I., Bargmann, C. I. et al. *Brain Res.*, **821**, 160-168 (1999).

■ 16章　行動遺伝学の新たな展開

15) Gray, J. M., Karow, D. S., Lu, H., Chang, A. J., Chang, J. S. *et al. Nature*, **430**, 317-322 (2004).
16) Persson, A., Gross, E., Laurent, P., Busch, K. E., Bretes, H. *et al. Nature*, **458**, 1030-1033 (2009).
17) Bendesky, A., Tsunozaki, M., Rockman, M. V., Kruglyak, L. & Bargmann, C. I. *Nature*, **472**, 313-318 (2011).
18) Sokolowski, M. B. *Behav. Genet.*, **10**, 291-302 (1980).
19) Sokolowski, M. B. *Nat. Rev. Genet.*, **2**, 879-890 (2001).
20) Osborne, K. A., Robichon, A., Burgess, E., Butland, S., Shaw, R. A. *et al. Science*, **277**, 834-836 (1997).
21) Sokolowski, M. B., Pereira, H. S. & Hughes, K. *Proc. Natl. Acad. Sci. USA.*, **94**, 7373-7377 (1997).
22) Fitzpatrick, M. J., Feder, E., Rowe, L. & Sokolowski, M. B. *Nature*, **447**, 210-212 (2007).
23) Ben-Shahar, Y., Robichon, A., Sokolowski, M. B. & Robinson G. E. *Science*, **296**, 741-744 (2002).
24) de Bono, M. & Bargmann, C. I. *Cell*, **94**, 679-689 (1998).

あとがき

　行動の進化に関するダーウィンの洞察を源流とし，彼のいとこのゴールトンによってその礎石が据えられた行動遺伝学は，その後130余年を経た今日，ゲノム科学と脳神経科学の刷新を追い風として，かつてない飛躍を遂げようとしている．刺激と反応との間に横たわる巨大なブラックボックスであった脳神経系が，今や一つ一つの細胞のレベルで，しかも行動する生きた個体を用いて解析できる時代である．量的形質として十把一絡げにされていた遺伝的要因が単一の原因遺伝子に分解され，そしてついに，一連の原因遺伝子群が総体としてどのように働くのか，解明可能な段階に突入した．従来の漠然とした多遺伝因子という説明や，遺伝子と行動の一対一的対応という単純な図式から脱却して，同定されたゲノムレベルの多遺伝因子が，外部形態と同じく"目に見える"神経細胞とその回路という「機能の場」をどのように形作っていくのかを目の当たりに研究できる，まさに夢の実現である．

　そして，さらに大きな行動遺伝学の変革が目前に迫っている．エピゲノムと呼ばれる機構は，時として世代を超える長期的な染色体高次構造修飾によって，ゲノム情報を変えることなく行動形質に変化を刻印するが，おそらくはその理解を通じて，百数十年にわたって論争の的となった行動の「氏と育ち」の問題の主要部が解決されるに違いないからだ．例えば，親と慕ってコンラート・ローレンツの後を追うハイイロガンの雛たちに隠された刷り込みの謎の背後にも，臨界期に於ける環境由来の鍵刺激とゲノムとの会話が控えており，エピゲノム機構を介した転写状態の切り替え，それに続く認知に働く神経回路の再構築としてその成因を理解できるのではないか，そんな予感を与えてくれる．そして，この環境とゲノムの対話は，われわれ人類を *Homo sapiens* という特異な，言語と自意識をもつ生命体に進化させる鍵であったかもしれない．

　ローレンツは言う．
「われわれはノーム・チョムスキーの諸研究から，概念的思考のための普

■あとがき

遍＝人間的な生得的装置がいかに高度に分化しているか，そしていかに多くの個々の点まで限定されているか知っている．われわれは考えることを学ぶのではない．われわれは，いわば語彙として，事物のための諸シンボルとそれらの間の諸関係を学ぶのであり，そして習得されたものはあらかじめひな型として用意されている枠組みのなかへ組み入れられるが，この枠組みとは，これを欠くならばわれわれは思考することができないものであり，要するにわれわれを人間たらしめているものに他ならない．」（K. ローレンツ著，谷口茂訳，『鏡の背面』，思索社，1974 年，p. 329-330）．

　行動遺伝学は今，われわれ自身に関わる究極の謎の解明さえもその射程に入れ，急展開を遂げつつある．"これからの生物学"を占う金鉱を掘り当てんとする，野心に満ちた若者たちの参入を期待しつつ，本書を終えたい．

　2011 年錦秋

編者を代表し
復興の槌音高き仙台にて
山 元 大 輔

人名索引

欧文

B
Baker, B. 35
Bargmann, C. 200
Barrett, R. 73
Belyaev, D. 6, 127
Benzer, S. 28, 30-32
Bottjer, S. 83
Brenner, S. 15, 16, 30
Bridges, C. B. 29, 30
Bujard, H. 118

C, D
Caspi, A. 168, 188
Castle, W. E. 30
Chalfie, M. 21
Darwin, C. 4, 5, 7, 70, 209
de Bono, M. 203
DeFries, J. C. 101
Dickson, B. 36
Dodman, N. 131

F, G
Flint, J. 103, 105
Fuller, J. 129
Galton, F. 6-8, 209
Garrod, A. 172
Gill, K. 35
Götz, K. 32
Grant, S. 114
Gross, C. 120
Gusella, Jim. 175
Guthrie, W. 174

H
Hall, J. C. 33, 35
Hart, B. 130
Hart, L. 130
Heisenberg, M. 32
Hen, R. 120
Hogness, D. 35

K
Kandel, E. 34, 114
Kraepelin, E. 183
Kravitz, E. 34
Krogh, A. 81

M, N
Mansuy, I. 120
Marler, P. 83
Mayford, M. 117-119
Mendel, G. J. 6-8
Morgan, T. H. 28-30
Nirenberg, M. 30
Nottebohm, F. 83

O, P, R
Ostrander, E. 126
Pak, W. 32
Robinson, G. 206
Rose, R. J. 168
Roses, A. 179

S
Schier, A. 60
Schluter, D. 72
Scott, J. 129
Silva, A. 114
Snell, J. 98
Sokolowski, M. 203-205
Sturtevant, A. H. 28-30, 33
Sulston, J. E. 15

T, U
Takahashi, J. 99
Taylor, B. 35
Tchernichovski, O. 87
Thorpe, W. 82
Tinbergen, N. 70, 71, 73, 75, 91, 94
Tsien, J. 117
Turkheimer, E. 166
Uher, J. 155

W, Y
Wallace, E. 30
Wasserman, S. 35
Wayne, R. 126
Wexler, M. 174
Wexler, N. 174, 175
White, J. G. 15
Wiersma, C. A. G. 34
Wilson, E. O. 41
Yerkes, R. M. 97, 98

和文
池田和夫 34
磯野邦夫 34
海老原史樹文 105
小田洋一 59
川上浩一 57
菊池俊英 34
木村賢一 36, 37
古賀章彦 57
小金澤雅之 37, 38
古波津 創 38
城石俊彦 110
谷村禎一 34
利根川進 114
西川 徹 192
東島眞一 57
堀田凱樹 31-34
堀 寛 57
森脇和郎 110
米川博通 110

事項索引

記号・数字

βアミロイド前駆体タンパク質 181
7回膜貫通受容体 198

A, B

ADHD 9, 184, 189, 192
Allen Brain Atlas 121
BAC（Bacterial Artificial Chromosome） 64, 105, 120, 173

C

CAGリピート 173, 176, 178
CAM 187
Candidate gene approach 206
cGMP 21, 50, 200, 201, 204
channelrhodopsin 65
Clock 99, 104
CNV(copy number variant) 185-187
common disease 179, 183
common disease-common variant 仮説 184
common disease-rare variant 仮説 184
Cre 115, 116, 124
CREB 転写因子 10

D

DISC1 188-190, 192
DNAマイクロアレイ 49, 50, 55, 87
Drosophila melanogaster 28, 49
dunce 10, 34

E

EMS 8
ENU（*N*-エチル-*N*-ニトロソウレア） 57, 99, 104
ERG 32
ES細胞 112, 116

F

F2集団 103, 109
FABP7 190
foraging 50-52, 203, 204
FoxP2 87, 88
fruitless 35, 36

G

GABA 105
GENSAT 121
GFP 19, 21, 37, 58, 63, 65
GTPase/Ras 187
GWAS 9, 168, 185
Gタンパク質 198

H, L

halorhodopsin 65
LODスコア 76, 202
loxP 115, 116, 124
LTP 114, 124
LUPAプロジェクト 135

M, N

malvolio 51
MAOA 168
MARCM 37, 38
NMDA受容体 117, 124
null 198

O, P

optogenetics 59
PAC 120

period 9, 34
premelanosome protein 144
P因子 29, 35

Q

QTL 9, 101
QTL解析 9, 101, 108, 109, 141, 144, 190, 191, 202, 206

S

satori 35
shibire 38
SLC6A4 188, 189
SNP 9, 17, 19, 27, 137, 160, 181, 185, 186, 188, 190, 206

T

Tet-OFF 118, 119
Tet-ON 118, 121
Tilling 58
Transformer 35
TRP 21, 32, 38, 40, 199

U, V

unc 2
vitellogenin 46, 51, 52
VNTR 153

W, Z

waltzer 98, 99
zinc-finger nuclease 58
ZNF804A 185, 188-190

あ

アウトブレッド系統 105
アカゲザル 151, 155, 157
アブラムシ 42

事項索引

アポE 179-181
アポリポタンパク質 179, 180
アミロイド 178, 179, 181
アルツハイマー病 154, 172, 178
アンケート調査 132, 135, 148

い

イオンチャネル 3, 4, 21, 40, 199, 200
鋳型（template） 86
育種選抜の「副作用」 139, 147
一塩基多型 9, 27, 131, 133, 137, 160, 185, 195
一卵性双生児 11, 13, 161, 162, 169, 170, 184
遺伝・環境交互作用 167, 168
遺伝子交流 203
遺伝子座 173, 182
遺伝子多型 132, 141, 147, 149, 150, 166, 168, 198
遺伝子導入 19, 29, 49, 96, 105
遺伝子ノックアウト 19, 96, 114-116, 122
遺伝子破壊変異体 58
遺伝子標的法 112, 116
遺伝子頻度 152, 205
遺伝情報 93, 139, 147-149, 163, 191
遺伝マーカー 17, 26, 173, 175, 182
遺伝率 130, 140, 144, 149, 184, 190
移動運動 2, 3, 4, 202
イムノトキシン 122
イメージング 38, 66
インコ 82, 85
飲酒量 168
イントロン 112, 202, 203

う

ウイルス 39, 87, 88, 123
迂回系回路 83, 85, 86, 88
氏か育ちか 45
生まれか育ちか 11
運動系回路 83, 85, 86
運動神経 58

え

エチルメタンスルホネート 8
エピジェネティクス 12, 14, 169, 193
塩走性学習 17, 18, 22
エンハンサートラップ 57, 58

お

オウム 82, 85
オープンフィールド 101, 102, 105, 107
雄特異的ニューロン 37
オランウータン 151, 154
音声発声学習 81, 94

か

カースト 42
概日周期 8
会食（social feeding）型 197
海馬 61, 114, 116, 117, 124, 188
化学変異原 99
学習戦略 93
学習臨界（適応）期 82, 83, 88, 90
隔離実験 83
家系 7, 140, 148, 173, 175, 178, 181, 184
可塑性 50, 75, 88, 114, 124
家畜化 6, 126, 137
家畜動物 5, 12, 138
カドヘリン遺伝子 99

カナリア 82, 92
感覚運動学習 82, 88
感覚受容 15, 21, 22
環境・環境交互作用 169
環境要因 11

き

記憶の消去 61
機械刺激受容 21
気質 126
気質関連遺伝子 132
機能クローニング 173
機能的階層性 85
忌避反応 95
逆遺伝学 56, 97, 111
脚間核 62, 63, 68
ギャップ結合 21
求愛行動 70, 71
嗅覚順応 22-25
急速進化 73
強制水泳テスト 105, 110
競争 72, 73, 205
恐怖条件づけ 60, 64
共有環境 164-166, 168, 169
キンカチョウ 82, 83, 91, 92
近交系統 96, 100, 101, 109

く

空間記憶 114, 117, 119
グルココルチコイド 12
グルタミンリピート 176, 177
グロビン 201, 202

け

経済形質 138, 139, 147, 149
系統間比較 100
血縁情報 130
ゲノムワイド関連解析 131, 137, 141, 146, 147
嫌悪刺激 10, 62, 68

こ

攻撃行動 11, 74, 95, 127,

213

■事項索引

128, 131
攻撃性 44, 47, 125, 130, 132-134, 140, 152, 154, 157
構造方程式モデル 169
行動遺伝学の三法則 166
行動学的形質 140, 141, 146, 147
行動可塑性 21-23
行動生態学 71
行動戦略 205
行動特性 125, 130
行動の選択 64, 65
行動変異体 17
行動連鎖 70, 71, 75
興奮性アミノ酸 134
向流分配迷路 31
孤食（solitary feeding）型 197
個性 151
個体間相互作用 22
個体群密度依存拡散 23
個体差 125, 141, 151
個体密度 22, 23, 45, 46, 199, 204, 205
コミュニケーション能力 127
ゴリラ 150, 153-158
コルチゾール 157
コンソミック系統 105-108, 110

さ

サーカディアンリズム 8, 9, 34, 99
細胞接着分子 185, 187
雑種不妊 77
左右非対称性 63
三環系抗うつ薬 110
酸素応答 200, 203

し

飼育環境 151
使役犬 125, 137

視覚，嗅覚，聴覚 59
時期特異的 88, 90
軸索ガイダンス 21
軸索伸長 21
軸索輸送 21
時系列配列 85
シス調節領域 53
次世代シークエンサー 78, 90, 148
自然集団 197, 198, 203-206
自尊心 165
質問紙 155, 157, 166
シナプス可塑性 114
シナプス伝達 21, 38
自発的活動 95, 107
ジフテリアトキシン 122
自閉症 9, 172, 176, 183
社会行動 49, 52, 53, 95, 107, 157
社会性 41, 61, 127, 138, 140
社会性昆虫 41
社会生物学 41
社会的行動 59, 61
社会的伝達 144
雌雄同体 16, 17, 22, 26
雌雄モザイク 32
種の進化 5, 6
種分化 75, 80
順遺伝学 17, 22, 23, 97, 111
条件刺激 60, 61
条件付け 95
条件的遺伝子ノックアウト 115, 116
常同行動 140, 142, 143
常同障害 131, 137
情動性 107
シロアリ 41
侵害刺激 199
進化実験 78
進化発生学 52, 91
新奇性追求 151-154, 160
新奇物への不安 140
神経回路 9, 15, 60, 81, 84, 111, 122, 209

神経回路マップ 15
神経核 83-85
神経活動 1, 2, 65, 66, 68, 85, 86, 88, 122
細胞系譜 15
神経行動学 34, 85
神経伝達物質 2-4, 27, 55, 88, 132, 134, 137, 150, 151, 160, 166, 168
真社会性 41, 43, 53
身長 163, 165, 166, 195

す

ストレス 12, 64, 68, 157, 168, 188

せ

性格 9, 11, 95, 132, 150, 161, 171
性格質問紙 166
性格評定 151, 155, 157
性行動 28, 30, 33-36, 38, 77
性差 37
脆弱X症候群 176, 177
生殖隔離 75, 77, 80
精神疾患 10, 59, 60, 95, 150, 183
性染色体 16, 77, 80, 105
生体アミン 48, 49, 55
性的拮抗 77, 80
生得的 82, 128
正の淘汰 198
生物測定学 7
脊髄小脳変性症 176
世代時間 80, 96
摂食行動 50, 72, 197
ゼブラフィッシュ 13, 56
セロトニン 11, 55, 62, 63, 68, 137, 151, 154, 160, 166, 188
セロトニントランスポーター 154, 160, 167, 168
全ゲノム関連研究 185
染色体構造 77

事項索引 ■

染色体地図 8
選択交配 6, 101, 102
先天代謝異常症 172, 181
セントラルドグマ 8, 30
選抜繁殖 126, 142

そ

相加的遺伝 164
相関関係 163, 177
相関係数 163, 164, 169, 171
双極性障害 183
走光性異常 31, 32
走性行動 21
双生児法 161, 162, 168, 169
相同遺伝子 9
相同領域 150-153
相補性テスト 105, 110
ソシオゲノミクス 49
ソングシステム 81-84, 90
ソングバード 13, 81

た

大うつ病 168
体重 142, 165, 166, 195
対立遺伝子 17, 35, 110, 152-154, 160, 168, 169
多因子疾患 9, 181
多段階発現調節プログラム 90
手綱核 61, 62, 68
多様性 4, 69, 196
短期恐怖記憶 61

ち

知能 41, 161, 165-168
チャネルロドプシン 122, 124
注意欠陥／多動性障害 9, 184, 189
中間表現型（エンドフェノタイプ）10, 190, 191, 195
聴覚障害 99
長期記憶 21, 34, 61
チラミン 55, 202

チンパンジー 13, 150, 153-157, 180

つ，て

痛覚感受性 107
適応度 71-73, 205
テタヌストキシン 38, 122

と

統計遺伝学 7, 9, 101, 109
統合失調症 9, 10, 183
同性愛行動 35
淘汰 5, 198, 203
動物行動学 70, 91
動物種特異的 91, 94
動物福祉 139, 144, 148
ドーパミン 55, 62, 68, 114, 132, 141, 151, 153-155, 160, 166, 186
ドーパミンD4受容体 141
ドーパミン受容体 114, 151, 154, 160, 166
トゲウオ 69, 79
突然変異体 8
トミヨ 78
トランスジェニック 19, 56, 78, 88, 117
トランスジェニック線虫 19
トランスポーター 153-155, 160, 166
トランスポゾン 19, 27, 29, 57, 58
トリプトファン・ヒドロキシラーゼ 154, 156
トリプレットリピート病 176

な

仲間への攻撃 140
慣れ 6, 10, 21

に

ニホンザル 150, 152-154

ニューロペプチドY 197, 200
二卵性双生児 11, 161-163, 170, 184
人間行動遺伝学 161
認知症 9

ね，の

ネプリライシン 22, 27
嚢胞性線維症 174-176
ノックアウト 19, 27, 29, 104, 112, 151

は

バイオインフォマティクス 148, 149
背側被蓋部 62-65, 68
破傷風毒素 64
パスウェイ解析 185
パターン・コンプリーション 118, 124
パターン・セパレーション 118, 124
ハチドリ 82, 85
羽つつき行動 144
バランサー染色体 28, 29
ハロロドプシン 122, 124
反社会的行動 168
反射的行動 59
繁殖コロニー 130, 133
ハンチンチン 176
ハンチントン病 172, 174
反応閾値モデル 49
反復配列 153, 176

ひ

光遺伝学 59, 65, 124
非共有環境 164-166
尾懸垂テスト 105, 110
非条件刺激 60, 61
非相加的遺伝 169
ヒトへの不安 140
表現型多型 45
表現促進 177

215

■事項索引

頻度依存的淘汰 205

ふ

不安様行動 95, 101, 105
部位特異的組換え 115, 124
フィンチ 4, 5
フェニルケトン尿症 167, 172
フェロモン 22, 23, 25, 37, 38, 48, 49
複雑遺伝疾患 183
腹側被蓋野 62, 68
不随意運動 174
舞踏様運動 174
フリージング 118
プレセニリン 181
プレパルス抑制（PPI） 10, 190, 191, 195
プロモーター 117, 120

へ

平衡淘汰 203, 204
ペプチダーゼ 22, 23, 25, 27

ほ

報酬 62, 68

縫線核 62, 64, 68
胞胚運命予定図 33, 38
ポジショナルクローニング 8, 105, 173, 182
母性行動 140
ホルモン 46, 55
ホルモン伝達 151

ま

マーカーアシスト選抜 141, 149
膜の興奮性 21
マッピング 17, 26, 105, 173

み

ミツバチ 42
ミトコンドリア DNA 126
ミドリザル 152, 155
ミュータジェネシス 99, 104

め, も

明暗箱テスト 107
メタ分析 167, 171
メンデル型遺伝疾患 183
メンデルの法則 8, 98, 129, 130
モノアミン 62, 152, 160, 186

や, ゆ

野外生物 69, 77, 78
野生由来マウス系統 100, 109, 110
優生学 8

よ

幼若ホルモン 46, 47
抑圧変異 23, 24
抑うつ感情 165, 166
抑制経路 105

り

罹患同胞対連鎖解析 179
量的遺伝子座（QTL）解析 190, 191, 195

れ, ろ

齢差分業 42
連鎖解析 77, 173-176, 181, 182, 191
老人斑 179

執筆者一覧

揚妻 正和　理化学研究所　脳科学総合研究センター　研究員（5章）
荒田 明香　東京大学　大学院農学生命科学研究科 応用動物科学専攻　特任助教（10章）
安藤 寿康　慶應義塾大学　文学部人間関係学系　教育学専攻　教授（13章）
飯野 雄一　東京大学　大学院理学系研究科　生物化学専攻　教授（2章）
石川 由希　東北大学　大学院生命科学研究科　脳機能遺伝分野／日本学術振興会 特別研究員（4章）
井ノ上 逸朗　国立遺伝学研究所　人類遺伝研究部門　教授（14章）
岩里 琢治　国立遺伝学研究所　形質遺伝研究部門　教授（9章）
岡本 仁　理化学研究所　脳科学総合研究センター　副センター長（5章）
北野 潤　国立遺伝学研究所　生態遺伝学研究室　特任准教授（6章）
小出 剛　国立遺伝学研究所　マウス開発研究室　准教授（1, 8章）
治徳 大介　理化学研究所　脳科学総合研究センター　分子精神科学研究チーム／東京医科歯科大学　大学院精神行動医科学分野（15章）
武内 ゆかり　東京大学　大学院農学生命科学研究科 応用動物科学専攻　准教授（10, 11章）
村山 美穂　京都大学　野生動物研究センター　教授（12章）
桃沢 幸秀　リエージュ大学　獣医学部・GIGAリサーチセンター／理化学研究所　ゲノム医科学研究センター／日本学術振興会 特別研究員（11章）
山形 伸二　慶應義塾大学　先導研究センター　研究員（13章）
山元 大輔　東北大学　大学院生命科学研究科　脳機能遺伝分野　教授（3章, 16章）
吉川 武男　理化学研究所　脳科学総合研究センター　分子精神科学研究チーム　チームリーダー（15章）
和多 和宏　北海道大学 大学院理学研究院　生物科学部門　生命機能学　准教授（7章）

編著者略歴

小出　剛
1961年　愛媛県に生まれる
1990年　大阪大学大学院医学研究科博士課程修了
現　在　国立遺伝学研究所マウス開発研究室准教授　博士（医学）
専　門　行動遺伝学
主　著　「マウス実験の基礎知識」（小出剛編，2009年，オーム社）

山元大輔
1954年　東京都に生まれる
1978年　東京農工大学大学院農学研究科修士課程修了
現　在　東北大学大学院生命科学研究科教授　理学博士
専　門　行動遺伝学
主　著　「行動はどこまで遺伝するか」（2007年，ソフトバンククリエイティブ），「浮気をしたい脳」（2007年，小学館），「心と遺伝子」（2006年，中央公論新社），「男と女はなぜ惹きあうのか」（2004年，中央公論新社）ほか多数．

行動遺伝学入門　―動物とヒトの"こころ"の科学―

2011年11月15日　第1版1刷発行

検印省略

定価はカバーに表示してあります．

編著者　　小　出　　　剛
　　　　　山　元　大　輔
発行者　　吉　野　和　浩
発行所　　東京都千代田区四番町8番地
　　　　　電話　03-3262-9166（代）
　　　　　郵便番号　102-0081
　　　　　株式会社　裳　華　房
印刷所　　株式会社　真　興　社
製本所　　株式会社　青木製本所

社団法人
自然科学書協会会員

JCOPY　〈(社)出版者著作権管理機構　委託出版物〉
本書の無断複写は著作権法上での例外を除き禁じられています．複写される場合は，そのつど事前に，(社)出版者著作権管理機構（電話03-3513-6969，FAX 03-3513-6979，e-mail: info@jcopy.or.jp）の許諾を得てください．

ISBN 978-4-7853-5847-1

© 小出　剛，山元大輔，2011　　Printed in Japan

時間生物学の基礎

富岡憲治・沼田英治・井上愼一 共著　　A5 判／234 頁／定価 2835 円

生物はどうやって昼夜や季節などの環境サイクルに適応しているのか．分子生物学の発展により生物時計をつかさどる遺伝子が次々と発見されるなど，急速に進展している時間生物学の基礎をわかりやすく伝える．

〔バイオディバーシティ・シリーズ〕

無脊椎動物の多様性と系統（節足動物を除く）

白山義久 編集　　A5 判／346 頁／定価 5355 円

動物界のうち脊椎動物（と節足動物）を除いた各門，および原生生物界の中で光合成能力をもたないものを「無脊椎動物」として扱い，形態・分子・発生・古生物学など様々な視点から，動物の進化・多様性について概説．各論では，各動物門ごとに特徴を捉えた図と説明をまとめた．

節足動物の多様性と系統

石川良輔 編集　　A5 判／516 頁／定価 6615 円

生物界で一番の種数を誇り，多様な環境に棲息する節足動物を取り上げた．第Ⅰ部では研究の歴史や分子系統学の現状を，第Ⅱ部では多様性と進化に関するいくつかの話題を紹介する．第Ⅲ部では各分類群（鋏角類，甲殻類，多足類，六脚類）の特徴を多数の図版を用いて解説．

脊椎動物の多様性と系統

松井正文 編集　　A5 判／424 頁／定価 5775 円

総論では，脊椎動物の一般的定義，他の動物群との関係，系統と分類の対応付けの不一致，脊椎動物の多様性について概説．続く各論ではいわゆる"魚類"の分類や，爬虫類と鳥類の関係，哺乳類の形態適応などを解説し，Ⅲ部では脊椎動物各群の特徴について図を加えて解説．

〔新・生命科学シリーズ〕

2色刷　　　　　　　　　　　　　　　　　　　　各 A5 判

動物の形態 －進化と発生－

八杉貞雄 著／150 頁／定価 2310 円

【目次】1. 形態とは何か　2. 形態の生物学的基礎　3. 脊索動物における形態の変化　4. 形態の進化と分子進化　5. 器官形成の原理　6. 初期発生における形態形成　7. 器官形成における形態形成

動物の発生と分化

浅島 誠・駒崎伸二 共著

174 頁／定価 2415 円

【目次】1. 卵形成から卵の成熟へ　2. 受精から卵割へ　3. 胞胚から原腸胚を経て神経胚へ　4. ホメオボックス遺伝子　5. 細胞分化と器官形成　6. 発生学と再生医療

動物の性

守 隆夫 著／130 頁／定価 2205 円

【目次】1. 性とは何か　2. 性の決定　3. 遺伝子型に依存する性決定　4. 各種の因子による性の決定　5. 性決定の修飾あるいは変更　6. 性分化の完成

動物の系統分類と進化

藤田敏彦 著／206 頁／定価 2625 円

【目次】1. 分類とは何か　2. 分類学と系統学　3. 学名と標本の役割　4. 動物系統分類学の方法　5. 動物の系統と進化　6. 動物の多様性と系統

裳華房ホームページ　http://www.shokabo.co.jp/　　2011 年 11 月現在